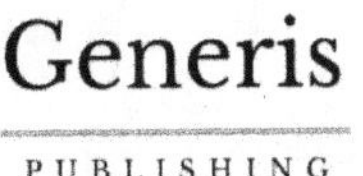
Generis
PUBLISHING

AF435394

Introducción al electromagnetismo según Maxwell

(Mecánica electromagnética)

André Michaud

CIP a Camerei Naționale a Cărții

Michaud, André.

Introducción al electromagnetismo según Maxwell : (Mecánica electromagnética)/André Michaud. – Chișinău : Generis Publishing, 2020 (Print on demand). – 285 p. : fig., tab.

Tit. orig.: Introduction à l'électromagnétisme selon Maxwell. - Referințe bibliogr.: p. 275-284 (100 tit.).

ISBN 978-9975-3238-5-7.

537.8

M 65

Cover image: www.pixabay.com

Generis Publishing
Online orders: www.generis-publishing.com
Orders by email: info@generis-publishing.com

*"Las cosas pasan en este mundo
cuando alguien las hace pasar"*

Tabla de contenidos

Prefacio

Para que la primera explicación mecánica de la emisión y absorción de fotones electromagnéticos por parte de los electrones tenga sentido actualmente en la comunidad de la física, la explicación se puede hacer en este momento sólo a partir de cuatro aspectos poco familiares del electromagnetismo, dos de los cuales son desarrollos muy recientes que no son familiares por esta misma razón, que son la geometría tresespacial que se propuso en el año 2000 y la derivación de Paul Marmet que se publicó sólo 3 años después, ambas que deben correlacionarse con la hipótesis de Louis de Broglie sobre la posible estructura electromagnética interna del fotón localizado y la conclusión inicial de Maxwell de que ambos campos, el eléctrico y el magnético, tienen que inducirse mutuamente para que la existencia de la energía electromagnética se describa correctamente.

Desafortunadamente, la hipótesis de de Broglie y la interpretación inicial de Maxwell, aunque formalmente disponibles en la literatura, son en sí mismas poco familiares para la mayoría de los físicos de hoy en día. Por esta razón, la secuencia de argumentos presentada en el Capítulo 1 de esta obra está organizada de tal manera que gradualmente se vinculan estos cuatro aspectos desconocidos con las principales conclusiones familiares previamente extraídas acerca de las partículas elementales, para hacer más evidente lo bien que estos cuatro aspectos poco familiares concuerdan con la observación, y por lo tanto pueden ser utilizados como una base sólida para explicar la emisión y la absorción de fotones.

Este desconocimiento de las conclusiones de Maxwell y de Broglie se debe principalmente al dominio de la interpretación de Copenhague en los últimos cien años, dominio que ha llegado a ser tan absoluto en la comunidad de la física ortodoxa que varios de los principales artículos seminales que fueron publicados por Max Planck, Albert Einstein y Louis de Broglie, entre otros importantes contribuyentes al avance de los conocimientos en física, que se opusieron a esta interpretación, ya no se citan y hasta el día de hoy, ni siquiera han sido traducidos al inglés para ponerlos a disposición de la comunidad física mundial. En ninguna parte se pone mejor en perspectiva la nefasta influencia de la interpretación de Copenhague en la comunidad de la física que en un análisis publicado inicialmente en alemán por Franco Selleri, posteriormente traducido al español, bajo el título de "*El debate de la teoría cuántica*" [1].

Este problema de traducción está en proceso de ser resuelto por organizaciones como el _Minkowski Institute Press_, fundado por Vesselin Petkov, que se dedica a hacer disponibles muchos de estos documentos básicos en inglés. Entre la impresionante lista de estos documentos no traducidos, mi amigo Fritz Lewertoff, que contribuyó en 2012 la primera traducción al inglés de "_Das Relativitätsprinzip_" ("_The Relativity Principle_") [2] de Herman Minkowski, me ha introducido en otros dos importantes documentos de esta lista, cuya traducción anterior podría posiblemente haber permitido que se reanudaran los progresos en la física fundamental mucho antes, y están ahora en proceso de ser traducidos.

El primero es el texto de una conferencia pronunciada por Max Planck el 12 de noviembre de 1930, titulada "_Positivismus und reale Aussenwelt_" [3] ("_El positivismo y el mundo exterior real_"), en la que describe cómo el escepticismo había ganado terreno en la física fundamental hasta el punto de cuestionar el propio razonamiento lógico, y cómo esa actitud, que acababa de ver adoptada como directriz de investigación tres años antes en el Congreso de Solvey de 1927, era probable que llevara a la comunidad a la falta de progreso que hemos visto desde hace décadas en la investigación de la física fundamental. Esta filosofía dañina, promovida activamente por Bohr, Heisenberg y Sommerfeld, llegó a ser conocida como la "_Interpretación de Copenhague_", y para el desconcierto de todos aquellos en la comunidad que creen en los beneficios de la racionalidad, se ha convertido en la filosofía dominante en la comunidad ortodoxa de la física fundamental durante los últimos 90 años.

La declaración más llamativa de la conferencia de Planck es una observación que ciertamente pretendía ser una advertencia de los peligros de este escepticismo sobre el razonamiento lógico que estaba ganando terreno en ese momento en la comunidad de la física fundamental, según la cual nunca podremos entender la realidad a nivel fundamental más claramente que los vagos esquemas permitidos por el método de descripción estadística de Heisenberg, que es un dogma axiomático directamente contradicho por el estado actual de nuestra comprensión del nivel subatómico desde la perspectiva electromagnética:

> "_Ein Menschenkind, das seine eigene Zukunft als durch das Schicksal zwangsläufig vorherbestimmt ansieht, oder ein Volk, das den Prophezeiungen seines naturgesetzlich festgelegten Unterganges Glauben schenkt, bekundet damit in Wirklichkeit nur,_

daß es den rechten Willen zum Aufstieg nicht aufzubringen vermag." ([3], p. 34).

Traducción:

"Un ser humano que ve su propio futuro como inevitablemente predeterminado por el destino, o un pueblo que cree en las profecías de que su caída estará determinada por las leyes de la naturaleza, en realidad sólo demuestra que es incapaz de reunir la voluntad correcta para ascender."

La preocupación de Planck por esta pérdida de confianza en el razonamiento lógico que parecía convertirse en la creencia ortodoxa en la comunidad de la física fundamental pronto resultó justificada y ya en 1953 Schrödinger la denunció sin reservas en una obra que aún no ha sido traducida al inglés para ponerla a disposición de la comunidad internacional ([4], pág. 16). Ver la cita de esta denuncia en la Sección 2.1.

El análisis de Planck pone claramente de relieve la limitada gama de posibilidades de progreso que ofrece el enfoque estadístico que estaba ganando terreno en la comunidad de investigación de la física en comparación con las que ofrece el enfoque dinámico, en la clara identificación de las leyes de la naturaleza.

El segundo texto es un documento increíblemente importante de Albert Einstein de 1910 [5], y que prácticamente nadie ha leído o referido desde hace un siglo, por la sencilla razón de que la única versión existente de este texto es una traducción al francés del original alemán perdido, titulado *"Le Principe de relativité et ses conséquences dans la physique moderne"* (*"El principio de la relatividad y sus consecuencias en la física moderna"*).

La importancia de este artículo consiste en que revela que ya en 1910 Einstein era consciente de la relación de identidad 1:1 que existe entre la fuerza electrodinámica vinculado con la aceleración de la carga e del electrón cuando sometido a un campo eléctrico E, y la fuerza gravitacional vinculado con la aceleración de la masa m del mismo electrón, como establecido por Newton para masas macroscópicas, que resumió con la Ecuación (2) en la página 143 de este artículo:

"On peut, par exemple, obtenir de cette façon les équations du mouvement d'un point matériel de masse m portant une charge électrique e (par exemple un électron) et soumis à l'action d'un

champ électromagnétique. On connaît, en effet, les équations du mouvement d'un point matériel à l'instant où sa vitesse est nulle. D'après les équations de Newton et la définition de l'intensité du champ électrique, on a:"

Traducción:

"Se pueden obtener así, por ejemplo, las ecuaciones de movimiento de un punto material de masa m que lleva una carga eléctrica e (por ejemplo, un electrón) y está sometido a la acción de un campo electromagnético. Conocemos las ecuaciones de movimiento de un punto material en el momento en que su velocidad es cero. Según las ecuaciones de Newton y la definición de la fuerza del campo eléctrico, tenemos:"

$$(2) \qquad m\,\frac{\mathrm{d}^2 x}{\mathrm{d}t^2} = e\mathbf{E}_x \qquad\qquad ([5], \text{p. } 143)$$

Esta correcta comprensión por su parte de la relación entre la masa invariante en reposo y la carga invariante del electrón explica ciertamente su persistente intuición de que la gravitación debe estar relacionada con el electromagnetismo, como lo analizaremos con más detalle en la Sección 1.7.1. Es bien sabido que hacia el final de su vida se volvió categórico sobre el hecho de que la gravitación debe estar vinculada al electromagnetismo, y abogó abiertamente por que se estudiara esta vía, aunque esto pudiera significar que sus teorías de la Relatividad Especial (RE) y de la Relatividad General (RG) fueran abandonadas por ser físicamente inaplicables, es decir, aunque sus teorías resultaran ser *"sólo un castillo de naipes"*, como escribió en 1954 [6].

De hecho, el desarrollo de estas teorías de la *relatividad* a principios del siglo XX se debe a la presunta imposibilidad de demostrar el movimiento absoluto en el universo, dando prioridad al concepto del *movimiento relativo* frente al *movimiento absoluto*, que fue traído a la atención general por el matemático Henri Poincaré en una breve nota ampliamente distribuida por la *Académie des sciences* francesa de Ciencias, en junio de 1905. Esta cuestión se abordará en la Sección 3.4, y en las Subsecciones 3.5.1 y 3.17.1.

Lamentablemente, cuando Einstein hizo esta recomendación unos años antes de su muerte en 1955, la interpretación de Copenhague ya había conquistado todo el campo de investigación de la física fundamental, como lo demuestra la denuncia de Schrödinger en 1953 (véase la Sección 2.1), y toda la comunidad ortodoxa aparentemente rechazó inmediata y deliberadamente su recomendación sin una segunda mirada, como informó en 1995 Archibald Wheeler, uno de los principales líderes de opinión sobre la interpretación de Copenhague:

> *"A distinguished physicist even published in his very last years' works, the main point of which is to claim that gravitation follows the pattern of electromagnetism. This thesis, we cannot accept, and the community of physics, quite rightly, does not accept."*

Traducción:

> *"Un distinguido físico incluso publicó en sus últimos años de trabajo, el punto principal de los cuales es alegar que la gravitación sigue el patrón del electromagnetismo. Esta tesis, no podemos aceptarla, y la comunidad de la física, con razón, no la acepta."*

Archibald Wheeler, 1995. ([7], p. 391)

El desafortunado resultado de este rechazo categórico fue un hiato de 40 años antes de que se pudiera relanzar esta investigación a finales del decenio de 1990, justo después de que el presente autor tuviera conocimiento del comentario de Wheeler en el libro del que fue coautor y que publicó en 1995 con Ignazio Ciufolini [7]. Esta aparentemente incomprensible negativa a llevar a cabo investigaciones básicas en una dirección tan importante se discute en la Sección 1.7.2.

El proyecto del que forma parte esta obra tiene como objetivo reparar el daño causado por este rechazo, explorando y analizando el nivel de magnitud subatómico de la realidad física a partir de la base experimental largamente establecida del electromagnetismo, utilizando una expansión del espacio vectorial 3D de Maxwell. Entre los diversos aspectos del nivel subatómico que se analizarán, en las secciones 1.26 y 1.27 se trata a lo que conduce el estudio del electromagnetismo con respecto a la gravitación, confirmando aparentemente que la conclusión de Einstein de que la gravitación sigue el patrón del electromagnetismo bien podría haber sido correcta.

La mayoría de los trabajos anteriormente publicados en este proyecto, que reorientan las conclusiones extraídas sobre los diversos fenómenos observados a nivel subatómico según esta nueva perspectiva, se han reagrupados en una monografía publicada por separado [8]. Los tres artículos restantes que se publicaron posteriormente, también en acceso abierto, incluyendo la síntesis final del proyecto, se reagrupan ahora en el presente trabajo.

El Capítulo 1 reproduce la versión española del artículo [9] titulado *"Electromagnetism according to Maxwell's Initial Interpretation"* (*"El electromagnetismo según la interpretación inicial de Maxwell"*), publicado formalmente en enero de 2020 y que constituye la síntesis final de este proyecto. Los argumentos requeridos están secuenciados en este capítulo de tal manera que se vinculan progresivamente los cuatro aspectos poco of no familiares mencionados al principio con las principales conclusiones familiares que se han sacado anteriormente sobre las partículas elementales, a fin de hacer más evidente cómo estos aspectos poco familiares encajan en la observación, y pueden por lo tanto utilizarse como una base sólida para explicar finalmente la emisión y la absorción de fotones.

El Capítulo 2 reproduce la versión en español del artículo citado en la Referencia [10] titulado *"The Hydrogen Atom Fundamental Resonance States"* (*"Los estados fundamentales de resonancia del átomo de hidrógeno"*), publicado oficialmente en abril de 2018. Traza por separado los orígenes de la Mecánica Cuántica y reenfoca su comprensión según las conclusiones de sus diseñadores originales, que fueron Louis de Broglie y Erwin Schrödinger, para explicar finalmente en el contexto de la geometría espacial expandida antes mencionada, por qué los electrones no pueden chocar en los núcleos atómicos en la Naturaleza, sino que son capturados en varios estados orbitales de acción estacionaria a ciertas distancias de estos núcleos.

Por último, el Capítulo 3 reproduce, con algunas subsecciones complementarias, la versión en español del artículo citado en la Referencia [11] titulado *"Gravitation, Quantum Mechanics and the Least Action Electromagnetic Equilibrium States"* (*"Gravitación, Mecánica Cuántica y los estados de equilibrio electromagnético de mínima acción"*), publicado oficialmente en noviembre de 2017. En él se ofrece un panorama simplificado de los estados y procesos descritos en la serie de artículos que se han agrupados en la monografía publicada por separado en español y titulada *"Mecánica electromagnética de las partículas elementales"* citada en la Referencia [8]. A fin de que la presente introducción al electromagnetismo sirva de índice tanto dentro del conjunto de artículos disponibles separadamente como dentro la correspondiente monografía en español, todas las referencias a los artículos separados se referirán también a los capítulos específicos que los integran en la monografía, para los lectores que prefieran utilizar la monografía integrada.

Un hecho muy positivo en relación con este último artículo es que ha sido elegido en 2020 como uno de los capítulos del libro electrónico titulado *"Prime*

Archives in Space Research", editado por _Vide Leaf Prime Archives_, cuyo objetivo es promover la investigación científica en el mundo poniendo a disposición de los jóvenes investigadores los resultados de las investigaciones consideradas de vanguardia para facilitar su aplicación en sus prácticas de investigación. Esta elección sólo puede acelerar la familiarización de la comunidad con la interpretación inicial de Maxwell y una mejor comprensión de la realidad física que parece favorecer. Esta republicación se cita en la Referencia [12].

Habrá cierta superposición entre las descripciones de los tres capítulos, pero como cada capítulo reproduce el contenido de un artículo publicado por separado, se ha optado por no reducir esta superposición para no interferir con las secuencias de numeración de las ecuaciones y, especialmente, con las líneas de razonamiento específicas que se supone que cada artículo debe destacar. De esta manera, los tres capítulos permanecen independientes entre sí y pueden ser leídos en cualquier orden sin prejuicios.

1. El electromagnetismo según la interpretación inicial de Maxwell

1.1 Introducción

Está bien establecido que la electrodinámica clásica, la electrodinámica cuántica (QED por sus siglas en inglés) y la teoría cuántica de campo (QFT) se basan en la teoría de ondas de Maxwell y sus ecuaciones, pero se entiende mucho menos que estas teorías no se basan en su interpretación inicial de la relación entre los campos E y B, sino en la de Ludvig Lorenz, con quien Maxwell no estaba de acuerdo.

Maxwell consideraba que estos dos campos tenían que inducirse cíclicamente para que la velocidad de la luz se mantuviera, mientras que Lorenz consideraba que los dos campos tenían que alcanzar su máxima intensidad sincrónicamente al mismo momento para que se mantuviera esta velocidad, las ecuaciones que permitían ambas interpretaciones. Sin embargo, dos recientes avances confirman que la interpretación de Maxwell era correcta, al menos desde el punto de vista subatómico, porque, a diferencia de la interpretación de Lorenz, concilia transparentemente la teoría de Maxwell sobre las ondas electromagnéticas, aplicada tan exitosa al nivel macroscópico, con las características electromagnéticas aplicables al nivel subatómico a los fotones electromagnéticos localizados y a las partículas electromagnéticas elementales, cargadas y masivas, de las que están compuestos todos los átomos, y finalmente permite establecer una mecánica clara de emisión y absorción de fotones electromagnéticos por parte de los electrones durante sus interacciones al nivel atómico.

En 1845, Michael Faraday observó que al colocar una placa de cristal entre los polos de un electroimán, el campo magnético hacía girar el plano de polarización de la luz que pasaba a través de la placa. Inmediatamente informó a su amigo James Clerk Maxwell de este gran descubrimiento, que demostró por primera vez la relación directa entre el campo magnético y la luz [13].

Es por lo tanto este experimento de Faraday el que dio lugar a la posterior teoría electromagnética integrada de Maxwell, ya que, habiendo observado previamente que los segundos derivados de las ecuaciones previamente establecidas para el campo eléctrico y el campo magnético revelaban que la energía eléctrica y la energía magnética se asociaban por separado con la velocidad de la luz ([14], [8] Capítulo 13), Maxwell llegó a la conclusión de que la luz debe ser de naturaleza electromagnética y luego hizo el descubrimiento fundamental de que la energía electromagnética implicaba una relación ortogonal de tres vías entre sus tres aspectos fundamentales, sea sus aspectos eléctrico y magnético percibidos como perpendiculares entre sí, e al mismo tiempo también inducidos entre sí, en un movimiento cíclico estacionario oscilante transversal a la dirección del movimiento de esta energía en el vacío (**Figura 1.1**), es decir una relación ortogonal de tres vías correspondiente al producto vectorial conocido de los campos E y B (**Figura 1.3-a**), lo que da lugar a un tercer vector de movimiento perpendicular por estructura a los dos primeros ([15], [8] Capítulo 6).

El siguiente hecho probablemente sorprenderá a muchos, pero esta solución descubierta por Maxwell, quien es también bien conocido por derivar la velocidad de la luz de la relación que establece entre las dos constantes fundamentales de vacío ε_o y μ_o ([14], [8] Capítulo 13), no es la única solución funcional que se ha descubierto para asociar los campos E y B con la velocidad de la luz.

En resumen, el matemático Ludvig Lorenz estableció al mismo tiempo, independientemente de Maxwell, que si los campos E y B de la energía electromagnética se representaran matemáticamente como ambos alcanzando su máxima intensidad sincrónicamente al mismo tiempo (**Figura 1.2**), esto también ayuda a explicar la velocidad de la luz en el vacío, las ondas electromagnéticas que se propagan como un pulso en un éter subyacente, así como si estuvieran 180° fuera de fase como en la solución de Maxwell.

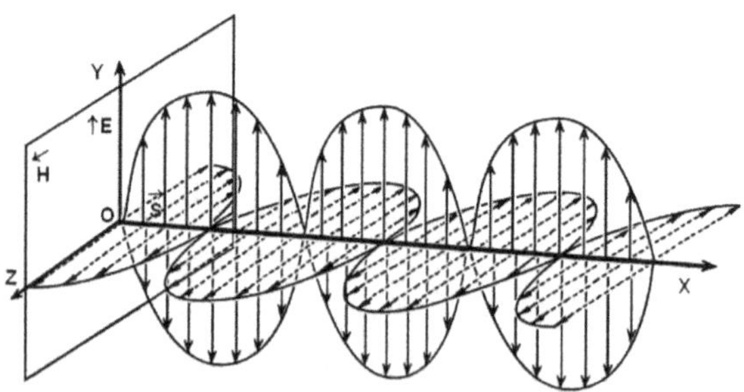

Figura 1.1: Representación bipolar de 180° fuera de fase de los campos E y B de la interpretación de Maxwell.

Pero el *gauge de Lorenz* es un concepto generalizador que combina los aspectos E y B de la energía fundamental en un campo electromagnético *único* que desvía la atención inmediata de las diferentes orientaciones vectoriales de los dos aspecto, en particular el hecho de que el dipolo de energía representado por E está orientado y distribuido en el espacio, mientras que el dipolo de energía representado por B está orientado y distribuido en el tiempo, mientras que estos dos aspectos están cíclicamente inducidos entre sí en orientación transversal con respecto a la dirección del movimiento vectorial de la energía oscilante en el vacío, como se puede concluir de la interpretación de Maxwell.

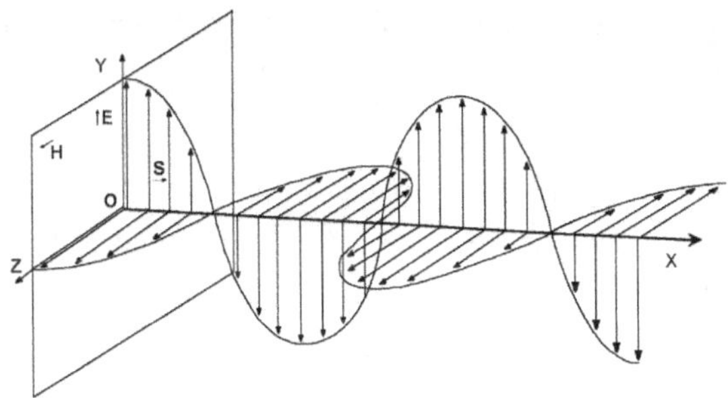

Figura 1.2: Representación monopolar estándar de los campos E y B que alcanzan su intensidad máxima simultáneamente durante la fase de la interpretación de Lorenz.

La representación de la **Figura 1.2**, que se encuentra en todos los libros sobre electromagnetismo, aunque está de acuerdo con la teoría de ondas de Maxwell que describe la energía electromagnética como un pulso que se propaga en un éter subyacente, y que también está de acuerdo con sus ecuaciones, sin embargo, generalmente se asume erróneamente que también es la conclusión de Maxwell.

De hecho, Maxwell no estaba de acuerdo con este enfoque porque el concepto de *gauge* desarrollado por Lorenz tenía por consecuencia de tratar los dos campos E y B como si fuesen *un único campo electromagnético* al nivel general, lo que a primera vista no sugiere ninguna estructura interna aparente, lo que fácilmente hace perder de vista el hecho de que estos dos campos están separados y son de igual importancia en la teoría de Maxwell, con características diferentes e irreconciliables, además de que se inducen mutuamente, en contra de la solución de Lorenz, como se pone en perspectiva en la Referencia ([15], [8] Capítulo 6).

El hecho de que esta segunda solución haya sido desarrollada por Lorenz, sin embargo, no es bien conocido en la comunidad científica porque se asocia sólo con el llamado *gauge de Lorenz* definido por él, y esto, sólo en los libros especializados de alto nivel sobre electromagnetismo [16], porque se presta más fácilmente que la representación de Maxwell a varios procesos de generalización matemática, como aplicable a nuestro nivel macroscópico. Pero el verdadero origen de esta solución representada por la **Figura1.2** no se explica claramente en las obras de referencia introductorias o generales de la física [17] [18].

Por lo tanto, a menos que se especialicen en electromagnetismo, la mayoría de los físicos no están directamente informados de que no está Maxwell quien desarrolló este segundo enfoque y que la electrodinámica clásica y la teoría cuántica de campo (QFT), de la cual se deriva la electrodinámica cuántica (QED por sus siglas en inglés) [19] [20], pero que se basan en la interpretación de Lorenz, porque en ninguna parte se destaca claramente este hecho en las obras de referencia sobre electrodinámica y QFT, que fueron desarrolladas por especialistas en electromagnetismo para quienes este hecho era obvio. Por lo tanto, contrariamente a los hechos establecidos, el resultado es una impresión general en la comunidad de que Maxwell es el verdadero autor de esta segunda solución y que la electrodinámica y la QFT se basan estrictamente en su interpretación.

El matiz es no obstante importante porque la hipótesis de de Broglie sobre el fotón localizado a partícula-doble como aplicable a nivel subatómico y que emerge directamente de la interpretación de Maxwell, está por lo tanto en contradicción con la electrodinámica clásica y la QED, porque el enfoque de Lorenz oscurece el hecho de que tanto los campos E como B tienen la misma importancia por separado. Por ejemplo, el papel predominante dado a las cargas eléctricas en la QED parece no dejar una función precisa al aspecto magnético de la energía electromagnética en una posible mecánica de inducción mutua que implicaría los dos campos separados, contrariamente a la interpretación de Maxwell. Incluso el hecho de que, tal y como está formulado, la QED no pueda explicar la inducción mutua de ambos campos en los sistemas LRC no parece atraer la atención sobre este tema.

1.2. Puesta en perspectiva según los órdenes relativos de magnitud

Para poner bien en perspectiva la descripción de la energía que constituye la sustancia misma de la que están hechas todas las partículas elementales localizadas tales como fotones electromagnéticos, electrones y positrones a nivel subatómico, de una manera que no entre en conflicto con la teoría bien establecida de Maxwell de las ondas electromagnéticas continuas, que se aplica con tanto éxito a nuestro nivel macroscópico desde la perspectiva de Lorenz, primero debemos darnos cuenta de que todos los objetos y procesos que podemos detectar y medir en la realidad objetiva pueden clasificarse en uno de los siguientes cuatro órdenes de magnitud. En orden descendente, estos diversos órdenes de magnitud pueden definirse de manera muy general de la siguiente manera:

1- Nivel astronómico: Orden de magnitud que excede en dimensiones el marco estricto del planeta Tierra solamente.

2- *Nivel macroscópico*: El orden de magnitud en el que cualquier objeto o proceso puede ser medido directamente en la superficie de la Tierra y en su entorno.

3- *Nivel submicroscópico o atómico*: Orden de magnitud de las moléculas y de los átomos.

4- *Nivel subatómico*: Orden de magnitud de las partículas elementales de las que están hechos todos los átomos, así como la energía electromagnética que constituye sus sustancia, que soporta sus movimientos, determina sus inercia, y que también puede circular libremente en forma cuantificada a la velocidad de la luz cuando no está directamente asociada a una de estas partículas elementales.

Los primeros 3 niveles son generalmente familiares para todos, pero el nivel subatómico no lo es. Podemos percibir y medir directamente objetos y procesos en nuestro entorno a nivel macroscópico, y percibimos y medimos indirectamente con creciente precisión los objetos y procesos pertenecientes a los dos órdenes de magnitud vecinos a medida que nuestros instrumentos se vuelven más sofisticados, pero no tenemos medios de observación para el cuarto nivel.

Puede parecer paradójico afirmar con tanta fuerza que la energía electromagnética puede definirse directamente como siendo cuantificada en forma de fotones electromagnéticos localizados al nivel subatómico de acuerdo con las ecuaciones de Maxwell, sin dejar de estar en perfecta armonía con su teoría de las ondas electromagnéticas continuas que se propagan en un medio subyacente, que ha tenido tanto éxito como aplicada a nuestro nivel macroscópico, un tema que ha sido objeto de debate desde principios del siglo XX.

Debemos poner en perspectiva que no percibimos ninguna paradoja en el hecho de que *directamente observamos* que la imagen de una pantalla de televisión nos parece continua de una manera fluida tal que vista desde una distancia de sólo unos pocos metros, siendo bien conscientes de que si nos acercamos lo suficiente, *también observamos directamente*, a nuestro nivel macroscópico, que en la realidad física, la imagen se genera por miles de filas claramente separadas de píxeles muy pequeños claramente separados.

Desde este punto de vista, es interesante observar que tampoco vemos ninguna paradoja en tratar el agua como un fluido sin una estructura interna a nuestro nivel macroscópico, aunque sabemos perfectamente que a nivel submicroscópico está compuesta sólo por moléculas localizadas, a su vez compuestas de átomos localizados, que sabemos que están hechos a nivel subatómico de electrones elementales localizados cargados eléctricamente, además de nucleones, a su vez compuestos de partículas electromagnéticas elementales cargadas eléctricamente localizadas y que son todas individualmente masivas y cuantificadas, incluso si no podemos ver directamente estas moléculas a nuestro nivel macroscópico, como en el caso de la pantalla de televisión.

La razón por la que no vemos ningún problema en percibir y tratar el agua como un fluido al nivel macroscópico, incluso matemáticamente, aunque no podamos observar directamente las moléculas localizadas que constituyen su sustancia, como podemos directamente hacer con los píxeles individuales de la pantalla de televisión, es que entendemos que lo que percibimos como la *fluidez* del agua a nuestro nivel macroscópico es en realidad un *un efecto de multitud* debido a las innumerables moléculas de agua localizadas que se deslizan libremente unas contra otras al nivel submicroscópico. Además, nuestros potentes y modernos instrumentos de microscopía electrónica nos permiten detectar indirectamente estas moléculas individuales y los átomos que contienen al nivel submicroscópico.

En el caso de la energía electromagnética, sin embargo, su naturaleza granular al nivel subatómico está lejos de ser tan obvia de ser percibida como en el caso de la pantalla de televisión, en la que basta con acercarse a la imagen a pocos metros para pasar del orden de magnitud que hace que parezca ser una imagen uniformemente fluida al orden de magnitud ligeramente inferior al mismo nivel macroscópico que permite percibir la realidad de su estructura granular cuando se observa directamente a menor distancia; o en el caso del agua, cuya granularidad a nivel atómico se puede indirectamente observar con nuestros microscopios electrónicos.

El caso del agua requiere obviamente un salto mucho mayor de órdenes de magnitud hacia lo infinitamente pequeño entre la percepción de su fluidez a nivel macroscópico y la percepción de su granularidad submicroscópico. Para realmente tomar conciencia de la diferencia entre estos dos órdenes de magnitud, basta pensar que los átomos que constituyen las moléculas de agua son tan lejos hacia el nivel submicroscópico, es decir hacia lo infinitamente pequeño, como lo son las galaxias hacia lo infinitamente grande astronómico en relación con nuestro propio nivel macroscópico en la Tierra. Pero, para percibir la granularidad subatómica de la energía electromagnética, el salto desde nuestro orden de magnitud macroscópico es aún mayor; es decir, que es tan lejos en la dirección de lo infinitamente pequeño desde el orden de magnitud ya submicroscópico de la escala atómica que esta escala atómica se encuentra desde nuestro propio nivel macroscópico.

Para conceptualizar verdaderamente cuán lejos de la escala atómica se encuentra la granularidad de la energía electromagnética, consideremos que si el protón de un átomo de hidrógeno, dos de los cuales son parte de una molécula de agua, se agrandara para llegar a ser tan grande como el sol, el electrón estabilizado a la distancia promedio del protón de su orbital de mínima acción se encontraría tan lejos del protón así agrandado como la órbita de Neptuno está del Sol en el sistema solar, es decir, que el átomo de hidrógeno sería tan grande como todo el Sistema Solar, y los fotones electromagnéticos que constituyen el *nivel granular* de la energía electromagnética son del mismo orden de magnitud que la energía que constituye la masa en reposo del electrón y de las otras partículas electromagnéticas elementales masivas y cargadas eléctricamente que existen dentro de la estructura del protón y del neutrón.

El principal problema al que nos enfrentamos con este nivel subatómico de granularidad de la energía electromagnética y de la energía que constituye la masa en reposo de las partículas elementales que constituyen los átomos es que no existe un instrumento lo suficientemente potente para observar, incluso indirectamente, este nivel subatómico, a diferencia del nivel más profundo de observación para el que es físicamente posible, el del orden atómico de magnitud, que permite verificar indirectamente la granularidad del agua y de todas las demás sustancias materiales de nuestro entorno; en resumen, una granularidad que puede ser indirectamente verificada para todos los átomos de la tabla periódica, pero que es inaccesible para nosotros por el nivel de granularidad subatómica de la energía electromagnética.

Las únicas pistas físicamente verificables que tenemos sobre la localización permanente de las partículas elementales cargadas como el electrón y de los cuantos de energía electromagnética son los siguientes:

1- Tenemos evidencia experimental fácilmente reproducible de que los electrones y los fotones electromagnéticos se comportan sistemáticamente casi-puntualmente durante todos los experimentos de colisión mutua (Vea la Sección1.23 más abajo, así como la Referencia [21]).

2- Tenemos evidencia experimental fácilmente reproducible de que los fotones tienen una inercia longitudinal, como lo demuestra el experimento fotoeléctrico de Einstein, y que tienen una inercia transversal igual a la mitad de su inercia longitudinal, como lo demuestra el ángulo de desviación de la luz por el Sol en muchos experimentos realizados durante los eclipses solares ([15], [8] Capítulo 6) [22].

3- Tenemos evidencia experimental desde 1933 de que fotones electromagnéticos de 1.022 MeV o más se convierten en pares electrón-positrón cuando cruzan partículas masivas [23] y que estos pares se conviertan de nuevo en fotones electromagnéticos cuando vuelvan a entrar en contacto; lo que significa que tenemos la evidencia experimental de que la masa en reposo invariante de electrones y positrones está compuesta de la misma sustancia "*energía electromagnética*" que los fotones. También tenemos evidencia experimental desde 1997 de que fotones electromagnéticos que superan el umbral de energía de 1.022 MeV pueden ser desestabilizados por otros fotones electromagnéticos para convertirse en pares electrón-positrón sin ningún núcleo masivo siendo cercano [24].

4- Tenemos pruebas experimentales fácilmente reproducibles de que los electrones en movimiento libre tienen una masa invariante en reposo de 9.10938188E-31 kg y una carga eléctrica invariante de 1.602176462E-19 C.

5- Tenemos evidencia experimental concluyente de que los electrones son partículas elementales y que los protones y neutrones que constituyen el núcleo de todos los átomos no son partículas elementales, sino sistemas de partículas elementales (**Figuras 1.5, 1.6 y 1.7**, y Referencia [21]).

Ya que no podemos observar el nivel subatómico ni directamente ni indirectamente, estamos necesariamente reducidos en nuestra exploración de este nivel para proceder por ingeniería inversa ([10], ver también la Sección 2.19 a ese respecto), es decir, debemos deducir las características de las partículas electromagnéticas elementales que constituyen el nivel fundamental de la realidad objetiva, de lo que podemos detectar y comprender indirectamente del comportamiento de los átomos, y del comportamiento de las partículas elementales que pueden separarse de ellas, es decir, de los electrones cuya estabilización lejos de los núcleos determina el volumen de espacio ocupado por los átomos, y del comportamiento de los protones y neutrones que constituyen sus núcleos ocupando volúmenes más pequeños; así como del comportamiento de la energía electromagnética que emiten o absorben estas partículas elementales durante los movimientos entre los estados de equilibrio de acción estacionaria en los que los átomos se estabilizan a nivel atómico.

Finalmente, el medio de que disponemos para observar el comportamiento de los átomos y de sus elementos separables es precisamente la energía electromagnética que se emite o absorbe durante estas variaciones del equilibrio de acción estacionaria de los átomos, cuyo los *gránulos infinitesimales*, es decir, los fotones electromagnéticos localizados proveniente de todos los objetos que nos rodean, ya sea directamente de los objetos o detectados a través de nuestros potentes microscopios y otros dispositivos de detección, que excitan los electrones de los átomos que componen las células fotosensibles de nuestros ojos, una excitación que se transmite paso a paso a lo largo de nuestros nervios ópticos al cerebro, que actualiza continuamente las imágenes de las que somos conscientes desde nuestro entorno y que analizamos para comprenderlo [25].

Estos fotones electromagnéticos localizados que pueden excitar los electrones lo suficiente para que su llegada se señale gradualmente a lo largo del nervio óptico puede ser de una intensidad muy variable, y más allá de una cierta intensidad, logran separar los electrones de los átomos en nuestro entorno, y esto es lo que permite estudiar su comportamiento separado, así como el de los constituyentes de los núcleos atómicos, a saber, protones y neutrones, que también pueden separarse por completo de sus escoltas electrónicas y estudiarse por separado en el caso de los átomos simples como el hidrógeno o el helio.

Lo que hasta ahora nos impedía sentirnos tan cómodos con el tratamiento de la energía electromagnética como siendo cuantificada al nivel subatómico como la tratamos como ondas electromagnéticas macroscópicamente continuas, es que durante casi un centenar de años, los aspectos granulares, es decir, cuantificados, del nivel subatómico se consideran el dominio exclusivo de la Mecánica Cuántica (MC) por sus siglas en inglés), pero la MC aún no se ha armonizada completamente con las ecuaciones electromagnéticas de Maxwell que procesan con éxito la energía electromagnética como una onda continua a nivel macroscópico; en otras palabras, que la trata como un fluido, una armonización incompleta que fue claramente puesta en evidencia por Feynman, quien fue el último investigador en intentar esta reconciliación hace más de medio siglo, como lo demuestra esta cita de sus "*Lectures on Physics*" [26]:

> "*There are difficulties associated with the ideas of Maxwell's theory which are not solved by and not directly associated with quantum mechanics...when electromagnetism is joined to quantum mechanics, the difficulties remain*".

Traducción:

> "*Hay dificultades asociadas con las ideas de la teoría de Maxwell que no se resuelven y no se asocian directamente con la Mecánica Cuántica... cuando el electromagnetismo se une a la Mecánica Cuántica, las dificultades persisten* ".

Como se destaca en un artículo reciente ([11], ver también Secciones 3.9 a 3.12 más adelante), todas las teorías actuales tratan matemáticamente las masas macroscópicas como si no tuvieran una estructura granular interna, es decir, como si estuvieran compuestas de una sustancia continua uniformemente distribuida a lo largo de su volumen, e incluso la Mecánica Cuántica trata la energía de los electrones como si estuviera uniformemente distribuida en el volumen entero definido por la ecuación de Schrödinger. Esto se debe a que la estructura electromagnética interna de la energía que constituye la masa de cada partícula elemental, como la del electrón, así como la de las que constituyen las estructuras internas de los protones y neutrones que constituyen los núcleos de todos los átomos del universo, aún no han sido claramente establecidas; y que la energía de la que depende el movimiento y el aumento del campo magnético transversal de las partículas elementales en aceleración aún no ha sido separada matemáticamente de la energía que constituye sus masas en reposo.

Recientemente, sin embargo, nuevos desarrollos han permitido establecer una estructura electromagnética subatómica interna coherente para los fotones electromagnéticos localizados y para todas las partículas electromagnéticas elementales de acuerdo con las ecuaciones de Maxwell, lo que finalmente hace posible encontrar natural que todos los átomos estén hechos a nivel subatómico de partículas elementales separadas y localizadas estabilizadas en varios estados de resonancia de acción estacionaria y que la energía electromagnética libre esté cuantificada a nivel subatómico, incluso si la tratamos como una onda continua a nuestro nivel macroscópico.

1.3. Dos avances importantes recientes

Ya en la década de 1930, Louis de Broglie propuso la hipótesis de una posible estructura interna potencialmente cuantificada de un fotón electromagnético localizado al nivel subatómico que se ajustaría a las ecuaciones de Maxwell, pero cuya elaboración, según él mismo admite, no parecía posible dentro del marco limitado de la geometría espacio-temporal de 4 dimensiones de Minkowski:

> *"... la non-individualité des particules, le principe d'exclusion et l'énergie d'échange sont trois mystères intimement reliés : ils se rattachent tous trois à l'impossibilité de représenter exactement les entités physiques élémentaires dans le cadre de l'espace continu à trois dimensions (ou plus généralement de l'espace-temps continu à quatre dimensions). Peut-être un jour, en nous évadant hors de ce cadre, parviendrons-nous à mieux pénétrer le sens, encore bien obscur aujourd'hui, de ces grands principes directeurs de la nouvelle physique."* ([27], p. 273).

Traducción:

> *"... la no-individualidad de las partículas, el principio de exclusión y la energía de intercambio son tres misterios estrechamente relacionados: todos ellos se relacionan con la imposibilidad de representar con precisión las entidades físicas elementales en el marco del espacio continuo tridimensional (o, más generalmente, del espacio-tiempo continuo de cuatro dimensiones). Quizás algún día, escapando de este marco,*

*podremos comprender mejor el significado, aún hoy muy oscuro,
de estos grandes principios rectores de la nueva física."*

Sin embargo, dos desarrollos recientes han hecho posible desarrollar esta estructura electromagnética interna del fotón localizado propuesto por de Broglie en perfecta conformidad con las ecuaciones de Maxwell, y posiblemente encontrar que todas las partículas elementales masivas, estables y cargadas eléctricamente, de las cuales los átomos son compuestos al nivel subatómico también podrían ser descritas de la misma manera en conformidad con las ecuaciones de Maxwell.

La nueva luz arrojada por estos nuevos desarrollos recientes sobre la naturaleza de la energía electromagnética fundamental ha permitido volver a centrar desde esta nueva perspectiva la mayor parte de las conclusiones extraídas en el pasado a partir de todos los datos experimentales recogidos hasta la fecha a nivel subatómico. Estas conclusiones revisadas se explicaron a continuación en una veintena de artículos, cada uno de los cuales analiza un aspecto específico de la cuestión, y a los que se hará referencia durante esta síntesis final.

1.4. El primer gran avance

El primero de estos dos desarrollos fue el desarrollo de una geometría más extedida del espacio, basada en la relación ortogonal de tres vías que Maxwell asoció con los tres aspectos fundamentales de la energía electromagnética cuya la luz se constituye al nivel subatómico, a saber, sus aspectos eléctrico y magnético percibidos como perpendiculares entre sí y que se inducen mutuamente en un movimiento transversal cíclico de oscilación estacionaria de la energía que miden estos campos, en relación con la dirección de movimiento en el vacio de esta energía en el espacio, sea una dirección de movimiento en el vacio perpendicular a la dirección de oscilación transversal estacionaria de la energía representada por ambos campos (**Figura 1.1**).

La geometría tresespacial (**Figura 1.3**) necesaria para desarrollar la ecuación LC derivada de la hipótesis de de Broglie ([15], [8] Capítulo 6) de acuerdo con la interpretación de Maxwell (**Figura 1.1**) fue presentada formalmente en el evento CONGRESS-2000 en julio de 2000 en la Universidad Estatal de San Petersburgo [28].

Esta geometría más extendida del espacio al nivel subatómico se describe completamente en la Referencia [10], pero puede resumirse brevemente de la siguiente manera. El método consiste en aumentar geométricamente cada uno de los 3 vectores electromagnéticos lineales estándar *i*, *j* y *k* (**Figura 1.3-a**), aplicables al espacio normal, transformándolos en 3 espacios vectoriales 3D completamente desarrollados (**Figura 1.3-b**), cada uno de los cuales, ahora identificados como los espacios X, Y y Z (**Figura 1.3-c**), cada espacio permaneciendo perpendicular a los otros dos y los tres conectados a través de su común puntual origen.

Este centro común puede entenderse ahora como un *punto de paso* situado en el centro de cada cuanto electromagnético localizado al nivel subatómico, a través del cual la *sustancia-energía* de la partícula podría fluir libremente entre los tres espacios como entre vasos comunicantes, para permitir el establecimiento de una oscilación transversal estacionaria de la mitad de la energía de la partícula entre sus aspectos *E* y *B*, es decir, entre los dos espacios-YZ, así como un reparto igualitario de la energía total de la partícula entre el medio-cuanto de la energía que oscila transversalmente de los campos *E* y *B* en el complejo-transversal-doble-YZ, y el medio-cuanto de la energía unidireccional del momento que reside en el espacio-X.

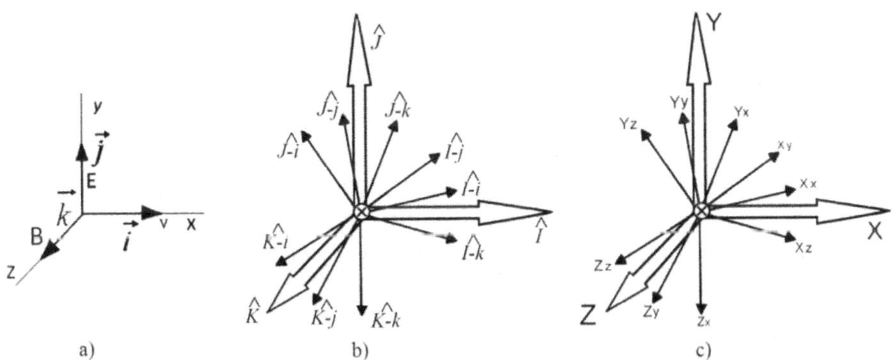

Figura 1.3: El conjunto de los vectores mayores y menores aplicables a la geometría tresespacial.

Para visualizar mentalmente el movimiento de la energía en este complejo geométrico tresespacial de 9 dimensiones mutuamente ortogonales, es suficiente imaginar cada uno de los 3 conjuntos de vectores menores *i*, *j* y *k* en la **Figura 1.3-b** como si fueran las varillas plegadas de 3 paraguas metafóricos. Esto permite que cualquiera de ellos se abra mentalmente a voluntad, uno a la vez, hasta una expansión ortogonal completa para observar y describir matemáticamente el comportamiento de la energía en este espacio 3D completamente desplegado durante cada fase del movimiento oscilatorio. Las **Figuras 1.3-b** y **1.3-c** muestran las dimensiones de los 3 espacios semi-plegadas para permitir una identificación clara y única de cada uno de los 9 ejes ortogonales internos resultantes.

1.5. El segundo gran avance

El segundo desarrollo ocurrió unos años más tarde, en 2003, cuando Paul Marmet publicó un importante artículo describiendo una nueva relación que percibía entre el aumento progresivo de la intensidad del campo magnético transversal de un electrón durante la aceleración y el aumento simultáneo de su masa medible transversalmente [29], lo que permitió distinguir claramente la energía variable del momento del electrón que también aumenta durante su aceleración, de la energía igualmente variable del incremento de su campo magnético transversal, y también separar claramente estas dos cantidades variables de energía de la cantidad de energía invariante que constituye la masa en reposo del electrón, como se describe en un artículo publicado en 2007 en la misma revista *"International IFNA-ANS Journal"*, de la Universidad Estatal de Kazan ([30], [8] Capítulo 4).

Este descubrimiento permitió entonces observar que todas las partículas elementales cargadas que constituyen los átomos tienen exactamente la misma estructura electromagnética interna LC en esta geometría espacial más grande, acompañada de una energía portadora, que implica una energía de momento y una energía de campo magnético transversal, que se estructuran en forma idéntica a la estructura electromagnética interna descrita con la ecuación LC previamente desarrollada para describir el fotón de partículas dobles localizado de la hipótesis de Broglie ([15], [8] Capítulo 6) ([31], [8] Capítulo 11) ([32], [8] Capítulo 14) ([33], [8] Capítulo 12), lo que permitió entonces establecer sus respectivas ecuaciones tresespaciales LC, como se resume en la Referencia ([10], Ver también Capítulo 2) como lo veremos más adelante.

Debe tenerse en cuenta que esta estructura electromagnética interna LC también es aplicable a todas las partículas electromagnéticas elementales cargadas eléctricamente que constituyen las partículas complejas inestables, ya que sean eléctricamente neutras o no, tales como piones, kaones y otras partículas efímeras complejas resultantes de colisiones destructivas entre partículas elementales ([34], [8] Capítulo 19).

Sin embargo, sólo estudiaremos aquí las partículas estables que constituyen la estructura estable de los átomos de la tabla periódica y sus núcleos, así como los positrones y fotones electromagnéticos en movimiento libre, porque todas las partones inestables generadas por colisiones destructivas no tienen ningún papel en el establecimiento y la estabilidad del universo, ya que, sin excepción, se desintegran casi instantáneamente liberando su exceso de energía en secuencias de pasos bien conocidas [35], hasta que todo lo que queda de ellas resulta ser una u otra, o muchas del muy pequeño conjunto de partículas elementales estables, cargadas eléctricamente y masivas, de las que están hechos los átomos ([34], [8] Capítulo 19).

Pero primero debemos prestar atención a un error tipográfico en la Ecuación (M-7) del documento de Marmet que hace difícil percibir claramente que su derivación es verdaderamente impecable. Para hacer obvia su secuencia ininterrumpida de razonamiento, su derivación hasta la Ecuación (M-7) a partir de la ecuación de Biot-Savart será completamente detallada aquí. La continuación de su derivación hasta la Ecuación (M-23) sigue siendo fácil de seguir directamente en su artículo [29] y se explica y analiza con mayor claridad en otro artículo recientemente publicado ([10], Ver también el Capítulo 2).

Aunque la segunda parte de su artículo, que comienza con la Sección 7, se refiere a una hipótesis personal sobre una posible estructura interna del electrón, que por supuesto está sujeta a discusión, la primera parte de su artículo no es de ninguna manera hipotética, sino que más bien elabora una derivación sin fallas a partir de la ecuación de Biot-Savart, que a su vez se estableció directamente a partir de datos experimentales que pueden ser fácilmente recolectados a voluntad, dando lugar al establecimiento de una nueva ecuación (su Ecuación M-23) que parece no dejar lugar a dudas, para citar al propio Marmet, de que *"el aumento de la llamada masa relativista* [del electrón en aceleración] *no es en realidad más que la masa del campo magnético generado, debido a la velocidad del electrón"* [29]:

$$\frac{\mu_0 \left(e^-\right)^2}{8\pi} \frac{1}{r_e} \frac{v^2}{c^2} = \frac{M_e}{2} \frac{v^2}{c^2} \tag{M-23}$$

Para evitar confusiones en la numeración de las ecuaciones de este artículo, las ecuaciones que procedan directamente del artículo de Marmet irán precedidas del prefijo "M-" seguido del número de esta ecuación en el artículo original [29] para que el lector pueda localizarlas directamente en su artículo original.

La Ecuación (M-23) sugiere muchas posibilidades que nunca han sido consideradas antes, la más importante de las cuales es que resalta una inconsistencia entre la teoría de la Relatividad Especial (RE) y el electromagnetismo que de otra manera no podría ser notada, porque la idea misma de que la energía que aumenta gradualmente el campo magnético transversal de un electrón bajo aceleración, tal como se calcula con las ecuaciones del electromagnetismo, podría ser la misma energía que también puede ser medida experimentalmente como su masa transversal aumentando gradualmente con su velocidad, tal como se calcula con las ecuaciones de la mecánica relativista, está ausente de la RE por una razón que se explicará más tarde.

La primera indicación de que un solo cuanto de energía podría ser responsable tanto del aumento del campo magnético transversal del electrón como del aumento relativista de su masa medible transversalmente se establece por el hecho bien conocido de que el campo magnético, medido alrededor de un hilo que conduce una corriente eléctrica estable, que por supuesto está compuesto de electrones que circulan todos a la misma velocidad y en la misma dirección en este hilo, está orientado perpendicularmente, es decir transversalmente, con respecto a la dirección de movimiento de los electrones, lo que se refleja en la ley de Biot-Savart, tal y como Marmet lo puso en perspectiva al principio de su artículo [29].

Un punto importante ya debe ser subrayado con respecto al hábito adquirido desde Maxwell de pensar en la familiar relación ortogonal de tres vías de la energía electromagnética, que implica *campos* eléctrico y magnético perpendiculares entre sí, y que al mismo tiempo serían perpendiculares a la dirección del movimiento de la energía.

Es un hecho raramente mencionado en las obras de referencia que el concepto del campo eléctrico introducido por Gauss sólo se proponía *representar conceptualmente* la interacción coulombiana *de una manera geométrica y matemática idealizada* como decreciente omnidireccional hacia cero a distancia infinita, de acuerdo con la regla del inverso del cuadrado de la distancia, a partir de un valor máximo situado en el punto en que se ubicaría en el espacio la carga de test única que queda en la ecuación de Coulomb cuando se retira la segunda carga de la ecuación, como se ha subrayado en un artículo reciente [25]. Este concepto idealizado fue entonces conceptualizado geométricamente y matemáticamente para representar el aspecto magnético de la energía electromagnética en la forma de un *campo magnético*.

Por lo tanto, será importante para el resto de este análisis de tener en cuenta la intención original de Gauss de que estos *campos* sean considerados sólo como *herramientas geométricas y matemáticas idealizadas* destinadas únicamente a *representar* la energía real que se supone que existe físicamente, y que es la propia energía electromagnética la que realmente existe la que se auto-estructura físicamente, por así decirlo, según esta doble configuración perpendicular resultante de su oscilación electromagnética transversal, es decir, una oscilación que se orienta transversalmente con respecto a la energía del momento unidireccional que soporta su movimiento en el espacio.

El resultado es que la propia energía transversal, que la derivación de Marmet identifica como responsable simultáneamente del aumento del campo magnético transversal y del aumento de la masa relativista transversal medible [36] del electrón durante la aceleración, sólo puede orientarse perpendicularmente a la dirección del movimiento de los electrones cuya circulación genera la corriente estable que se puede medir mediante la ecuación Biot-Savart.

Esto significa, por supuesto, que la energía que soporta el momento creciente de un electrón en aceleración, calculable utilizando la ecuación de la mecánica relativista $\Delta K=\gamma m_o v^2/2$, nunca puede ser la misma energía que soporta su campo magnético creciente perpendicularmente, calculable utilizando la ecuación Biot-Savart, la cual presumiblemente corresponde a la energía del incremento de la masa transversal calculable con la ecuación de la mecánica relativista $\Delta E=\Delta mc^2= (\gamma m_o c^2 - m_o c^2)$, porque es físicamente y vectorialmente imposible que un solo cuanto de energía se mueva en estas dos direcciones perpendiculares simultáneamente, y también porque la cantidad total de sólo una de estas dos cantidades de energía es insuficiente para explicar tanto el aumento de su momento longitudinal como el incremento simultáneo de su campo magnético transversal orientado perpendicularmente a cualquier velocidad dada.

Por otro lado, la primera ecuación de Maxwell (Apéndice B), que es de hecho la ecuación de Gauss ya mencionada para el campo eléctrico, y que se convierte de nuevo en la ecuación simple de Coulomb cuando se introduce una segunda carga en el "campo idealizado" de la carga de prueba, revela que la cantidad total de energía inducida en cada carga en aceleración corresponde sea al doble de la energía del momento longitudinal $\Delta K = \gamma m_o v^2/2$, o alternativamente al doble de la energía del incremento de masa-relativista/campo-magnético transversal $\Delta E = \Delta m_m c^2$. De hecho, esto revela que las dos cantidades de energía son siempre iguales por estructura y que esta suma sólo puede consistir en sus inducción simultánea, cuyo ΔE_{total} también representando el incremento del campo magnético transversal del electrón durante su aceleración, la suma de las dos cantidades que constituyen entonces la cantidad total de energía necesaria para contabilizar el aumento simultáneo de la velocidad y del campo magnético transversal asociado, a saber $\Delta E_{total} = \Delta K + \Delta m_m c^2 = \gamma m_o v^2/2 + (\gamma m_o c^2 - m_o c^2)$, como se demuestra en la Referencia ([10], Ver también el Capítulo 2).

Por lo tanto, sería más apropiado hablar en realidad de dos *medio-cuantos* de energía que constituyen un único cuanto de energía inducida. El hecho de que este cuanto de energía total calculado con la ecuación de Coulomb varía de manera infinitesimalmente gradual en función de la distancia inversa entre dos partículas cargadas también demuestra que esta energía varía adiabáticamente, y esto, únicamente en función de la inversa de las distancias que separan todas las partículas cargadas entre sí bajo la interacción de Coulomb, estén o no en movimiento.

Una indicación adicional que apoya la conclusión de que estos dos medio-cuantos de energía deben existir simultáneamente es que para poder calcular el incremento del campo magnético ΔB asociado con cualquier velocidad de un electrón siendo acelerado usando la forma generalizada de la Ecuación (M-7) de Marmet establecida en la Referencia ([30], [8] Capítulo 4), es que está la longitud de onda de esta doble cantidad de energía proporcionada por la ecuación de Coulomb que debe utilizarse para obtener este valor correcto ΔB del incremento del campo magnético transversal del electrón en movimiento, lo que se demostrará precisamente con la Ecuación (1.9) más adelante.

1.6. Contexto histórico del desarrollo de la teoría de la Relatividad Especial (RE)

Pero el hecho mismo de que estos dos medio-quanta de energía sean siempre iguales en cantidad, creó inicialmente confusión en la comunidad en ausencia de esta nueva información que sólo está disponible desde la reciente desviación de Marmet. Esta confusión llevó a la conclusión de que sólo uno de estos dos medio-cuantos era la cantidad total de energía inducida durante el proceso de aceleración relativista del electrón, y se estableció un famoso desacuerdo entre los teóricos a principios del siglo XX.

Por ejemplo, Minkowski [2], Lorentz [37] y Einstein [38] asociaron este único medio-cuanto de energía estrictamente con el momento, una conclusión que es una parte integral de la teoría de la Relatividad Especial, mientras que Abraham [39], Poincaré [40] y Planck [41], asociaron el medio-cuanto medido de la energía de movimiento con un aumento de la masa transversal medible.

1.7. La conclusión de Minkowski, Lorentz y Einstein

Consultando un famoso artículo de Max Planck de 1906 [41], cabe señalar que se refiere a la energía que constituye la masa de un electrón en movimiento $E=\gamma m_o c^2$ con los términos "*lebendige Kraft*" (Véase el comentario que sigue a su Ecuación 8, página 140 de su texto, identificando esta energía con el término "L"), que se traduce en español con los términos "*fuerza cinética*", (o "*fuerza vibratoria*" o "*fuerza viva*" para una traducción literal del alemán), lo que pone en perspectiva que a principios del siglo XX, la diferencia entre el concepto de "*fuerza*", como la fuerza calculable utilizando la ecuación de Coulomb o la ecuación de aceleración de masa fundamental $F=ma$, que conceptualizamos que tiene las dimensiones de "*julios por metro*" ([14], [8] Capítulo 13), y el concepto de *energía inducida por la interacción de Coulomb*, que se obtiene multiplicando la fuerza de Coulomb por la distancia entre dos cargas, que conceptualizamos como si sólo tuvieran la dimensión de los *julios* ([14], [8] Capítulo 13), no estaba todavía claramente establecida; estos dos conceptos aparentemente no han sido aún claramente diferenciados. La única referencia al momento en su texto es "*Impulskoordinaten*" ("*coordenadas del momento*"), que no asocia con la energía que lo sostiene en el contexto del debate en curso en ese momento, y esto en el momento histórico en que el debate en relación con la introducción de la RE se estaba desatando.

En contraste, en la comunidad física fundamental germánica actual, el momento ("*Impuls*" - en aleman) se conceptualiza inmediatamente como una cantidad de energía cinética "*kinetische Energie*" que se mueve en una dirección vectorial específica, como en las comunidades físicas de otros idiomas. Pocos parecen hoy plenamente conscientes de que, a principios del siglo XX, los mayores avances de la física fundamental se produjeron en Europa, y de que los artículos originales se escribieron principalmente en alemán, pero también en francés e italiano, y de que algunos de estos artículos fundadores aún no han sido traducidos formalmente al inglés, contrariamente a la creencia popular, y algunos lo han hecho muy tarde. Por ejemplo, el texto de un artículo fundamental de Herman Minkowski de 1907 titulado "*Das Relativitätsprinzip*" fue traducido al inglés muy recientemente en 2012 por Fritz Lewertoff [2]. Prácticamente todos los escritos de Louis de Broglie, cuya obra completa acaba de ser traducida al ruso, aún no ha sido traducida al inglés. Por lo tanto, es importante consultar los artículos formales en su idioma original para garantizar la precisión de las versiones traducidas, y especialmente para poner en perspectiva el alcance más limitado del cuerpo de conocimientos establecido en ese momento y el cual fue la base de su redacción.

Analizando el artículo de Lorentz de 1904 [37] que introdujo el concepto de relatividad introduciendo el factor γ en las ecuaciones de la Mecánica Clásica, lo que llevó a Planck a escribir su ya citado artículo de 1906 [41], se puede ver que el concepto de fuerza de Coulomb está claramente definido, pero que la energía del momento relativista del electrón se calcula de la manera que intuitivamente nos viene a la mente inicialmente, es decir, añadiendo el factor γ a la ecuación cinética inicial clásica de Newton $K=m_o v^2/2$; pero no modifica esta ecuación para incorporar el medio-cuanto de energía transversal que soporta el incremento correspondiente de su campo magnético, como se describe en la Referencia ([42], [8] Capítulo 5), o alternativamente, no multiplica la fuerza obtenida mediante la ecuación de Coulomb por la distancia entre las dos cargas para obtener la energía adiabática total inducida en cada una de ellas por la interacción coulombiana a esa distancia, como se describe en la Referencia ([10], Ver también el Capítulo 2).

Por lo tanto, debemos ser plenamente conscientes de que si dos de los más grandes descubridores de la época, Planck y Lorentz, no hubieran hecho el vínculo ontológico que ahora nos es evidente entre la interacción de Coulomb y la inducción de la energía cinética en las partículas cargadas, así como el vínculo entre esta energía inducida electromagnéticamente y la energía cinética que provoca el movimiento de los cuerpos macroscópicos masivos según la perspectiva proporcionada por la mecánica clásica/relativista, cuya masa sólo puede ser la suma de las masas de estas partículas elementales cargadas eléctricamente, esto significa necesariamente por extensión que esta relación no estaba todavía claramente establecida en toda la comunidad científica en ese momento, tan inesperado como eso nos pueda parecer hoy en día.

Sin embargo, sigue siendo sorprendente que los grandes descubridores de la época fueran capaces de establecer las ecuaciones de la mecánica clásica/relativista con tanta precisión sin haber podido beneficiarse de la retrospectiva que tenemos ahora después de otro siglo de experimentación, que ahora permite percibir claramente esta relación entre la llamada *fuerza de Coulomb*, obtenida multiplicando la carga unitaria de la ecuación de campo eléctrico establecida por Gauss $E= e/4\pi\varepsilon_o d^2$ [17] por una segunda carga e, que actúa según la ley del inverso del cuadrado de la distancia entre las cargas eléctricas $1/d^2$, es decir, $F=e{\cdot}E= e^2/4\pi\varepsilon_o d^2$ ([25] Ecuación (4)), y la cantidad de *energía cinética adiabática* ([43], [8] Capítulo 2) que esta fuerza induce en estas cargas eléctricas en función del simple inverso de la distancia que las separa $1/d$, es decir, $E=d{\cdot}F= e^2/4\pi\varepsilon_o d$ ([25] Ecuación (4)), conceptos que parecían difíciles de distinguir claramente entre sí a través de la niebla de incertidumbre que aún rodeaba las relaciones entre estos conceptos electromagnéticos que no estaban en ese momento en un proceso de exploración metódico, y que todavía no lo son (véase la siguiente sección), y el concepto clásico de *masa*, que formaba parte de la mecánica clásica, y que todavía se consideraba que no tenía ninguna conexión con el electromagnetismo en ese momento, excepto por el propio Einstein, pero sin asociarlo con la gravitación en ese momento, como veremos en las subsecciones 1.7.1 y 1.7.3.

Esto explica por qué el concepto de *fuerza* no ha sido específicamente incorporado en la RE para justificar el aumento de la energía de una masa en movimiento o en aceleración, y también por qué la noción misma de *fuerza* está simplemente ausente de la teoría de la Relatividad General (RG), en la que se sustituye como la causa ontológica de la existencia de la energía por un movimiento inercial de cuerpos masivos, movimiento supuestamente causado por una *curvatura* del *espacio-tiempo*, lo que impidió que la ecuación de Coulomb, que se basa en el concepto de *fuerza* asociada a la aceleración de partículas cargadas eléctricamente, se asociara conceptualmente con la aceleración de la *masa* del electrón desde esta perspectiva, porque no se establece ningún vínculo en esta teoría entre el concepto de *masa clásica* y el hecho de que todos los cuerpos masivos macroscópicos sólo pueden estar constituidos por partículas masivas elementales cargadas eléctricamente ([11], Ver también el Capítulo 3), como se verá más adelante.

Por extraño que parezca, más de un siglo después de los decisivos experimentos de Kaufmann con electrones aceleradas a velocidades relativistas [36], no existe en la RE ningún concepto de aumento del campo magnético de la masa del electrón durante la aceleración, lo que hace que parezca normal según esta teoría que sólo la energía del momento aumente con la velocidad, es decir, una velocidad aparentemente causada por una teoría de *aceleración inercial*.

1.7.1 El interesante caso de la declaración de Albert Einstein sobre el electromagnetismo

Puede parecer paradójico, como se acaba de afirmar, que el concepto de fuerza no parezca haber sido incorporado en el RE por la razón de que el concepto clásico de masa se consideraba en aquel momento ajeno al electromagnetismo, como acabamos de aprender de la Referencia [5], que Einstein aparentemente entendió correctamente, de forma indirecta, la relación entre la fuerza de aceleración que se aplica a la carga invariante del electrón, y la fuerza de aceleración que se aplica a su masa invariante en reposo, como se demuestra en su Ecuación (2), anteriormente mencionada en el Prólogo:

$$(2) \qquad m\,\frac{\mathrm{d}^2 x}{\mathrm{d}t^2} = e\mathbf{E}_x \qquad\qquad ([5], \text{p. } 143)$$

De hecho, sucede que $F = m\,\dfrac{\mathrm{d}^2 x}{\mathrm{d}t^2}$ es una de las numerosas representaciones matemáticas de la ecuación fundamental de aceleración *F=ma*, como se describe en la Referencia ([25] Sección 27), y $F = e\mathbf{E}_x$ es una de las numerosas representaciones matemáticas de la ecuación de Coulomb como se pone en perspectiva en la Sección 1.7. Véase también la Referencia ([25] Ecuación (4), reproducida aquí por conveniencia:

$$F = e\mathbf{E} = \frac{e^2}{4\pi\varepsilon_0 r^2} \qquad\qquad ([25] \text{ Ecuación (4))}$$

debido a que el símbolo del campo eléctrico (*E*) ha sido definido por Gauss como igual a la siguiente definición al eliminar una de las cargas de la ecuación de Coulomb:

$$\mathbf{E} = \frac{e}{4\pi\varepsilon_0 r^2} \qquad\qquad ([25] \text{ Ecuación (3))}$$

Obviamente, cuando se reintroduce la carga que falta como lo hizo Einstein en la Referencia ([5] Ecuación (2)), se restablece la ecuación completa de la fuerza de Coulomb.

Sin embargo, Einstein no específica cómo dedujo inicialmente esta igualdad entre estas dos ecuaciones de fuerza probadas, que establece *de facto* de forma axiomática como *una fuerza única* aplicable tanto a la masa en reposo de un electrón como a su carga invariante. Parece, pues, que estableció esta igualdad en forma de axioma en 1910, lo que era habitual por su parte para establecer los fundamentos de sus razonamientos, como los axiomas básicos de su teoría de la Relatividad Especial previamente establecida. Véase las Secciones 3.4 y 3.5 para más detalles sobre este tema.

Pero resulta que una derivación matemática que muestra que todas las ecuaciones de fuerza clásicas son únicamente representaciones alternativas de la ecuación de aceleración de Newton $F=ma$, en la Referencia ([44], [8] Capítulo 7), lo que demuestra claramente que la hipótesis de Einstein a través de la Ecuación (2) estaba completamente justificada.

Ahora bien, del comentario introductorio de Einstein que precede a su Ecuación (2), como se cita en el Prólogo, aunque relaciona la carga del electrón con el campo E, no es obvio que relacione más claramente que sus colegas el símbolo E del campo eléctrico con la sub-definición detallada que Gauss quería que representara, a saber, la ecuación de Coulomb menos una carga.

Por comparación, véase con la Ecuación (3.3) cómo la misma ecuación de aceleración de Newton se establece directamente como igual a la ecuación de Coulomb en los libros de introducción estándar de física, esta vez sin relacionarla con la ecuación de Gauss para el campo eléctrico, tal como se combina en la ecuación de Lorentz con la carga faltante para obtener nuevamente la ecuación de Coulomb, que es un estado de cosas que impide a la mayoría de los estudiantes ver la relación directa entre la ecuación de Gauss y la ecuación estándar de Coulomb.

De hecho, después de décadas de discusiones con cientos de físicos, he observado que muy pocos de ellos suelen conceptuar el campo E como directamente relacionado con la ecuación de Coulomb, incluso cuando se trata de una segunda carga, como en la ecuación de fuerza de Lorentz ($F = q(E + v \times B)$), y parece que esto ya era así a principios del siglo XX, ya que los físicos generalmente parecen preferir conceptualizar el electromagnetismo desde el punto de vista de los campos potenciales.

Esto se confirma además por el propio texto del artículo [5] de Einstein cuando afirma:

"...on s'habitua à considérer les champs électrique et magnétique comme des entités dont l'interprétation mécanique était superflue. On en vint ainsi à regarder ces champs dans le vide comme des états particuliers de l'éther, n'exigeant pas une analyse plus approfondie."

Traducción:

"...nos acostumbramos a considerar los campos eléctrico y magnético como entidades cuya interpretación mecánica era superflua. Esto llevó a considerar estos campos en el vacío como estados particulares del éter, que no requieren más análisis."

En ninguna parte de su artículo se menciona o se asocia la Ley de Coulomb con el campo eléctrico o las partículas cargadas eléctricamente. El movimiento de las cargas eléctricas se menciona, de acuerdo con H.A. Lorentz, como estrictamente debido a sus interacciones con el campo eléctrico:

"Une particule chargée en mouvement par rapport à l'éther est assimilable à un élément de courant; les actions du champ électromagnétique sur la particule et les réactions de cette dernière sur le champ sont les seuls liens qui lient la matière à l'éther. Dans celui-ci, là où l'espace n'est pas déjà occupé par une particule, les intensités du champ électrique et magnétique sont exprimées par les équations de Maxwell pour l'éther libre, si l'on suppose que les équations sont rapportés à un système d'axes immobile par rapport à l'éther."

Traducción:

"Una partícula cargada en movimiento en relación con el éter es como un elemento de corriente; las acciones del campo electromagnético sobre la partícula y las reacciones de la partícula al campo son los únicos enlaces que unen la materia al éter. En el éter, donde el espacio no está ya ocupado por una partícula, las intensidades de campo eléctrico y magnético son expresadas por las ecuaciones de Maxwell para el éter libre, suponiendo que las ecuaciones están relacionadas con un sistema de ejes que es inmóvil con respecto al éter."

Todo considerando, podemos concluir que la identidad directa que Einstein percibió ya en 1910 entre la ecuación de aceleración fundamental de Newton aplicada a la masa en reposo de un electrón y la ecuación para acelerar la carga unitaria del electrón sometido a un campo eléctrico es probablemente lo que finalmente lo convenció de que la gravitación debe seguir el patrón del electromagnetismo.

1.7.2. La sorprendente e incoherente objeción de Archibald Wheeler

Consideremos ahora la justificación citada en el Prólogo que Wheeler proporcionó para su rechazo a considerar la conclusión de Einstein como una línea de investigación potencialmente válida, que aparentemente también afirma hablar en nombre de toda la comunidad, sin que nadie proteste: "*Esta tesis, no podemos aceptarla, y la comunidad de la física, con razón, no la acepta*". ([7], p. 391).

Desafortunadamente, no proporcionó una referencia al texto específico de Einstein en el que éste "*alegaba*" que la gravitación sigue el modelo del electromagnetismo. Por lo tanto, se trata de una investigación todavía en curso en el momento de la publicación de este libro.

De forma algo inesperada, justo antes de formular su rechazo a la posibilidad de que la gravitación pudiera seguir el patrón del electromagnetismo, Wheeler opone una versión totalmente inválida de la ecuación de Coulomb:

$$\mathbf{F}_{electr} = e_1 e_2 \big/ r^2 \qquad\qquad \text{([7] Ecuación (7.1.2))}$$

a la ecuación gravitacional válida:

$$\mathbf{F}_{grav} = -Gm_1 m_2 \big/ r^2 \qquad\qquad \text{([7] Ecuación (7.1.2))}$$

y luego concluyó que esta comparación visiblemente errónea descalifica completamente el electromagnetismo como una vía de investigación potencialmente prometedora en busca de un posible patrón que podría relacionarlo con la gravitación.

Esta versión de la ecuación de Coulomb es inválida por la simple razón de que Wheeler olvidó, o es incluso concebible, <u>no sabía</u>, que para ser dimensionalmente válida, esta ecuación debe involucrar la constante de proporcionalidad de Coulomb (Ver Ecuación (2.18) y el comentario asociado, en el Capítulo 2):

$$k_e = \frac{1}{4\pi\varepsilon_0} \quad (\text{ Constante electrostática de Coulomb}) \tag{2.18}$$

Aun a priori, las dimensiones de la fuerza obtenible de la versión errónea de Wheeler de la ecuación de Coulomb son manifiestamente incoherentes, ya que se resuelven *en culombios al cuadrado por metro cuadrado* (C^2/m^2), mientras que está bien establecido que una fuerza sólo puede expresarse en newton (N), que se resuelven en sus dimensiones elementales *julios por metro* (j/m), que son las dimensiones obtenibles de la ecuación de Coulomb sólo si interviene la constante de Coulomb : $F_{electr} = k_e\, e_1 e_2 / r^2$ y que son idénticas a las dimensiones de la fuerza obtenida de la ecuación gravitacional correctamente aplicada.

Por lo tanto, es absolutamente notable e inesperado de que un error tan flagrante en una obra de referencia tan popular [7], que sirvió de justificación para negarse a explorar un campo tan fundamentalmente importante como el electromagnetismo en busca de una posible relación con la gravitación, no parece haber atraído la atención de la comunidad de la física, especialmente a la luz de la recomendación específica, y en oposición a ella, del físico más famoso del siglo XX, y también de que este tipo de error en una ecuación tan simple es probable que llame la atención inmediata de cualquiera con un mínimo de habilidad matemática.

1.7.3. La solución que Einstein pudo haber estado buscando

Un punto de gran interés en relación con la investigación de Einstein para asociar la gravitación con el electromagnetismo aparece con respecto a la ecuación gravitacional correctamente formulada a la que se refiere Wheeler, es decir, la Ecuación (7.1.2) de la Referencia [7] mencionada anteriormente.

Habiendo relacionado directamente la ecuación de fuerza electrostática de Lorentz con la ecuación de aceleración fundamental de Newton por medio de la Ecuación (2) ([5], p. 143), no hay ninguna duda de que Einstein también buscó relacionar directamente la ecuación gravitacional con estas dos primeras ecuaciones de fuerza.

Sucede que esta igualdad directa entre estas tres ecuaciones se ha establecido matemáticamente en la Referencia ([44], [8] Capítulo 7, Ecuación (7.48)) precisamente con respecto a la masa invariante en reposo y a la carga invariante del electrón, de acuerdo con la igualdad establecida por Einstein entre las dos primeras ecuaciones de fuerza clásicas en su Ecuación (2). Además, se ha demostrado en la misma referencia que las 5 ecuaciones de fuerza clásicas pueden deducirse unas de otras mediante la forma generalizada de la ecuación de Coulomb que se desarrolló en la Referencia ([30], [8] Capítulo 4, Ecuación (4.11)):

$$F = G_p \frac{M_p \bullet m_e}{r_0^2} = k \frac{e^2}{r_0^2} = e\mathbf{v}\mathbf{B} = e\,\alpha\mathbf{E} = m_e a = 8.238721807\mathrm{E} - 08\,\mathrm{N} \qquad \text{([44] Ecuación (48))}$$

Este común denominador que resulta ser la ecuación de Coulomb al permitir vincular todas las ecuaciones de fuerza clásicas *es lo que permite vincular matemáticamente la energía adiabática inducida permanentemente en todas las partículas cargadas elementales por la fuerza de Coulomb a todas las ecuaciones de fuerza clásicas, y consecuentemente a la gravitación,* en las secciones 1.26 y 1.27 siguientes, tal como se establece en la Referencia ([43], [8] Capítulo 2).

1.8. *La conclusión de Planck, Poincaré y Abraham*

Como se mencionó anteriormente, Abraham [39], Poincaré [40] y Planck [41], asociaron el medio-cuanto medido de la energía de movimiento con un aumento de la masa transversal medible, pero no la relacionaron de ninguna manera con el aumento transversal simultáneo del campo magnético asociado. Desde esta perspectiva, el momento de una masa en movimiento no tiene existencia física, sino que se considera como un pulso que se propaga en un éter subyacente que propulsaría la masa, lo que también hace que parezca normal desde este segundo punto de vista que únicamente el medio-cuanto de energía de la masa transversal aumente con la velocidad.

Este desacuerdo entre las posiciones de Einstein, Minkowski y Lorentz, por un lado, y de Poincaré, Abraham y Planck, por otro, sigue siendo objeto de interminables discusiones en la comunidad. En ambos casos, no se establece ninguna relación con la doble cantidad de energía revelada por la ecuación de Coulomb como siendo inducida ontológicamente simultáneamente por la interacción de Coulomb en el electrón durante su aceleración; y ninguna de estas soluciones sugiere siquiera que los dos medio-cuantos podrían aumentar simultáneamente.

Por lo tanto, una clara toma de conciencia de la existencia simultánea de estos dos medio-cuantos perpendiculares entre sí, a la luz del descubrimiento de Marmet y en relación con la ecuación de Coulomb, es necesaria para lograr una completa armonización de la mecánica clásica/relativista y del electromagnetismo.

1. 9. *Los principios axiomáticos absolutos*

Volvamos por un momento a esta ya mencionada *niebla de incertidumbre* que rodeaba los conceptos de la fuerza de Coulomb y de la energía inducida por esta fuerza durante el desarrollo la teoría de la Relatividad Especial a principios del siglo XX.

A lo largo de la historia, antes de que la extensión del conocimiento acumulado en la época hubiera permitido identificar constantes absolutas en la Naturaleza sobre las que se podrían haber desarrollado teorías para explicar procesos observables en la realidad objetiva, el método utilizado para fundamentar estas teorías consistió en establecer *principios* axiomáticos absolutos como puntos de referencia para fundamentar firmemente explicaciones racionales sobre la naturaleza de la energía, de la masa, de las cargas eléctricas, etc. Estos principios se convirtieron eventualmente en *dogmas idealizados* que la comunidad científica adoptó como referencias seguras en los que basar las teorías que se estaban desarrollando, tales como el Principio de Conservación de la Energía, el Principio de Exclusión de Pauli, los Principios de acción estacionaria y de mínima acción, etc.

La mayoría de estos principios son principios idealizados *positivos*, como el principio de conservación de la energía, que por definición no admite ninguna excepción, pero que no desalienta activamente la investigación sobre posibles limitaciones de sus alcance o incluso la validez del propio principio en relación con su aplicabilidad a la realidad física, que podría haber sido menos bien comprendida cuando se formuló.

De hecho, en el caso de este último principio, por ejemplo, el grado de conocimiento actual permite definir mejor su alcance en relación con la realidad objetiva, al observar que el Principio de conservación de la energía sigue siendo válido mientras que un sistema ya estabilizado en un estado de equilibrio de acción estacionaria permanezca en este estado, pero que si se requiere este sistema para variar este estado de equilibrio de acción estacionaria de tal manera que se estabilice axialmente en un estado de acción estacionaria más enérgico o menos enérgico que el estado inicial, este cambio sólo puede ser adiabático en su naturaleza ([43], [8] Capítulo 2).

Es precisamente el caso de las sondas espaciales que están alejadas de la Tierra y que se han lanzados en trayectorias de mínima acción de escape del sistema solar, por ejemplo, como veremos más adelante ([45], [8] Capítulo 16) [46] [47] [48]. Cuando tales sistemas se estabilizan en un nuevo estado de equilibrio axial de acción estacionaria, el principio de conservación de energía se aplica nuevamente, pero con referencia a este nuevo estado de equilibrio axial de acción estacionaria. De hecho, las masas de las que están hechas estas sondas nunca volverán al estado de acción estacionaria axial que tenían antes de su lanzamiento.

En realidad, todos los estados de acción estacionaria permitidos en la realidad objetiva forman parte de una jerarquía de estados de equilibrio electromagnético estacionarios axialmente distribuidos, que van desde los estados estacionarios del orden de magnitud subatómico hasta los del orden de magnitud astronómico, cuya correlación jerárquica detallada aún no se ha establecido completamente, y la única manera de que una partícula elemental o una masa más grande se mueva axialmente de uno de estos estados de equilibrio estacionario a otro es a través de una trayectoria de mínima acción que necesariamente implique un cambio adiabático en su energía portadora. Esta jerarquía de estados estacionarios se discutirá más adelante, pero por ahora volvamos al tema principal de esta sección, es decir los principios axiomáticos absolutos establecidos históricamente.

Entre el conjunto de dogmas axiomáticos *"positivos"* históricamente establecidos, sin embargo, se encuentra uno: el *de facto* rechazado concepto de *acción-a-distancia*, también llamado despectivo *acción-fantasma-a-distancia* (*spooky-action-at-a-distance* – en inglés), que está universalmente asociado injustificadamente con la llamada *"fuerza"* de Coulomb, que es un dogma *negativo* y *absoluto* en el sentido de que ha desalentado activamente cualquier investigación en la comunidad para tratar de estudiar y comprender la naturaleza de la interacción de Coulomb, aunque subyace directamente la primera ecuación de Maxwell, sea la ecuación de Gauss para el campo eléctrico como se describió anteriormente, la cual es universalmente aceptada como válida.

El malentendido que aparentemente llevó a la idea misma de una llamada *acción-a-distancia* en referencia a la *fuerza* de Coulomb parece haber sido que esta llamada *fuerza* estaba asociada con el concepto de una *atracción*, tal como se define en la teoría gravitacional macroscópica de Newton, en lugar de estar asociada con un *proceso de inducción de energía, la mitad de la cual soporta un momento unidireccional* en las partículas cargadas eléctricamente al nivel subatómico, y que esta supuesta *atracción* entre partículas cargadas de signos eléctricos opuestos se consideraba erróneamente debida a una *fuerza atractiva*, en lugar de ser entendida como un *movimiento impulsado por una energía de momento unidireccional* de una partícula cargada eléctricamente hacia otra partícula cargada eléctricamente de signo contrario; y que una *repulsión* erróneamente asumida como debida a una *fuerza repulsiva* entre partículas cargadas del mismo signo, es en realidad un movimiento de una partícula cargada eléctricamente que se aleja de otra partícula cargada eléctricamente del mismo signo, *propulsada por una energía de momento unidireccional*, sin que intervenga absolutamente *ninguna fuerza*, como se analiza en la Referencia ([11], Ver también el Sección 3.17).

El concepto de interacción de Coulomb ha sido ahora brevemente redefinido en una forma más realista, y para distanciarse del concepto de *fuerza* newtoniana, que es útil a nivel macroscópico, pero que es engañoso al tratar con partículas elementales masivas y cargadas a nivel subatómico, el término *interacción coulombiana* o *interacción de Coulomb* se utilizarán generalmente más adelante en este artículo en lugar del engañoso término *fuerza de Coulomb*.

Cien años después que Lorentz, Planck, Einstein, de Broglie y Schrödinger, por nombrar sólo algunos de los extraordinariamente dedicados científicos de la época, revolucionaron la física fundamental a principios del siglo XX, parece que ahora sabemos lo suficiente sobre el nivel subatómico para acabar con estos principios y dogmas axiomáticos absolutos, identificando claramente los límites físicos de su aplicación, como en el caso del Principio de conservación de la energía, o simplemente eliminando aquellos que, en última instancia, han demostrado ser barreras equivocadas para la investigación, como el concepto de *acción-a-distancia*, debido a un conocimiento inicial insuficiente sobre la verdadera naturaleza de la interacción de Coulomb, por ejemplo, que ahora sabemos que es la causa de la inducción adiabática simultánea de los dos medio-cuantos perpendiculares de energía, ahora correctamente identificados, en todas las partículas elementales cargadas existentes, una interacción de Coulomb cuya naturaleza aún no se ha comprendido claramente.

1.10. Nombres inapropiados dados a ciertos estados y procesos

Los mismos nombres dados en el pasado a ciertas características y procesos estables observados de las partículas elementales, antes de que se comprendiera la naturaleza electromagnética de las cantidades de energía invariantes de sus masas en reposo, también contribuyeron significativamente a la confusión persistente en la comunidad sobre la verdadera naturaleza de estas características y procesos.

Por ejemplo, el límite inferior de integración de la energía de la masa en reposo del electrón mediante el método matemático de integración esférica ha sido mal llamado *el radio clásico del electrón*, simbolizado por r_e, lo que tiende constantemente a hacer que muchos investigadores *piensen* que este valor puede representar un posible radio físico real de la masa del electrón, en el sentido de la mecánica clásica ([30], [8] Capítulo 4).

Otro término mucho más insidioso es el término "*espín*" elegido para designar la polaridad magnética relativa de los electrones que interactúan entre sí y sus interacciones con los subcomponentes electromagnéticos de los nucleones, lo que induce la creencia completamente inexacta de que debe haber una rotación transversal de la masa de electrones durante estos estados de interacción ([49], [8] Capítulo 9).

El uso de estos términos está pues tan extendido que es probable que cambiarlos lleve a una confusión aún mayor, pero la naturaleza real de los estados y procesos a los que se hace referencia debe estar claramente documentada en los repositorios oficiales, como el *NIST* [50] y el *CRC Handbook of Chemistry and Physics* [51], por ejemplo.

1.11. La inducción simultánea de los dos medio-cuantos de energía

Esta toma de conciencia de la existencia simultánea de los dos medio-cuantos de energía, mutuamente perpendiculares entre sí, que son inducidos permanentemente en cualquier partícula elemental cargada, en movimiento o no, y cuya cantidad varía progresivamente según la inversa de las distancias que separan a cada partícula cargada de todas las demás, permite ahora establecer a nivel subatómico una estructura electromagnética interna del cuanto de energía que soporta tanto el aumento del momento longitudinal como el campo magnético transversal de cualquier partícula elemental cargada durante su aceleración, que es idéntica a la sugerida por Louis de Broglie en la década de 1930 para los fotones electromagnéticos localizados ([15], [8] Capítulo 6); y esto, de acuerdo completamente con las ecuaciones de Maxwell, pero de una manera que no contradice la forma en que la energía electromagnética en movimiento libre es tratada matemáticamente con éxito a nivel macroscópico desde el punto de vista de la teoría de las ondas continuas de Maxwell.

1.12. Descripción de la derivación de Marmet de la Ecuación (M-1) a la Ecuación (M-6)

En electromagnetismo, la ecuación Biot-Savart es quizás la más fácil de confirmar experimentalmente porque sólo describe el campo magnético cilíndrico transversal uniforme e invariante generado por una corriente eléctrica continua estable que fluye en un cable eléctrico rectilíneo [19].

Basando su razonamiento en el hecho observado experimentalmente durante experimentos en aceleradores de partículas de alta energía que el campo magnético de un electrón durante la aceleración aumenta a pesar de que su carga unitaria permanece constante independientemente de su velocidad, Marmet tuvo éxito, reduciendo teóricamente a un solo electrón la corriente que fluye en un hilo eléctrico, para derivar la Ecuación (M-23) a partir de la ecuación Biot-Savart, demostrando así que el aumento de la masa relativista medible transversalmente del electrón durante la aceleración sólo puede estar directamente asociado con el aumento de su campo magnético transversal.

Finalmente, la Ecuación (M-24), que emerge directamente de la Ecuación (M-23), establece directamente que la mitad de la cantidad de energía invariante que constituye la masa en reposo del electrón es también representable en forma de un campo magnético, presumiblemente también transversal por analogía, y por lo tanto que sería en realidad una cantidad invariante de energía que forma parte de la masa en reposo del electrón y que también estaría físicamente orientada transversalmente:

$$\frac{\mu_0 \left(e^-\right)^2}{8\pi} \frac{1}{r_e} = \frac{M_e}{2} \tag{M-24}$$

Esta característica del campo magnético intrínseco de la masa en reposo del electrón, así como muchas otras características que el descubrimiento de Marmet finalmente permite correlacionar según una nueva perspectiva de coherencia mutua, se analizará más adelante, así como el aspecto de *dependencia a la velocidad* del creciente campo magnético transversal del electrón durante su aceleración, y los desarrollos ulteriores a los que conduce la Ecuación (M-23). Pero primero veamos el obstáculo presentado por la Ecuación (M-7).

Comenzó su derivación introduciendo la siguiente forma de la Ecuación (M-1) de Biot-Savart, en la que el campo magnético cilíndrico transversal, que aparece alrededor de un hilo rectilíneo cuando fluye una corriente eléctrica estable a través de él, se representa como perpendicular a la dirección de la corriente en el alambre, tal y como se muestra en la **Figura 1.1** de su artículo [29], es decir, como perpendicular al eje a lo largo del cual se representa gráficamente la corriente I en movimiento:

$$d\vec{B} = \frac{\mu_0\, I}{4\pi} \frac{d\vec{s} \times d\vec{u}}{r^2} \qquad \text{(M-1)}$$

A continuación, redefine la corriente I cuantificando la carga del electrón a su valor unitario invariante (e=1.602176462E-19 C), lo que permite sustituir el símbolo de la variable general Q de la carga en la definición de I por el número discreto de electrones en un Amperio:

$$I = \frac{dQ}{dt} = \frac{d(Ne^-)}{dt} \qquad \text{(M-2)}$$

Dado que la velocidad de los electrones en un conductor es constante si la corriente I permanece constante, el elemento de tiempo dt también puede ser sustituido por su definición tradicional dx/v:

$$\text{dado que } v=\frac{dx}{dt} \text{ , pues } dt = \frac{dx}{v} \qquad \text{(M-3)}$$

Al sustituir dt en la definición de I previamente establecida por la Ecuación (M-2) por su definición equivalente establecida por la Ecuación (M-3), obtuvo:

$$I = \frac{d(Ne)}{dt} = \frac{d(Ne^-)v}{dx} \qquad \text{(M-4)}$$

Luego introdujo la versión escalar de la ecuación de Biot-Savart:

$$dB = \frac{\mu_0 I}{4\pi r^2}\sin(\theta)\,dx \qquad \text{(M-5)}$$

Al sustituir I en la Ecuación (M-5) por su nueva definición establecida con la Ecuación (M-4), el factor tiempo también se elimina de la ecuación de Biot-Savart, lo que puede hacerse en contexto sin afectar el valor del campo magnético considerado y permanece constante por definición ya que la corriente permanece constante:

$$dB = \frac{\mu_0 I}{4\pi r^2} \sin(\theta)\,dx = \frac{\mu_0}{4\pi r^2}\frac{d(Ne^-)v}{dx}\sin(\theta)\,dx = \frac{\mu_0 v}{4\pi r^2}\sin(\theta)\,d(Ne^-) \qquad \text{(M-5a)}$$

En resumen, la Ecuación (M-6) se presenta ahora de la siguiente manera, que implica una suma de cargas unitarias cuantificadas, representada por el factor *Ne-*, además de ser desacoplada del factor tiempo, ya que la intensidad del campo magnético permanece estable mientras que la corriente permanezca estable, independientemente del tiempo transcurrido:

$$dB = \frac{\mu_0 v}{4\pi r^2}\sin(\theta)\,d(Ne^-) \qquad \text{(M-6)}$$

1.13. La Ecuación (M-7) errónea publicada por error

Ahora estamos llegando a la ecuación que no parece surgir lógicamente de la secuencia impecable que condujo a la Ecuación (M-6), y que probablemente haya causado una pérdida injustificada de interés en continuar la lectura por parte de investigadores potencialmente interesados, lo que podría explicar por qué este artículo no ha atraído más atención hasta ahora:

$$\text{Ecuación (M-7) incorrecta: } dB_i = \frac{N\mu_0 e^- v}{4\pi r^2}d(Ne^-) \qquad \text{(M-7)}$$

También parece que Paul Marmet no se dio cuenta de este error tipográfico durante los dos años transcurridos entre la publicación del artículo en 2003 y su muerte en 2005, lo que podría explicar por qué no produjo una nota de *erratum* para rectificar este error de edición, ya que es absolutamente seguro que había derivado la siguiente forma correcta de la Ecuación (M-7), que ahora restableceremos correctamente, ya que utilizó esta forma correcta para el resto de su derivación:

$$\text{Ecuación (M-7) corregida: } B_i = \frac{\mu_0 e^- v}{4\pi r^2} \qquad \text{(M-7)}$$

1.14. Restablecimiento de la forma correcta de la Ecuación (M-7)

Como analizó Marmet en su texto explicativo entre las Ecuaciones (M-6) y (M-7), dos variables de la Ecuación (M-6) se reducirán ahora al valor constante 1 por estructura, debido a la reducción del número de electrones a una sola unidad en la Ecuación (M-7), en cuyo caso la distribución de la carga y del campo magnético se estructuran isotrópicamente y se centran esféricamente en la localización de este único electrón, en lugar de conceptualmente distribuirse, respectivamente, linealmente para la carga y en una orientación cilíndrica transversal perpendicular a la dirección de la corriente para el campo magnético, como en la ecuación inicial de Biot-Savart. Entonces aquí es como la Ecuación (M-7) correcta puede ser derivada de la Ecuación (M-6).

Primero, el término N en la Ecuación (M-6) será igual a 1 en la Ecuación (M-7) puesto que sólo se tiene en cuenta un electrón, y el término $d(Ne\text{-})$ se convertirá en $d(e\text{-})$, lo que es el primer paso en el cambio de la Ecuación (M-6) a la forma correcta de la Ecuación (M-7):

$$dB_i = \frac{\mu_0 v}{4\pi r^2} \sin(\theta)\, \mathrm{d}(\mathrm{e}^-) \tag{M-6a}$$

Dado que sólo se considera un electrón, resulta imposible determinar conceptualmente una dirección de distribución continua de la carga eléctrica, ya que ahora no se puede definir ningún eje de distribución. Como resultado, el factor "sin (θ)" asociado con esta distribución lineal, ahora inexistente, también desaparece de la ecuación. Así que ahora tenemos:

$$dB_i = \frac{\mu_0\ v}{4\pi r^2}\, \mathrm{d}(\mathrm{e}^-) \tag{M-6b}$$

Puesto que la carga e del electrón es invariante y por lo tanto se convierte en una constante numérica, el cálculo de una derivada para la Ecuación (M-6b) ya no tiene sentido. Por lo tanto, las dos ocurrencias del operador de derivación d desaparecen de la Ecuación (M-6b), y finalmente llegamos a la ecuación real que Marmet obviamente se proponía publicar como Ecuación (M-7):

$$B_i = \frac{\mu_0 v}{4\pi r^2}\, \mathrm{e}^- \tag{M-6c}$$

que luego reordenó en la siguiente forma que usó para el resto de su derivación que llevó a la Ecuación (M-23):

Ecuación (M-7) correcta: $B_i = \dfrac{\mu_0 \, e^- \, v}{4\pi \, r^2}$ (M-7)

De este modo, Marmet logró modificar la ecuación de Biot-Savart, que representa el campo magnético cilíndrico macroscópico estático y uniforme, generado por una corriente eléctrica estable, que fluye a través de un alambre rectilíneo, para representar el incremento subatómico del campo magnético transversal teóricamente esférico asociado con la velocidad de un único electrón, centrado en su posición puntual móvil durante su movimiento de velocidad constante, representado por la Ecuación (M-7).

De acuerdo con la mecánica de movimiento de la energía electromagnética permitida por la geometría tresespacial extendida que será aclarada más adelante, esta velocidad constante de todos los electrones en el flujo que circula en el alambre se debe al hecho de que cada electrón es *propulsado* individualmente, por así decirlo, por una cantidad de energía de momento orientada longitudinalmente ΔK, igual por estructura a la cantidad de energía orientada transversalmente que constituye el incremento transversal del campo magnético asociado ΔB, estas dos cantidades existiendo físicamente separadamente de la energía que constituye la masa en reposo invariante del electrón.

Desde esta perspectiva, parece que el campo magnético transversal estable y aparentemente estacionario y uniforme dB de la Ecuación (M-1) de Biot-Savart, medible alrededor del alambre, es simplemente la suma de los campos magnéticos transversales individuales de los electrones en movimiento, cada electrón transportando con él su campo magnético local. Puesto que todos los electrones del flujo se mueven en la misma dirección y muy cerca unos de otros, sus campos magnéticos individuales se ven obligados *de facto* a alinearse en una orientación mutua de espín magnético paralelo debido a la inflexible relación ortogonal de tres vías *eléctrico / magnético / dirección-de-movimiento-en-el-espacio* de la energía electromagnética, a la que está sometida la energía de cada partícula electromagnética elemental; lo que explica por qué todos los campos magnéticos individuales de todos los electrones que circulan en el alambre están orientados en la misma dirección transversal alrededor del alambre, resultando en el establecimiento de este campo magnético transversal macroscópico cilíndrico medible como estable en cualquier punto a lo largo de la longitud de un alambre en el que fluye una corriente constante. Esto es lo que mide la ecuación de Biot-Savart. Y es por esto que reducir la corriente a un solo electrón permite definir la Ecuación (M-7) que puede explicar el incremento del campo magnético subatómico relacionado con la velocidad de un solo electrón.

Debe mencionarse aquí que la misma alineación magnética paralela forzada de los espines magnéticos de los electrones no emparejados en materiales ferromagnéticos es también lo que hace que sus campos magnéticos transversales individuales se sumen para volverse mensurable como un único campo magnético macroscópico a nuestro nivel macroscópico, tal como se analiza en las Referencias ([49], [8] Capítulo 9) ([52], [8] Capítulo 10), y que se describe formalmente en la Referencia [51]. Esto confirma que el establecimiento de todos los campos magnéticos medibles macroscópicamente, ya sean dinámicos o estáticos, sólo puede deberse al mismo proceso subatómico, es decir, a la alineación forzada en paralelo del espín magnético de la energía de los cuantos electromagnéticos elementales implicados.

Veremos más adelante cómo se generalizó la Ecuación (M-7) para calcular el incremento del campo magnético de cualquier cuanto electromagnético localizado, dando lugar a formas generalizadas para calcular la velocidad de cualquier partícula electromagnética elemental masiva cargada, combinando el campo magnético intrínseco invariante B de su masa en reposo con el campo magnético variable ΔB de esta energía de movimiento inducida en las partículas masivas cargadas eléctricamente por la interacción de Coulomb.

La continuación de la derivación de Marmet hasta su conclusión decisiva representada por la equivalencia (M-26) está disponible en su artículo [29] y también se analiza en detalle al principio de la Referencia ([10], Ver también el Capítulo 2 que reproduce la Referencia [10])

$$\textbf{masa relativista} = \textbf{masa magnética} \qquad\text{(M-26)}$$

1.15. Las implicaciones del descubrimiento de Marmet

La primera consecuencia importante del establecimiento de la Ecuación (M-23) es el establecimiento de ecuaciones electromagnéticas que permiten calcular las velocidades relativistas de partículas elementales cargadas y masivas sin ninguna necesidad de utilizar el factor de Lorentz γ.

1.16. Cálculo de velocidades relativistas sin el factor γ de Lorentz

Considerando nuevamente la Ecuación (M-23), ya que c constituye un límite de velocidad asintótica que el electrón no puede alcanzar físicamente, entonces cuando v tiende hacia c, $M_e/2$ parece tender hacia un límite asintótico de un incremento de masa transversal igual a 4.55469094E-31 kg correspondiente a su incremento del campo magnético transversal que, por lo tanto, a primera vista no parece poder ser físicamente superado, pero veremos más adelante que este no es el caso:

$$\frac{\mu_0 \left(e^-\right)^2}{8\pi} \frac{1}{r_e} \frac{v^2}{c^2} = \frac{M_e}{2} \frac{v^2}{c^2} \tag{M-23}$$

En esta etapa del análisis, la Ecuación (M-23) puede por lo tanto formularse como sigue para representar el incremento transversal de la *masa-relativista/campo-magnético* del electrón:

$$\Delta m_{m(v \to c)} = \frac{\mu_0 e^2}{8\pi r_e} \frac{v^2}{c^2} = \frac{m_e}{2} \frac{v^2}{c^2} \tag{1.1}$$

A la inversa, cuando v tiende a cero en la Ecuación (M-23), su incremento de campo magnético transversal también tiende a cero. Y cuando esta velocidad se aproxima a cero, la relación v^2/c^2 revela que la cantidad de energía del incremento transversal del campo magnético se vuelve insignificante y que esta relación puede entonces eliminarse de la ecuación, lo que todavía deja parte de la masa en reposo invariante de un electrón como representando un campo magnético, lo que finalmente parece revelar que exactamente la mitad de la la cantidad de energía invariante que constituye la masa invariante en reposo del electrón sería también la fuente de su campo magnético invariante intrínseco, tal como lo representa la Ecuación (M-24), sea, una conclusión que será confirmada más tarde por el establecimiento de la Ecuación LC (1.30) conforme a las ecuaciones de Maxwell, que revela la estructura electromagnética interna real de la energía de la masa en reposo de los electrones que se establecida en la geometría tresespacial en relación con la hipótesis de de Broglie (**Figura 1.3**):

$$M_{e\_magnético(v \to 0)} = \frac{\mu_0 \left(e^-\right)^2}{8\pi} \frac{1}{r_e} \frac{v^2}{c^2} = \frac{\mu_0 \left(e^-\right)^2}{8\pi} \frac{1}{r_e} = \frac{M_e}{2} \tag{M-24}$$

La Ecuación (M-7), por otra parte, puede formularse de la siguiente manera para representar el incremento del correspondiente campo magnético transversal, destinado a representar la misma cantidad de energía creciente, mensurable como el incremento de la masa transversal representado por la Ecuación (1.1), que se suma a la del campo magnético invariante de la masa en reposo del electrón, calculable con la Ecuación (M-24):

$$\Delta \mathbf{B}_{(v \to c)} = \frac{\mu_0 \, e \, v}{4\pi \, r^2} \tag{1.2}$$

Como primer paso para confirmar que las Ecuaciones (1.1) y (1.2), son ambas representaciones de la misma cantidad de energía orientada transversalmente respecto a la dirección del movimiento del electrón durante la aceleración, primero resolvamos la Ecuación (1.1) para una velocidad relativista bien conocida, es decir, la velocidad 2187647.561 m/s relacionada con la energía del momento de la órbita en reposo de Bohr en su teoría sobre el átomo de hidrógeno (2.179784832E-18 j), que también resulta ser la energía promedia real proporcionada por la función de onda de la Mecánica Cuántica para el orbital en reposo del electrón en el estado fundamental del átomo de hidrógeno. Esta velocidad confirmará inmediatamente que la Ecuación (1.1) proporciona el incremento de masa relativista correcto:

$$\Delta m_m = \frac{\mu_0 e^2 v^2}{8\pi \, r_e c^2} = \frac{\mu_0 e^2 (2187647.561)^2}{8\pi \, r_e c^2} = 2.425337715E - 35 \, \text{kg} \tag{1.3}$$

A partir de la Ecuación (1.2), que está, tengamos en cuenta, la Ecuación (M-7), debemos ahora calcular el aumento del campo magnético transversal relacionado con esta misma velocidad relativista del electrón. Para hacer esto, es necesario definir el valor de la segunda variable de la Ecuación (1.2), es decir, el valor de r; y no se puede suponer que tendrá el mismo valor que r_e de la Ecuación (1.1), que es una constante conocida como *radio clásico del electrón*, utilizada en esta ecuación en relación con la masa en reposo del electrón.

En el caso de la Ecuación (1.1), sea la Ecuación (M-23) que establece la equivalencia entre la definición electromagnética de la masa de los electrones y su definición de la mecánica clásica/relativista, un examen cuidadoso muestra que el incremento de la masa sólo puede aumentar sincrónicamente con la relación de velocidad v^2/c^2, donde c es invariante y v puede variar de cero a asintóticamente cercano a c, que, como se mencionó anteriormente, parece revelar que el incremento teórico máximo posible de masa-relativista/campo-magnético transversal de un electrón en movimiento libre no parece ser capaz de tender hacia el infinito como tradicionalmente se ha anticipado, sino más bien de acercarse asintóticamente a un valor igual a la mitad de la masa invariante del electrón ($\Delta m_m = m_e/2 = 4.55469094E\text{-}31$ kg, correspondiente al medio-cuanto de energía transversal inducida de $4.09355207E\text{-}14$ j).

Recordemos que la Ecuación (M-23) define el incremento de la masa magnética-relativista/campo-magnético como estrictamente dependiente del valor de la mitad invariante de la energía de la masa en reposo del electrón que define su campo magnético intrínseco invariante. Pero una conversión en forma electromagnética de la ecuación clásica de energía cinética newtoniana $K=mv^2/2$ completada por su corrección para incorporar la energía magnética transversal identificada por Marmet y que faltaba en la ecuación de Newton ([42], [8] Capítulo 5), demuestra finalmente que a medida que aumenta el campo magnético transversal, cualquier aumento adicional de este incremento transversal de masa-relativista/campo-magnético no depende únicamente de la mitad de la energía de la masa en reposo del electrón, como sugiere la Ecuación (M-23) no relativista, sino que en realidad depende de la suma de la energía que constituye la masa del campo magnético intrínseco del electrón $m_e c^2/2$, más la energía del incremento de masa transversal acumulada momentáneamente $\Delta m_m c^2$.

Esto significa que la masa relativista transversalmente medible de un electrón en aceleración $m_{relativista}$ es siempre igual a $m_o + \Delta m_m$, que ha permitido establecer que esta suma es siempre igual al producto de la masa invariante en reposo del electrón y del bien conocido factor gamma γm_o que se estableció hace más de un siglo ([42], [8] Capítulo 5). Esto es lo que permite calcular cualquier velocidad relativista sin utilizar el factor gamma (factor de Lorentz).

Por ejemplo, todo el abanico de velocidades relativistas de un electrón puede calcularse con la siguiente ecuación derivada en la Referencia ([42], [8] Capítulo 5), haciendo que E sea igual a $8.18710414E\text{-}14$ j, es decir, la energía de la masa invariante en reposo del electrón, y haciendo que K sea igual a la suma de la energía del incremento de masa-relativista/campo-magnético transversal $\Delta m_m c^2$ más la energía correspondiente de momento ΔK, que ahora sabemos que siempre es igual por estructura a $\Delta m_m c^2$, es decir, $K = \Delta K + \Delta m_m c^2$:

$$v = c \frac{\sqrt{4E \cdot K + K^2}}{2E + K} \tag{1.4}$$

Esta ecuación también puede ser convertida en una forma usando las longitudes de onda de las energías involucradas ([42], [8] Capítulo 5), permitiendo el mismo cálculo de todo el abanico de las velocidades relativistas del electrón estrictamente a partir de las longitudes de onda de las energías involucradas:

$$v = c \frac{\sqrt{4\lambda \cdot \lambda_C + \lambda_C^2}}{2\lambda + \lambda_C} \qquad (1.5)$$

A partir de esta ecuación, el factor gamma se derivó directamente como se analizó en la Referencia ([42], [8] Capítulo 5), demostrando así la validez de la derivación de Marmet que permitió el desarrollo de estas ecuaciones.

1.17. Una causa más fundamental que la velocidad por la inducción de la energía del momento y del campo magnético transversal

Volvamos ahora a las correlaciones que deben hacerse entre las Ecuaciones (1.1) y (1.2). Observamos en la definición electromagnética de la masa de la Ecuación (1.1), que es el *radio clásico* del electrón r_e que conecta esta Ecuación con el concepto de masa. En el caso de la Ecuación (1.2), que emerge estrictamente del electromagnetismo, también está claro que el campo magnético transversal sólo puede aumentar debido al mismo ratio de velocidades, porque la demostración de Marmet revela claramente que el medio-cuanto de energía representado por el incremento de masa Δm_m en la Ecuación (1.1) es el mismo medio-cuanto de energía orientado transversalmente que también se describe por el incremento del campo magnético transversal ΔB; pero el valor que r debe tener en la Ecuación (1.2) para que la energía correspondiente a este aumento ΔB pueda variar consistentemente desde cero hasta el límite asintótico que consiste en la suma de la energía del medio-cuanto clásico de la masa en reposo del electrón 4.09355207E-14 j más la energía acumulada momentáneamente de ΔB, no está claramente establecido. Para comprender qué valor debe utilizarse, es necesario ahora comprender la relación entre r_e utilizado en la Ecuación (1.1) y la masa del electrón, o más precisamente su relación con la energía que constituye la masa en reposo invariante del electrón.

En un artículo publicado en 2007 en la misma revista internacional IFNA-ANS de la Universidad Estatal de Kazan ([30], [8] Capítulo 4), que describe una primera oleada de conclusiones derivadas del descubrimiento de Marmet, se estableció claramente que r_e es en realidad simplemente el límite inferior de integración esférica de la energía que constituye la masa en reposo invariante del electrón ($E = m_e c^2$ =8.18710414E-14 j), y que r_e es en realidad *la amplitud transversal de oscilación electromagnética* de la energía que constituye la masa en reposo mensurable del electrón, que se obtiene multiplicando la longitud de onda de Compton del electrón por la constante de estructura fina α, y dividiéndola por 2π, según se determina en la Referencia ([31], [8] Capítulo 11):

$$r_e = \frac{\lambda_C\,\alpha}{2\pi} = 2.81794028\ 5\text{E} - 15\ \text{m} \tag{1.6}$$

Por lo tanto, y por similitud, el valor de r que debe utilizarse en la Ecuación (1.2) debe ser también el *de la amplitud transversal de la oscilación electromagnética* de la energía inducida en el radio de Bohr (4,359743805E-18 j), cuya *longitud de onda electromagnética longitudinal* sería (λ=4.556335256E-8 m) si se movía a la velocidad c, pero que ya debe ser multiplicada por α para convertirla en *la longitud de onda longitudinal de Broglie* correspondiente, para esta energía, a la longitud de la órbita de Bohr, cuyo radio es (r_B=5.291772083E-11 m), teniendo en cuenta que este radio sigue siendo válido en la Mecánica Cuántica ya que es exactamente igual a la distancia promedia de resonancia axial del electrón dentro del volumen definido por la ecuación de onda de Schrödinger para el electrón cautivo en el orbital fundamental del átomo de hidrógeno ([10], Ver también el Capítulo 2):

$$r_B = \alpha\,r = \frac{\alpha\,\lambda}{2\pi} = \frac{\lambda_B}{2\pi} = 5.291772083\ \text{E} - 11\,\text{m} \tag{1.7}$$

Por similitud con el método utilizado con la Ecuación (1.6) para definir *la amplitud transversal de la oscilación electromagnética* de la energía de la masa en reposo del electrón multiplicando *la longitud de onda electromagnética longitudinal* λ_c de esta energía por α, por lo tanto, es necesario multiplicar también *la longitud de onda longitudinal de Broglie* λ_B definida en la Ecuación (1.7) para la energía inducida al radio de Bohr r_B de nuevo por α para alcanzar finalmente el valor *transversal* αr_B de *la amplitud transversal de la oscilación electromagnética* de la energía inducida al radio de Bohr (αr_B=3.861592641E-13 m), que ahora permite establecer la intensidad del incremento del campo magnético transversal $\mathit{\Delta B}$ que se mide como se añadiendo al campo magnético transversal invariante de la masa en reposo del electrón, para la velocidad considerada. Calculamos ahora el campo magnético correspondiente a la velocidad relativista 2187647.561 m/s y este valor de $r=\alpha r_B$ con la Ecuación (1.2):

$$\mathit{\Delta}\mathbf{B} = \frac{\mu_0\,e\,v}{4\pi\,(\alpha\,r_B)^2} = \frac{\mu_0\,e\,(2187647.561)}{4\pi\,(\alpha\times 5.291772083\ E-11)^2} = 235047.0405\ \text{T} \tag{1.8}$$

Es interesante notar, por cierto, que r_e, calculado con la Ecuación (1.6), sólo se aleja de una multiplicación adicional por α del valor de αr_B, como establecido en la Referencia ([53], [8]), lo que sugiere una posible secuencia de resonancias axiales que estableciendo una secuencia de estados de equilibrio estable de acción estacionaria cuya unidad de progresión axial sería la constante de estructura fina α, como se pone en perspectiva en la misma referencia.

Para confirmar la validez del valor obtenido con la Ecuación (1.8), que también es medible como un incremento de masa magnética transversal Δm_m con la Ecuación (1.3), calculémoslo con la Ecuación (1.9), sea la versión generalizada de la Ecuación (M-7) que se estableció en el artículo de 2007 ([30], [8] Capítulo 4). A diferencia de la Ecuación (M-7), se puede observar que esta forma generalizada no requiere el uso de la velocidad de la partícula para obtener la intensidad de su incremento de campo magnético transversal.

Sólo se requiere *la longitud de onda electromagnética longitudinal* de la energía portadora total del electrón, ya sea la energía de su momento más la energía transversal representable como un incremento de la masa magnética Δm_m o como un incremento del campo magnético ΔB. Dado que la energía total inducida en la órbita de Bohr es (E=4.359743805E-18 j), *su longitud de onda electromagnética longitudinal* es (λ=hc/E=4.556335256E-8 m), y obtenemos con esta ecuación generalizada el mismo valor que con la Ecuación (1.8):

$$\Delta B = \frac{\mu_0\,\pi\,e\,c}{\alpha^3 \lambda^2} = \frac{\mu_0\,\pi\,e\,c}{\alpha^3\left(4.556335256\,E-8\right)^2} = 235051.7346\ \text{T} \qquad (1.9)$$

Por lo tanto, observamos que sin involucrar ninguna velocidad, la Ecuación (1.9) generalizada proporciona en Tesla exactamente la misma densidad de energía del incremento del campo magnético transversal que la Ecuación (M-7) inicial, derivada inicialmente de la ecuación de Biot-Savart en la que la intensidad del incremento del campo magnético transversal *parece depender* de la velocidad de la partícula, ya que en la ecuación de Biot-Savart de la que se deriva, la intensidad del incremento del campo magnético varía estrictamente en función de la velocidad de los electrones que circulan en el alambre.

La pregunta fundamental que ahora viene a la mente es la siguiente, considerando la Ecuación (1.9): *"¿Cómo es posible que la intensidad correcta del incremento del campo magnético transversal variable 'supuestamente' dependiente de la velocidad de un electrón en movimiento puede ser calculada, sin que esta velocidad sea utilizada para calcularla?"*

1.18. Aumento de la energía del momento y del campo magnético transversal sin aumentar la velocidad

Esta diferencia entre la Ecuación (M-7), que requiere el uso de una velocidad para calcular la intensidad del incremento del campo magnético transversal del electrón en movimiento, y su versión generalizada utilizada para resolver la Ecuación (1.9), que no requiere esta velocidad, llama la atención sobre una causa más fundamental que el movimiento como posible causa de inducción de energía en un electrón.

Es un hecho establecido desde el origen en la mecánica clásica, por observación directa, que la energía cinética tradicionalmente denominada *"energía-momento"* (*"energy-momentum"* en inglés) de una masa macroscópica en movimiento depende estrictamente de su velocidad, y que esta energía es considerada como la única energía relacionada con el movimiento que existe además de la que constituye la masa en reposo de un cuerpo masivo. El aumento de la energía de este momento cinético de una masa macroscópica durante la aceleración se define por lo tanto en la mecánica clásica como capaz de aumentar rectilíneamente, potencialmente sin límite, sólo debido al aumento de su velocidad, que se supone que puede también aumentar sin límite.

Esta definición del momento cinético de una masa macroscópica en aceleración también se acepta en la Relatividad Especial, con la diferencia de que la energía del momento se define como el aumento según una curva no rectilíneo confirmada como correcta, también potencialmente ilimitada a medida que la velocidad se acerca a un límite asintótico correspondiente a la velocidad de la luz, una velocidad considerada imposible de alcanzar por un cuerpo masivo. Sin embargo, la confirmación de la exactitud de la ecuación $K=m_oc^2(\gamma-1)$ de la RE nunca se ha hecho utilizando masas macroscópicas en movimiento porque no disponemos de la tecnología necesaria para acelerar masas macroscópicas a velocidades relativistas, sino más bien utilizando la masa subatómica del electrón, con lo que la exactitud de esta ecuación fue confirmada por los primeros experimentos de Kaufmann [36].

Como se ha puesto en perspectiva anteriormente en este capítulo, debe bien entenderse que al desarrollar de la teoría de la Relatividad Especial, el hecho de que la masa invariante en reposo del electrón m_o=9.10938188E-31 kg también es el asiento de su carga eléctrica unitaria invariante e=1.602176462E-19 C, aún no había hecho obvio que la interacción de Coulomb, que induce la energía del momento y del campo magnético transversal en todas las partículas cargadas eléctricamente, tales como los electrones, estrictamente en función de la inversa de la distancia que las separa, y esto, aunque esta distancia no varíe, la induce *de facto* al mismo tiempo con respecto a la masa de estas partículas cargadas y masivas, ya que la carga y la masa del electrón son dos características de la misma partícula.

Considerando que las masas de todos los cuerpos macroscópicos sólo pueden ser la suma de las masas subatómicas de las partículas elementales masivas de las que están compuestas, ¿cómo conciliar pues el hecho de que no parece haberse detectado nunca un aumento del campo magnético de una masa macroscópica en aceleración, mientras que dicho aumento es fácilmente medible para un electrón en aceleración, como se ha demostrado abundantemente experimentalmente desde los primeros experimentos de Kaufmann [36], experimentos que también proporcionan confirmación experimental del crecimiento no rectilíneo de la cantidad de energía del momento de la masa del electrón bajo aceleración, hacia esta cantidad teóricamente infinita asumida que sugiere el límite asintótico impuesto por la velocidad límite de la luz?

De hecho, tales incrementos de masa-relativista/campo-magnético de masas macroscópicas pueden haber sido detectados para velocidades muy inferiores a las típicas del electrón, pero que han sido consideradas "anomalías" o racionalizadas de otra manera, en lugar de haber sido reconocidas como tales, porque la teoría de la RE, en la que se basan actualmente todos los análisis de efectos relativistas, no reconoce su existencia, tal y como se previamente puso en perspectiva, y como lo observaremos ahora a partir de datos experimentales.

1.19. Las trayectorias "anormales" de las sondas espaciales Pioneer 10/11

Como ya se ha mencionado, hay que tener en cuenta que nunca ha sido posible acelerar una masa macroscópica a velocidades comparables a aquellas a las que los electrones son típicamente acelerados al nivel subatómico, las cuales fueron suficientes para confirmar el aumento no rectilíneo de energía de su momento, cuya la RE refleja, y las cuales son también suficientes para confirmar el aumento simultáneo de energía de su campo magnético transversal, lo cual la RE no tiene en cuenta.

Las mayores velocidades alcanzadas por los proyectiles macroscópicos lanzados al espacio han sido alcanzadas actualmente por las sondas espaciales Pioneer 10 y Pioneer 11, con masas aproximadas respectivas puestas a disposición por la NASA de 258 kg y 258,5 kg, medidas antes del lanzamiento. Sus velocidades variaron enormemente a lo largo de sus trayectorias, con picos de 132.000 km/h (36667 m/s) para el Pioneer 10, sea su velocidad máxima durante su aceleración final por eslinga gravitacional usando Júpiter, y 175.000 km/h (48611 m/s) para el Pioneer 11, su velocidad máxima durante su aceleración final por eslinga gravitacional usando Saturno.

Analizaremos aquí más específicamente las velocidades de escape de las dos sondas. El lector puede hacer los cálculos de las velocidades máximas mencionadas anteriormente, que revelarán el aumento de masa que explicaría los llamados *anormales* picos de velocidad [48] observados durante estas fases de aceleración de las dos sondas, así como durante las fases similares de todas las demás sondas espaciales sometidas a aceleración de eslinga gravitacional, y que dejan a toda la comunidad astrofísica perpleja e sin explicación, ya que la teoría de la RE que se utiliza actualmente como base para cualquier análisis de estas trayectorias es incapaz de dar cuenta de las mismas.

Estas dos sondas espaciales han alcanzado velocidades de escape de 51682 km/h (14356 m/s) y 51800 km/h (14389 m/s) respectivamente. Es decir, velocidades 150 veces inferiores a la velocidad teórica de 2187647,561 m/s del electrón en la órbita teórica de Bohr, a cuya velocidad el incremento de su campo magnético transversal apenas comienza a ser medible experimentalmente (véase la Ecuación (1.3)).

Lo que es notable de las trayectorias de estas sondas, así como de todas las demás sondas espaciales lanzadas a través del sistema solar, es que se ha observado una anomalía sistemática inexplicada. Sin excepción, se comportan como si fueran ligeramente más masivas que sus masas medidas antes de despegarse de la Tierra, mostrando una aceleración negativa sistemática de unos 8E-6 m/s hacia el Sol [46] [47] [48].

Pero como menciona a Rainer W. Kühne en una nota publicada en 1998, la amplia publicidad dada a estos dos casos deja la impresión general de que este problema sólo afecta a las sondas hechas por el hombre [54], pero es bien conocido en la comunidad astrofísica que las trayectorias de los planetas Urano, Neptuno y Plutón también muestran anomalías sistemáticas similares, así como muchos cometas ya estudiados en 1998, tales como Halley, Encke, Giacobini-

Zinner y Borelli, cuyas trayectorias sufren una desviación sistemática de origen desconocido.

Dada la comprensión que ahora proporciona el descubrimiento de Marmet, incluso con las velocidades relativamente bajas de las sondas espaciales Pioneer 10 y 11 en comparación con las velocidades típicamente relativistas del electrón, resulta fácil calcular este incremento de energía transversal de la masa-relativista/campo-magnético, que aumenta la inercia transversal de estas dos sondas, porque ahora tenemos la certeza por estructura de que la cantidad de energía transversal inducida al mismo tiempo que la de su momento es siempre igual a esta última. Como las características de las dos sondas son casi idénticas, utilizaremos los parámetros de Pioneer 10 para analizar esta situación.

Así, con m=258 kg y v=14356 m/s, obtenemos primero la energía del momento del Pioneer 10 para esta velocidad de escape:

$$\Delta K = mc^2\left(\frac{c}{\sqrt{c^2 - v^2}} - 1\right) = 2.6587227335\text{E}10\,\text{j} \tag{1.10}$$

Ya que la energía de Δm_m es igual por estructura a ΔK, entonces obtenemos para Pioneer 10 un incremento del campo magnético/relativista de masa transversal de:

$$\Delta m_m = \frac{\Delta K}{c^2} = 2.958228\text{E} - 7\,\text{kg} \tag{1.11}$$

Un aumento tan ligero de inercia transversal parece a primera vista insuficiente para explicar por sí sola la sistemática aceleración negativa de unos 8E-6 m/s hacia el Sol de estas sondas espaciales lanzadas sobre trayectorias de escape del sistema solar, pero la propuesta se hace mucho más probable si a ello añadimos el aumento adiabático de la masa en reposo de cada sonda debido a la fase inicial de sus trayectorias que las aleja inicialmente de la inconmensurablemente mayor masa de la Tierra, sea un aumento de masa en reposo adiabática que se observó fácilmente en el famoso experimento de Hafele y Keating [55], en el que un reloj atómico se elevó a sólo 10 km de la superficie de la Tierra, pero que se interpretó erróneamente como una confirmación de una variación en la tasa de flujo temporal ([45], [8] Capítulo 16), también a la luz de la teoría de la Relatividad General (RG), que no tiene en cuenta la interacción de Coulomb ni el hecho de que las masas en reposo macroscópicas están formadas exclusivamente por partículas con carga eléctrica. Este aumento adiabático de masas en reposo se pondrá más tarde en una perspectiva electromagnética adecuada en la Sección 1.27.

1.20. Intensidad máxima del campo magnético transversal

Volvamos ahora a la comparación entre la Ecuación (1.9) generalizada y la Ecuación (1.8), que es de hecho la Ecuación (M-7). Observamos que la Ecuación (1.9) proporciona la misma densidad de energía del campo magnético en Tesla que la Ecuación (M-7), pero requiere sólo una variable y no dos como la Ecuación (M-7), es decir, sólo la *longitud de onda electromagnética longitudinal* del cuanto de energía en cuestión, sin tener que asociar esta energía con la velocidad del electrón.

Eso es lo que lo hace que esta ecuación general de campo magnético es adecuada para calcular el campo magnético intrínseco de cualquier partícula electromagnética elemental, ya que sea en movimiento o no. Por ejemplo, el campo magnético intrínseco invariante del electrón B_e, que representa la mitad de la energía de su masa invariante en reposo, puede calcularse de la siguiente manera, utilizando la longitud de onda de Compton del electrón, que también incluye la constante de estructura fina que establece la amplitud de la oscilación electromagnética transversal de esta energía:

$$\mathbf{B}_e = \frac{\mu_0 \, \pi \, e \, c}{\alpha^3 \lambda_C{}^2} = \frac{\mu_0 \, \pi \, e \, c}{\alpha^3 \left(2.426310215E\text{-}12\right)^2} = 8.289000221E13 \, \text{T} \tag{1.12}$$

Por supuesto, este número generalmente no tiene sentido sin una confirmación sólida de que realmente representa una *cantidad* físicamente existente, una confirmación que podría obtenerse demostrando que la velocidad relativista $v=2187647.561$ m/s, relacionada con la densidad de energía del incremento del campo magnético calculado con la Ecuación (1.9), por ejemplo, puede calcularse realmente proporcionando sólo la longitud de onda electromagnética de la energía asociada como única variable en una ecuación que contiene por otro parte sólo constantes físicas fundamentales.

Tal confirmación puede ser obtenida por medio de la siguiente ecuación, bien conocida en el mundo de los aceleradores de alta energía, que permite calcular la velocidad relativista en línea recta de un electrón acelerado por campos eléctricos y magnéticos externos de igual intensidad:

$$v = \frac{\mathbf{E}}{\mathbf{B}} \tag{1.13}$$

El valor apropiado para el campo compuesto B requerido se establece de forma sencilla sumando las Ecuaciones (1.9) y (1.12), como se analizan en la Referencia ([30], [8] Capítulo 4), calculadas aquí usando la longitud de onda longitudinal de la energía inducida en la órbita de Bohr (λ=4.556335256E-8 m), para definir la intensidad del campo externo requerido ΔB, y la longitud de onda longitudinal de Compton del electrón (λ_c=2.426310215E-12 m) para tener en cuenta el campo magnético interno invariante B_e de la masa en reposo del electrón:

$$\mathbf{B} = \mathbf{B}_e + \Delta\mathbf{B} = \frac{\mu_0\,\pi\,e\,c}{\alpha^3\lambda_c^2} + \frac{\mu_0\,\pi\,e\,c}{\alpha^3\lambda^2} = \frac{\mu_0\,\pi\,e\,c}{\alpha^3}\frac{\left(\lambda^2 + \lambda_c^2\right)}{\lambda^2\lambda_c^2} = 8.2890000246\text{E}13\,\text{T} \qquad (1.14)$$

Una solución de la Ecuación (1.13) también requiere, por supuesto, la definición de un campo compuesto E que debe equilibrarse con este campo compuesto B. La correspondiente ecuación general para este campo E también se estableció en la Referencia ([30], [8] Capítulo 4), gracias a una reformulación de la ecuación de Coulomb establecida en el mismo artículo, una reformulación que se analizó en profundidad en la Referencia ([10], Ver también el Capítulo 2) y que permite calcular la energía en oscilación transversal que genera y mantiene el incremento del correspondiente campo magnético oscilante en las partículas electromagnéticas elementales, independientemente del estado de movimiento de acción mínima o de equilibrio electromagnético de acción estacionaria en que se encuentran cautivas en las estructuras atómicas

$$E = \int_{a_0}^{\infty} \frac{1}{4\pi\,\varepsilon_o}\frac{e^2}{\left(\alpha\,\lambda/2\pi\right)^2}\cdot dr = 0 - \frac{1}{4\pi\,\varepsilon_o}\frac{e^2\,2\pi}{\alpha\,\lambda} = \frac{e^2}{2\,\varepsilon_o\alpha\lambda} \qquad (1.15)$$

Esta forma particular de la ecuación de Coulomb permite calcular la energía de cualquier cuanto electromagnético sólo a partir de su longitud de onda, sin tener que utilizar la constante de Planck:

$$E = hf = \frac{e^2}{2\,\varepsilon_o\alpha\lambda} \qquad (1.16)$$

Como ya mencionado en la Subsección 1.7.3, esta forma de la ecuación de Coulomb también permitió unificar todas las ecuaciones de fuerza clásicas en la Referencia ([44], [8] Capítulo 7), demostrando que la ecuación de aceleración fundamental $F=ma$ puede derivarse de cada una de ellas, lo que prueba realmente que la interacción de Coulomb es el denominador común de todas las ecuaciones de fuerza clásicas.

La ecuación general del campo E correspondiente a la Ecuación (1.9) general del campo B se estableció como sigue en la Referencia ([30], [8] Capítulo 4), resuelta aquí utilizando la longitud de onda longitudinal de la energía inducida en la órbita de Bohr (λ=4.55633525256E-8 m), para armonizarla con el valor del campo ΔB obtenido con la Ecuación (1.9):

$$\Delta \mathbf{E} = \frac{\pi e}{\varepsilon_0 \alpha^3 \lambda^2} = 7.046\,673727\text{E}13 \ \text{N/C} \tag{1.17}$$

Por lo tanto, el campo $\mathbf{E}_e$ invariante relacionado con la otra mitad de la energía que constituye la masa de reposo invariante del electrón puede establecerse con la longitud de onda longitudinal de Compton del electrón de la siguiente manera:

$$\mathbf{E}_e = \frac{\pi e}{\varepsilon_0 \alpha^3 \lambda_C{}^2} = 6.029331754\,\text{E}10 \ \text{N/C} \tag{1.18}$$

Pero, a diferencia del campo magnético compuesto $\mathbf{B}$ de la Ecuación (1.14) que debe utilizarse para calcular la velocidad relativista del electrón con la Ecuación (1.13), y que se obtiene de la simple suma del campo invariante intrínseco $\mathbf{B}_e$ del electrón y del incremento del campo magnético $\Delta \mathbf{B}$ asociado a su velocidad, el campo $\mathbf{E}$ compuesto correspondiente, que involucra los campos $\mathbf{E}_e$ y $\Delta \mathbf{E}$ de las Ecuaciones (1.17) y (1.18), no puede obtenerse de esta manera sencilla, porque la combinación del dipolo eléctrico que induce el campo $\Delta \mathbf{E}$ acompañante, que está orientado perpendicularmente dentro del espacio-Y electrostático respecto al campo monopolar $\mathbf{E}_e$ de la masa en reposo del electrón, implica un producto vectorial para ser combinado con el campo $\mathbf{E}_e$, como se aclara en la Referencia ([31], [8] Capítulo 11). Como se estableció en la Referencia ([30], [8] Capítulo 4), este campo compuesto $\mathbf{E}$, que también implica la longitud de onda longitudinal de la energía de la órbita de reposo de Bohr (λ=4,556335256E-8 m) y la longitud de onda longitudinal de Compton del electrón (λ_C=2,426310215E-12 m), tendrá el siguiente valor:

$$\mathbf{E} = \frac{\pi e}{\varepsilon_0 \alpha^3} \frac{\left(\lambda^2 + \lambda_C{}^2\right)\sqrt{\lambda_C\left(4\lambda + \lambda_C\right)}}{\lambda^2 \lambda_C{}^2 \left(2\lambda + \lambda_C\right)} = 1.813341121\,\text{E}20 \ \text{N/C} \tag{1.19}$$

Usando la Ecuación (1.13), la velocidad relativista exacta e bien conocida de un electrón cuyo campo magnético se incrementa con una cantidad $\Delta \mathbf{B}$ será entonces obtenida si esta velocidad no se ve frustrada por el estado de equilibrio electromagnético local, mediante los valores calculados con las Ecuaciones (1.14) y 1.19):

$$v = \frac{\mathbf{E}}{\mathbf{B}} = \frac{1.81334112\ 1\text{E}20}{8.28900024\ 6\text{E}13} = 2,187,647.\ 566 \ \text{m/s} \tag{1.20}$$

Un cálculo con la Ecuación (1.9) para el campo $\Delta \mathbf{B}$ y con la Ecuación (1.17) para el campo $\Delta \mathbf{E}$ con cualquier longitud de onda longitudinal de la energía portadora del electrón mostrará matemáticamente que al combinarlos con los campos $\mathbf{B}_e$ y $\mathbf{E}_e$ que representan la energía de la masa en reposo invariante del electrón obtenida con las Ecuaciones (1.12) y (1.18) para resolver finalmente la Ecuación (1.13), todas las velocidades relativistas hasta el límite asintótico de la velocidad de la luz pueden obtenerse para cualquier partícula elemental masiva como el electrón, y esto, por una razón muy mecánica que se destaca claramente en la Referencia ([42], [8] Capítulo 5).

1.21. Separación de la energía portadora del electrón de la de su masa en reposo

Como se analizó en la Referencia ([30], [8] Capítulo 4), el progreso más significativo resultante de la derivación de Marmet fue la nueva posibilidad de separar claramente la la cantidad de energía invariante que constituye la masa en reposo del electrón de la energía adiabática variable que soporta su movimiento y su incremento de masa-relativista/campo-magnético transversal. Después del análisis, esta energía adiabática variable que transporta el electrón resultó tener la misma estructura electromagnética interna que Louis de Broglie propuso para el fotón electromagnético a partícula-doble en la década de 1930 ([15], [8] Capítulo 6) [27] [53], como se describe matemáticamente con la Ecuación (1.21), y se simboliza gráficamente con la **Figura 1.4**, de acuerdo con la interpretación de Maxwell, según la cual el componente electromagnético de la energía del fotón localizado debe orientarse transversalmente con respecto a la energía de su momento, y estar cautiva de un movimiento de oscilación estacionario que hace que pase cíclicamente entre un estado correspondiente a su campo eléctrico y un estado correspondiente a su campo magnético.

Esto es lo que justificó el uso del término "*fotón-portador*" para nombrar la energía portadora del electrón, o la de cualquier otra partícula cargada elemental, en los artículos que describen las diversas consecuencias de la integración del descubrimiento de Marmet en la teoría electromagnética, por un lado, y en la mecánica clásica/relativista, por otro, con el resultado de que sus ecuaciones pueden ahora derivarse unas de otras ([10], Ver también el Capítulo 2).

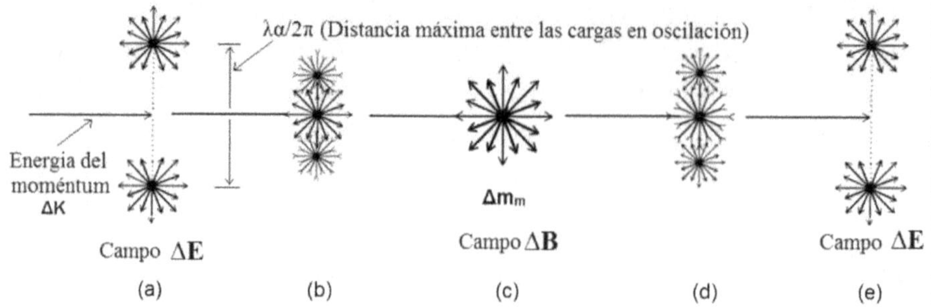

Figura 1.4: Representación del ciclo de oscilación transversal de la energía electromagnética del medio-cuanto del fotón portador del electrón y de su medio-cuanto de momento unidireccional que propulsa a este medio-cuanto transversal, además de también propulsar al cuanto completo de la energía de la masa en reposo invariante del electrón (no se muestra este último).

La ecuación LC del fotón a partícula-doble de de Broglie así establecida de la única manera permitida en la geometría tresespacial propuesta en el evento Congress-2000 [28], tal como fue publicada formalmente en la Referencia ([15], [8] Capítulo 6) en plena conformidad con las ecuaciones de Maxwell, ya lo ha permitido calcular a partir de la longitud de onda de la energía de un fotón electromagnético, la energía máxima del campo magnético intrínseco de un fotón estructurado según la interpretación inicial de Maxwell de que ambos campos se inducen mutuamente, tal como se establece en la Referencia ([53], [8]):

$$E = \frac{hc}{2\lambda} + \left[\frac{e^2}{2C_\lambda} \cos^2(\omega t) + \frac{L_\lambda \, i_\lambda^2}{2} \sin^2(\omega t) \right] \qquad (1.21)$$

dónde

$$E_{\mathbf{E}(max)} = \frac{e^2}{2C_\lambda} \qquad y \qquad E_{\mathbf{B}(max)} = \frac{L_\lambda \, i_\lambda^2}{2} \qquad (1.22)$$

y

$$C_\lambda = 2\varepsilon_0 \alpha\lambda \qquad L_\lambda = \frac{\mu_0 \alpha\lambda}{8\pi^2} \qquad i_\lambda = \frac{2\pi \, ec}{\alpha\lambda} \qquad (1.23)$$

La derivación de Marmet, por su parte, permitió establecer en la Referencia ([30], [8] Capítulo 4) las ecuaciones de campos eléctrico y magnético generalizadas ya mencionadas que corresponden directamente a las representaciones de su energía en forma de capacitancia e inductancia como se ilustra con las Ecuación (1.22):

$$E = \frac{\pi e}{\varepsilon_0 \alpha^3 \lambda^2} \qquad B = \frac{\mu_0 \pi e c}{\alpha^3 \lambda^2} \tag{1.24}$$

y también para establecer *el volumen isotrópico estacionario teórico* para calcular la densidad máxima de energía de cada uno de estos dos campos que se inducen mutuamente:

$$V = \frac{\alpha^5}{2\pi^2} \lambda^3 \tag{1.25}$$

que permitió redefinir en la Referencia ([15], [8] Capítulo 6) la ecuación LC desarrollada inicialmente en la Referencia ([30], [8] Capítulo 4) en una forma utilizando las representaciones de campo *E* y *B* más familiares, que confirmaron que el fotón electromagnético localizado tal como lo concibió de Broglie, y la energía portadora de los electrones en realidad tienen la misma estructura electromagnética interna, es decir, una mitad orientada longitudinalmente, manteniendo su momento y la otra mitad orientada transversalmente, definiendo sus campos *E* y *B* mutuamente induciéndose, esta mitad de energía transversal impulsada en el espacio por la energía unidireccional de su momento:

$$E = \left(\frac{hc}{2\lambda}\right) + \left[2\left(\frac{\varepsilon_0 \mathbf{E}^2}{4}\right)\cos^2(\omega t) + \left(\frac{\mathbf{B}^2}{2\mu_0}\right)\sin^2(\omega t) \right] V \tag{1.26}$$

1.22. Conversión de la energía electromagnética en partículas elementales cargadas y masivas

Tenemos evidencia experimental concluyente desde los experimentos de Carl David Anderson en 1933 [23] de que cualquier fotón electromagnético de energía 1.022 MeV o más, generado como subproducto de la radiación cósmica, se desestabilizará al rozar un núcleo atómico y se transformará en un par de partículas elementales masivas, que son un electrón y un positrón, cuyas masas en reposo iguales de 0.511 MeV/c^2 consisten cada una de ellas en 0.511 MeV de la energía del fotón que se desestabiliza. Cualquier energía mayor que esta cantidad específica de 1.022 MeV que el fotón tenía antes de la conversión se expresa entonces como la energía longitudinal de momento y la energía electromagnética transversal asociada, compartidas igualmente entre las dos partículas elementales masivas, haciendo que se alejen entre sí a una velocidad correspondiente a esta energía de momento ([31], [8] Capítulo 11).

La siguiente ecuación describe cómo se distribuye la energía del fotón incidente entre las dos partículas cargadas y masivas generadas, asociando la ecuación de Coulomb con la ecuación de la masa en reposo de la mecánica clásica ([10], Ver también el Capítulo 2). Cabe señalar de paso que las cargas opuestas del electrón y del positrón no tienen ninguna significación en la mecánica clásica/relativista, y que consideradas según su única característica de masa, son idénticas, lo que permite construir la ecuación de la siguiente manera:

$$E_{\left(\frac{1}{\lambda_1} \geq \frac{1}{2\lambda_C}\right)} = \frac{e^2}{2\varepsilon_o \alpha} \frac{1}{\lambda_1} = 2\left(\Delta K + \Delta m_m c^2 + m_0 c^2\right) \tag{1.27}$$

en la que

$$\left(\Delta K + \Delta m_m c^2\right) = \frac{e^2}{2\varepsilon_o \alpha} \frac{1}{\lambda_2} \quad \text{dónde} \quad \frac{1}{\lambda_2} = \frac{1}{2}\left(\frac{1}{\lambda_1} - \frac{1}{2\lambda_C}\right) \tag{1.28}$$

En la Ecuación (1.27), m_o representa las masas en reposo individuales idénticas del electrón y del positrón, y λ_1 es la longitud de onda electromagnética del fotón incidente que se desestabiliza, mientras que en la Ecuación (28), λ_2 es la longitud de onda de la energía residual que excede a la energía de 1.022 MeV que acaba de ser convertida en las masas en reposo invariante de las dos partículas, una vez que se separó la energía residual por partes iguales entre las dos partículas que ahora están separadas.

Aún más interesante, un experimento de 1997 en el Acelerador Lineal de Stanford (SLAC), el experimento #e144, confirmó que mediante la convergencia de dos haces de fotones electromagnéticos suficientemente concentrados a un solo punto en el espacio, uno de los haces que involucra fotones electromagnéticos por encima del umbral de 1.022 MeV, se generaron pares masivos de electrón/positrón sin ningún núcleo atómico masivo en la vecindad [24]. Este último experimento abre una perspectiva completamente nueva sobre el posible origen del universo, como se analiza en la Referencia ([56], [8] Capítulo 17).

El interés de la geometría tresespacial desarrollada a partir de la expansión en forma de 3 espacios vectoriales perpendiculares que emergen de la relación ortogonal de tres vías del producto vectorial de los vectores fundamentales *E* y *B* del electromagnetismo **(Figura 1.3)**, es que el arnés vectorial más completo que ahora es aplicable a la Ecuación (1.26) de la siguiente manera, tal como se analiza en la Referencia ([15], [8] Capítulo 6), permitió establecer por primera vez en la Referencia ([31], [8] Capítulo 11) un mecanismo claro para la conversión de la energía de un fotón electromagnético de 1.022 MeV o más, orientado sólo parcialmente perpendicular a la energía de su momento, en la cantidad de energía invariante completamente orientada transversalmente que constituye la estructura interna de las masas en reposo m_o individuales del electrón y del positrón representados en la Ecuación (1.27), es decir, la siguiente ecuación:

$$E\vec{I}\vec{i} = \left(\frac{hc}{2\lambda}\right)_X \vec{I}\vec{i} + \begin{bmatrix} 2\left(\dfrac{\varepsilon_0\mathbf{E}^2}{4}\right)_Y (\vec{J}\vec{j},\vec{J}\overleftarrow{j})\cos^2(\omega t) \\ + \left(\dfrac{\mathbf{B}^2}{2\mu_0}\right)_Z \overleftrightarrow{K}\ \sin^2(\omega t) \end{bmatrix} V \qquad (1.29)$$

que se convierten en las dos ecuaciones siguientes para representar la estructura electromagnética interna de las masas en reposo del electrón y del positrón:

$$m_{e_0}\vec{0} = \frac{V_m}{c^2}\left\{ \left[\frac{\varepsilon_0\mathbf{E}^2}{2}\right]_Y \vec{J}\vec{i} + \begin{bmatrix} 2\left(\dfrac{\varepsilon_0\mathbf{V}^2}{4}\right)_X (\vec{I}\vec{j},\vec{I}\overleftarrow{j})\cos^2(\omega t) \\ + \left(\dfrac{\mathbf{B}^2}{2\mu_0}\right)_Z \overleftrightarrow{K}\sin^2(\omega t) \end{bmatrix} \right\} \qquad (1.30)$$

y

$$m_{P_0}\vec{0} = \frac{V_m}{c^2}\left\{ \left[\frac{\varepsilon_0\mathbf{E}^2}{2}\right]_Y \vec{J}\overleftarrow{i} + \begin{bmatrix} 2\left(\dfrac{\varepsilon_0\mathbf{V}^2}{4}\right)_X (\vec{I}\vec{j},\vec{I}\overleftarrow{j})\cos^2(\omega t) \\ + \left(\dfrac{\mathbf{B}^2}{2\mu_0}\right)_Z \overleftrightarrow{K}\sin^2(\omega t) \end{bmatrix} \right\} \qquad (1.31)$$

en las cuales (V_m= 1.497393267E-47 m^3) es *el volumen isotrópico estacionario máximo teórico* que alcanza la energía del campo magnético intrínseco del electrón después de evacuar el espacio-X durante el ciclo de inducción mutua de la energía que lo obliga a oscilar entre la alternancia de este campo magnético *B* y el campo neutrinico *v*, sea una oscilación que remplaza, en la estructura de las partículas elementales masivas ([31], [8] Capítulo 11), la oscilación entre los campos *B* y *E* característicos de los fotones electromagnéticos ([15], [8] Capítulo 6) y de los fotones-portadores de las partículas elementales masivas ([31], [8] Capítulo 11) ([32], [8] Capítulo 14):

$$V_m = \frac{\alpha^5\lambda_C^3}{2\pi^2} = 1.49739326\ 7\text{E} - 47\,\text{m}^3 \quad \text{y} \quad \mathbf{V} = \frac{\pi(e')}{\varepsilon_0\alpha^3\lambda_C^2} \qquad (1.32)$$

El campo neutrinico v, cuya geometría tresespacial permite identificar por primera vez, se presenta en la Referencia ([31], [8] Capítulo 11) y se analiza completamente en la Referencia ([33], [8] Capítulo 12), que también analiza la mecánica de las emisiones de neutrinos en la geometría tresespacial. El *volumen isotrópico estacionario teórico* de energía de cualquier cuanto elemental por su parte fue definido en la Referencia ([30], [8] Capítulo 4).

Durante el proceso de desacoplamiento de un fotón electromagnético de 1.022 MeV o más, la energía en exceso de la cantidad exacta de 1.022 MeV, que se convierte en la cantidad de energía ahora invariante que constituye las masas separadas en reposo de un electrón y un positrón, retiene la estructura LC del fotón a partícula-doble incidente, pero se separa mecánicamente en partes iguales entre las dos partículas masivas que se separan como se muestra en las Ecuaciones (1.27) y (1.28) y se convierte en sus *fotones-portadores*, que los propulsan en direcciones opuestas en el espacio a la velocidad correspondiente a la energía de su momento, calculable con la Ecuación (1.20), o con una de las siguientes ecuaciones electromagnéticas, desarrolladas en la Referencia ([42], [8] Capítulo 5):

$$v = c \frac{\sqrt{\lambda_c\left(4\lambda + \lambda_c\right)}}{\left(2\lambda + \lambda_c\right)} \quad \text{or} \quad v = c \frac{\sqrt{4EK + K^2}}{2E + K} \tag{1.33}$$

Un punto particular de interés sobre la secunda Ecuación (1.33) es que si la energía de la masa en reposo del electrón (E en la segunda ecuación) se reducen a cero (Véase el Apéndice A), sólo la energía del fotón portador permanece en la ecuación restante y su velocidad sólo puede ser la velocidad de la luz, confirmando la identidad de su estructura con la del fotón a partícula-doble de de Broglie ([15], [8] Capítulo 6) ([42], [8] Capítulo 5).

Es muy fácil comprobar la validez de las ecuaciones LC (1.30) y (1.31) del electrón y del positrón, porque todos sus términos son constantes físicas invariantes muy bien conocidas. Por ejemplo, multiplicando la energía máxima del campo magnético de la Ecuación (1.30) por *el volumen isotrópico invariante estacionario teórico* definido en la Referencia ([30], [8] Capítulo 4) para esta cantidad de energía, encontramos efectivamente la mitad de la energía de la masa invariante en reposo del electrón, que corresponde a su campo magnético intrínseco:

$$\frac{\mathbf{B}^2}{2\mu_0} V_m = \left(\frac{\mu_0 \pi e c}{\alpha^3 \lambda_c{}^2}\right)^2 \frac{\alpha^5 \lambda_c{}^3}{2\mu_0 \, 2\pi^2} = 4.09355206 \; 8E - 14 \, j \tag{1.34}$$

1.23. Construcción de partículas complejas estables

Se ha establecido desde mucho tiempo que todos los átomos están compuestos de tres tipos distintos de subcomponentes estables: electrones, protones y neutrones. Los tres se agrupan típicamente bajo el término general de *partículas elementales* en la comunidad, sea un término de naturaleza *general* que causa una cierta confusión debido al hecho de que de estos tres subcomponentes, sólo se ha encontrado que el electrón es realmente una partícula elemental, es decir, que tenemos la prueba experimental de que no está hecho de subcomponentes más pequeños, sino que consiste directamente y de forma demostrable exclusivamente de la energía electromagnética que constituía la "sustancia" del fotón electromagnético desde el que se originó, tal como se ha puesto en perspectiva previamente y analizado en detalle en la Referencia ([31], [8] Capítulo 11).

Los otros dos subcomponentes de todos los átomos, el protón y el neutrón, no eran partículas elementales masivas y cargadas de la misma naturaleza que el electrón, sino más bien *sistemas de tales partículas elementales* en un estado de equilibrio electromagnético estable de acción estacionaria, del mismo modo que el sistema solar no es un cuerpo celeste, sino un sistema de cuerpos celestes estabilizados en un estado de equilibrio estable de acción estacionaria. Históricamente, las primeras sospechas de que los protones y los neutrones no eran realmente partículas elementales fueron suscitadas por la diferencia en su comportamiento comparado con el de los electrones y positrones durante los primeros experimentos de colisiones no destructivas entre estas partículas en los primeros aceleradores de partículas (**Figura 1.5**).

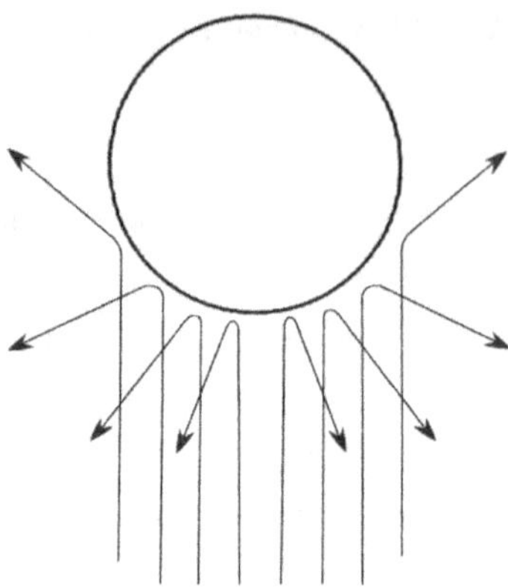

Figura 1.5: Detección de la estructura interna colisionable del protón mediante colisiones no destructivas.

Por su parte, los electrones y positrones se comportaron durante los experimentos de colisión mutua como si tuvieran en el mejor de los casos una presencia *cuasi-puntual* en el espacio, es decir, que en sus casos, a diferencia de los protones y neutrones, no se detectan límites aparentemente infranqueables por colisión a alguna distancia de sus centros, no importa cuán cerca lleguen dos electrones o dos positrones a los centros del otro en colisiones frontales reales, este es un tipo de rebote inverso que rara vez se observa, ya que tales colisiones frontales entre electrones o positrones son parecidos a la colisión frontal de las puntas de agujas de coser altamente afiladas (**Figura 1.6**).

Es este comportamiento *casi-puntual* de las partículas verdaderamente elementales en interacciones o colisiones mutuas como los electrones, positrones y fotones electromagnéticos lo que las diferencian claramente al nivel subatómico de partículas complejas como los protones y los neutrones.

En el caso de la interacción entre las partículas cargadas verdaderamente elementales, los electrones incidentes, por ejemplo, fueron desviados en direcciones convergentes cuando pasaban a través de la posición de un positrón que se movía en la dirección opuesta, o cuando los positrones incidentes cruzaban el camino de un electrón que se movía en la dirección opuesta (**Figura 1.6-a**); o que los electrones incidentes fueron desviados en direcciones divergentes después de cruzar la posición de otro electrón que se movía en la dirección opuesta o cuando los positrones incidentes cruzaban la posición de un positrón que se movía en la dirección opuesta (**Figura 1.6-b**). Dado el comportamiento cuasi-puntual de las partículas involucradas, sólo ocasionalmente una de las partículas incidentes se encontraba en una situación ideal para colisionar directamente de frente con el fin de rebotar directamente (**Figura 1.6-b**).

Mientras que los haces de electrones y positrones lanzados para interactuar frontalmente entre sí no generaban prácticamente ningún rebote inverso (**Figura 1.6**), los protones y neutrones rebotaron las partículas incidentes (haces de electrones o positrones) en todas las direcciones (**Figura 1.5**), debido a un estado de repulsión magnética permanente entre los subcomponentes internos cargados del protón y los electrones entrantes, como analizado y descrito en la Referencia ([10], Ver también la Sección 2.21), lo que reveló que ocupan un volumen medible en el espacio, un rango de rebotes perfectamente elásticos idéntico al observado al nivel macroscópico entre dos imanes que se repelen entre sí ([49], [8] Capítulo 9).

Un estudio del alcance de estos rebotes en las décadas de 1940 y 1950 llevó a la conclusión de que el radio de este volumen era del orden de 1.2E-15 m para el protón y el neutrón [57], volumen que parecía indicar que podían estar formados por partículas más pequeñas cuyas interacciones determinarían este volumen, del mismo modo que el volumen definido por las órbitas planetarias determina el volumen potencial que el sistema solar puede ocupar en el espacio, o, hipotéticamente en ese momento, partículas electromagnéticas verdaderamente elementales con un comportamiento *cuasi-puntual* de la misma naturaleza que el electrón y el positrón.

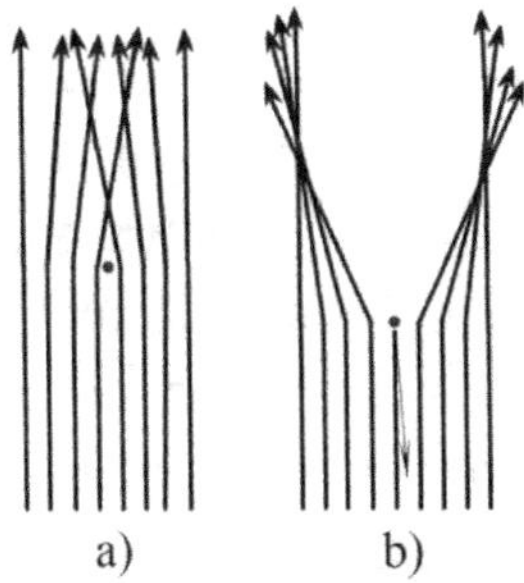

Figura 1.6: Interacción no destructiva entre electrones incidentes y el positrón blanco a), e interacción y colisión entre electrones incidentes y el electrón blanco b), demostrando su comportamiento cuasi-puntual.

El primer acelerador de partículas lo suficientemente potente para superar la resistencia de este volumen de protones a la penetración de electrones o positrones lo suficientemente energéticos, el Stanford Large Linear Accelerator (SLAC) entró en servicio en 1966. De 1966 a 1968, una serie de experimentos no destructivos de colisiones de alta energía conducidos por M. Breidenbach et al. [21] de electrones contra protones reveló la presencia de tres subcomponentes eléctricamente cargadas con un comportamiento *casi-puntual* (**Figura 1.7**), cuyo rango de desviaciones de trayectorias de electrones incidentes y análisis subsiguientes estableció que una carga eléctrica igual a 1/3 de la de un electrón debe asociarse con uno de los subcomponentes y una carga igual a 2/3 del positrón debe asociarse con los otros dos (uud). Para los neutrones, sin embargo, estos datos y el análisis subsiguiente revelan una estructura compuesta de un subcomponente con una carga positiva de 2/3 y dos subcomponentes con una carga negativa de 1/3 (udd).

Además, los electrones incidentes que rebotan de una manera altamente inelástica y los experimentos subsiguientes que también involucran positrones revelaron que los subcomponentes positivos de 2/3 cargados eran sólo ligeramente más masivos que los electrones y que el subcomponente negativo de 1/3 cargado era sólo ligeramente más masivo que los subcomponentes de carga positiva ([32], [8] Capítulo 14) [35].

Dado que estas masas en reposo presumiblemente invariantes fueron confirmadas finalmente como ligeramente superiores a las del electrón y del positrón [51], combinado con el hecho de que estos subcomponentes nucleónicos exhiben exactamente el mismo comportamiento casi puntual que caracteriza a los electrones y positrones, y el hecho de que los electrones y positrones son las únicas partículas elementales masivas y cargadas eléctricamente que pueden ser generadas a partir de la energía electromagnética libre de una manera bien entendida y confirmada exhaustivamente [23] [24], parecía posible que estos subcomponentes de nucleones pudieran ser en realidad positrones y electrones cuyas características de masas y cargas serían alteradas de esta manera por las coacciones electromagnéticas impuestas por estos estados últimos de equilibrio electromagnético de acción estacionaria en los que electrones y positrones podrían ser capturados, si estos últimos son verdaderamente el único material que la naturaleza tiene a su disposición para construir nucleones.

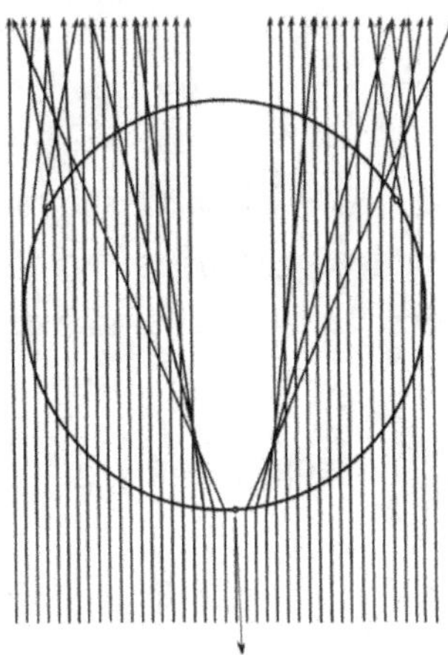

Figura 1.7: Detección de la estructura interna colisionable del protón mediante colisiones no destructivas.

Esta conclusión explica inmediatamente por qué ninguno de estos subcomponentes nucleónicos ha sido observado después de haber sido expulsado de un nucleón conservando su carga fraccionaria, ya que si en realidad eran al origen electrones y positrones, recuperan de forma natural y adiabática sus características normales de masa y carga tan pronto como escapan de las tensiones electromagnéticas a las que están sometidos al formar parte de las estructuras nucleónicas ([34], [8] Capítulo 19).

La geometría tresespacial ha permitido calcular con precisión las masas promedias en reposo de estos subcomponentes elementales positivos y negativos de protones y neutrones, correspondientes a una secuencia de estados de resonancia axial estables asociados a una secuencia de números enteros, lo que sitúa estas masas dentro del rango de masas estimadas experimentalmente posibles en ambos casos (**Cuadro 1.1**), sea una secuencia de tres masas que pueda obtenerse a partir de una de las ecuaciones posibles para este fin, como la siguiente ecuación establecida en la Referencia ([32], [8] Capítulo 14), y que haya sido analizada desde una perspectiva más general en la Referencia ([34], [8] Capítulo 19), sea una secuencia de resonancias para las masas de partículas elementales estables similar a la secuencia de resonancias de las posibles orbitales electrónicas del átomo de hidrógeno observadas por primera vez por Louis de Broglie a principios del siglo XX ([10], Ver también el Capítulo 2) [58]:

$$m_{i[d,u,e]} = \frac{k}{a_0}\left(\frac{3e}{n\alpha c}\right)^2 \quad (n=1,\,2,\,3) \tag{1.35}$$

donde e es la unidad de carga, α es la constante de estructura fina, c es la velocidad de la luz, a_o es el radio de Bohr, es decir, la distancia axial promedia entre el orbital fundamental del electrón del átomo de hidrógeno y el protón, y k es la constante de Coulomb:

$$k = \frac{1}{4\pi\varepsilon_0} = 8.98755178\ 8E9 \tag{1.36}$$

De hecho, las masas obtenidas a partir de la Ecuación (1.35) se encuentran directamente dentro de los rangos establecidos experimentalmente dentro de los cuales debe estar sus verdaderas masas en reposo, es decir, entre 1 y 5 MeV/c^2 para el subcomponente positivo, y entre 3 y 10 MeV/c^2 para el subcomponente negativo, según los datos experimentales recogidos [51]. Estas masas en reposo precisas fueron establecidas con respecto a las distancias que separan los electrones y positrones electromagnéticamente coaccionados del eje coplanar Y-z alrededor del cual cada tríada estabilizada está en *rotación/resonancia* dentro del espacio-Y electrostático (**Figura 1.3**) como se analizó en la Referencia ([32], [8] Capítulo 14).

La expresión *rotación/resonancia* se utiliza aquí para poner claramente en perspectiva que la misma cantidad de energía es inducida adiabáticamente por la interacción de Coulomb en la masa en reposo de electrones y positrones electromagnéticamente coaccionados, ya sea que en realidad estén girando en órbitas circulares alrededor del eje Y-x coplanar y/o desplazándose en traslación al rededor el eje X-x normal, o simplemente en un estado de *resonancia estacionaria axial* a estas distancias promedias de estos dos ejes Y-z y X-x mutuamente perpendiculares de *rotación / traslación / resonancia*.

Cabe señalar, por cierto, que en la época de los experimentos de Breidenbach [21], una teoría matemática desarrollada por separado por Murray Gell-Mann y George Zweig fue considerada confirmada por los experimentos de Breidenbach, lo que resultó en que estos positrones y electrones electromagnéticamente coaccionados cautivos de las estructuras internas de los nucleones fueran llamados "*quark arriba*" y "*quark abajo*" respectivamente ("*up quark*" y "*down quark*" en inglés) en un momento en que aún no se había llegado a la conclusión de que los subcomponentes de estos nucleones podrían ser simples positrones y electrones cuyas características de masa y carga se veían alteradas de esta manera por la intensidad de las interacciones electromagnéticas a distancias tan cortas dentro de estas estructuras.

Cuadro 1.1: Secuencia de masas en estado de resonancia axial de las partículas elementales obtenida mediante la Ecuación (1.35).

	Masa en reposo	Energia	Carga	Ref.
Electrón o positrón en movimiento libre	9.10938188E-31 kg	0.511 MeV	±1= 1.602176462E-19 C	([31], [8] Capítulo 11)
Positrón electromagnéticamente coaccionado 1 en el neutrón 2 en el protón	2.049610923E-30 kg	1.1497473 MeV	+2/3= 1.068117641E-19 C	([32], [8] Capítulo 14)
Electrón electromagnéticamente coaccionado 2 en el neutrón 1 en el protón	8.198443693E-30 kg	4.59899 MeV	-1/3= 5.340588207E-20 C	([32], [8] Capítulo 14)

Dado que esta teoría de Gell-Mann y Zweig también predijo la existencia de otras partículas virtuales también conocidas como "*quarks*", pero que nunca han sido detectadas por colisiones no destructivas dentro de los nucleones, a diferencia de las dos que se denominaron "*arriba*" y "*abajo*", el resultado fue una enorme y persistente confusión en la comunidad, alimentada por las múltiples referencias a las teorías de Gell-Mann y Zweig, y la ausencia casi total de referencias a los datos experimentales de Breidenbach *et al*, lo que dejó la impresión durante las décadas siguientes de que incluso los subcomponentes realmente detectados por Breidenbach *et al.* eran sólo teóricos y que su existencia física nunca había sido confirmada.

La demostración la más edificante de esta confusión es que en un importante libro sobre la teoría cuántica de campos (QFT por sus siglas en inglés) publicado en 1993, 25 años después, por un físico de renombre en la comunidad, encontramos la siguiente mención en la Sección 1.2 de su obra [59], que muestra claramente que nunca había oído hablar de los experimentos llevados a cabo por

Breidenbach et al. a finales de la década de 1960; de otro modo, parece obvio que los habría tenido en cuenta:

"Ironically, one problem of the quark model was that it was too successful. The theory was able to make qualitative (and often quantitative) predictions far beyond the range of its applicability. Yet the fractionally charged quarks themselves were never discovered in any scattering experiment."

Traducción:

" Irónicamente, uno de los problemas con el modelo de los quarks era que era demasiado exitoso. La teoría ha permitido hacer predicciones cualitativas (y a menudo cuantitativas) muy por encima de su alcance. Sin embargo, los propios quarks nunca fueron descubiertos durante un experimento de colisión. "

Sin embargo, para mantener la continuidad con toda la literatura que se ha producido históricamente nombrando a positrones y electrones electromagnéticamente coaccionados "*up quarks*" y "*down quarks*, incluyendo los otros artículos de esta serie, mantendremos los símbolos "u" (para "*up*") y "d" (para "*down*"), que los simbolizan históricamente en toda la literatura al hablar de estos subcomponentes que pueden ser colisionados con cargas fraccionarias detectados en los nucleones por Breidenbach, es decir, "*uud*" para el protón y "*udd*" para el neutrón.

$$m_U = \frac{E_U}{c^2} = \frac{V_m}{c^2} \left\{ S_U \left[\frac{\varepsilon_0 \mathbf{E}^2}{2} \right]_Y + (2 - S_U) \left[2\left(\frac{\varepsilon_0 \mathbf{V}^2}{4}\right)_X \cos^2(\omega t) + \left(\frac{\mathbf{B}^2}{2\mu_0}\right)_Z \sin^2(\omega t) \right] \right\} \tag{1.37}$$

$$m_D = \frac{E_D}{c^2} = \frac{V_m}{c^2} \left\{ S_D \left[\frac{\varepsilon_0 \mathbf{E}^2}{2} \right]_Y + (2 - S_D) \left[2\left(\frac{\varepsilon_0 \mathbf{V}^2}{4}\right)_X \cos^2(\omega t) + \left(\frac{\mathbf{B}^2}{2\mu_0}\right)_Z \sin^2(\omega t) \right] \right\} \tag{1.38}$$

Las ecuaciones LC tresespaciales de los positrones electromagnéticamente coaccionados (inicialmente llamados "*quarks arriba*") y de los electrones electromagnéticamente coaccionados (inicialmente llamados "*quarks abajo*") que constituyen la estructura colisionable de los nucleones son ligeramente diferentes de las Ecuaciones (1.30) y (1.31) que describen a los electrones y positrones que no estén bajo este estrés electromagnético sino mas bien en movimiento libre, porque la deriva transversal de energía que define la intensidad fraccionaria de sus cargas hacia un estado magnético más intenso, que les impone el muy corto radio de giro de su estado de acción estacionaria ([60], [8] Capítulo 8), no permite una densidad igual de sus estados eléctrico y magnético, a diferencia del estado de igual densidad eléctrica vs. magnética por defecto de la energía electromagnética de los electrones y positrones que se mueven a lo largo de caminos rectilíneos.

Las expresiones S_U y S_D son las constantes de *deriva magnética* de la energía de las masas en reposo estabilizadas de los positrones y electrones electromagnéticamente coaccionados, respectivamente iguales a 2/3 y 1/3 y que se analizan y describen en las Referencias ([32], [8] Capítulo 14) y ([10], Ver también el Capítulo 2).

Es importante tener en cuenta que la suma de las masas en reposo estabilizadas de los electrones y positrones electromagnéticamente coaccionados (**Cuadro 1.1**) que constituyen la estructura colisionable del protón (uud) constituye sólo alrededor del 2% de su masa total medida, y que esta suma para el neutrón (udd) constituye sólo alrededor del 2,4% de su masa total medida. La diferencia sólo puede deberse, por supuesto, a la energía de sus respectivos fotones-portadores ([32], [8] Capítulo 14), cuya intensidad depende directamente del inverso de la distancia entre ellos y del eje X-x de traslación del espacio-X normal (**Figura 1.3**) con respecto al cual cada tríada está en *traslación/resonancia*, un eje que es perpendicular al eje Y-z de *rotación/resonancia* coplanar con respecto al cual se determinan las masas en reposo y las cargas fraccionarias de los electrones y positrones electromagnéticamente coaccionados ([32], [8] Capitulo 14).

Como en el caso de la expresión "*rotación/resonancia*" anteriormente mencionada en relación con el eje coplanar Y-z del espacio-Y, la expresión "*traslación/resonancia*" se utiliza aquí para poner claramente en perspectiva que la misma cantidad de energía es inducida adiabáticamente por la interacción de Coulomb en cada fotón portador de los electrones y positrones electromagnéticamente coaccionados dentro de los nucleones, si están realmente en traslación en una órbita circular alrededor del eje X-x del espacio-X normal o simplemente en un estado de resonancia axial estacionaria con respecto a esta distancia promedia de este eje de traslación/resonancia, es decir, un movimiento de resonancia orientado perpendicularmente con respecto a dicha órbita circular.

1.24. La transposición conceptual " traslación/resonancia"

La misma relación *traslación/resonancia* también se aplica a la órbita de reposo del electrón en el átomo de hidrógeno por la misma razón. De hecho, fue Louis de Broglie quien comprendió por primera vez en 1923 que el electrón sólo podía estar en un estado de resonancia axial cuando se estabilizaba a una distancia promedio del protón en el átomo de hidrógeno correspondiente al radio de Bohr, incluso si también podía percibirse teóricamente como si estuviera en traslación en una órbita cerrada alrededor del protón.

Esta conclusión de mayor importancia fue publicada en una nota en la que proponía esta primera interpretación preliminar de las condiciones que podían explicar la estabilidad del electrón dentro de las estructuras atómicas ([10], Ver también el Capítulo 2), ya que estaba en armonía con la condición de estabilidad determinada por Bohr y Sommerfeld para una trayectoria recorrida por una masa a velocidad constante [58]. He aquí una cita de su mayor conclusión:

> *"L'onde de fréquence ν et de vitesse c/β doit être en résonance sur la longueur de la trajectoire. Ceci conduit à la condition:"*

Traducción:

> *""La onda de frecuencia ν y de velocidad c/β debe estar en resonancia a lo largo de la trayectoria. Esto lleva a la condición:""*

$$\frac{m_o \beta^2 c^2}{\sqrt{1-\beta^2}} T_r = nh \quad (n \text{ siendo un número entero}) \qquad (1.39)$$

Es precisamente esta conclusión la que le dio a Schrödinger la idea de representar el volumen de resonancia visitado por el electrón en el orbital en reposo del átomo de hidrógeno por una función de onda [18], como se ve en perspectiva en el Capítulo 2, que reedita la explicación mecánica de la estabilidad del átomo de hidrógeno según la perspectiva tresespacial publicada inicialmente en la Referencia [10]. Sin embargo, cuando de Broglie hizo su descubrimiento, no estaba claro que la sustancia misma del electrón fuera verdaderamente electromagnética ([31], [8] Capítulo 11), como lo era la de su fotón portador, al que intuitivamente identificó como una *"onda piloto"* que propulsa al electrón, pero cuya naturaleza electromagnética no pudo ser identificada en ese tiempo.

Como se mencionó anteriormente, no fue hasta principios de la década de 1930 que se confirmó experimentalmente que la sustancia misma de la masa en reposo invariante del electrón no era más que la sustancia *energía electromagnética* de un fotón electromagnético de energía mínima de 1.022 MeV desacoplándose en un par de partículas masivas de masas iguales, a saber, un electrón y un positrón [23]. Antes de este evento, nadie había tenido la oportunidad de asociar la energía electromagnética con la sustancia misma de la masa de las partículas elementales, y ninguna de las teorías desarrolladas antes de esta observación pudo tener en cuenta este nuevo descubrimiento en su elaboración, que por supuesto incluye las dos teorías de Einstein sobre la Relatividad Especial y la Relatividad General, así como la Mecánica Cuántica en su forma tradicional.

De Broglie asoció la energía del momento del electrón en la órbita de Bohr con la mecánica clásica y la constante de Planck, pero como toda la comunidad científica de la época, no lo había asociado con la interacción de Coulomb representada con la Ecuación (1.16) que emerge de la primera Ecuación de Maxwell y por lo tanto no tenía a su disposición la conclusión de que el medio-cuanto de energía del momento del electrón que teóricamente soportaría el movimiento del electrón longitudinalmente en su órbita teórica alrededor del protón es el mismo que también soporta su movimiento de resonancia axial, orientado perpendicularmente a esta órbita, así como el medio-cuanto asociado de su energía electromagnética orientado transversalmente con respecto a esta energía de momento, y que la energía unidireccional de su momento sólo puede estar estructuralmente orientada hacia el protón.

De hecho, la orientación axial por estructura del momento de energía del electrón hacia el protón no excluye la posibilidad de que el electrón se mueva transversalmente en una órbita cerrada alrededor del protón, además de oscilar simultáneamente en modo de resonancia axial, como concluyó de Broglie, pero a una distancia tan corta entre el electrón y el protón y a un nivel tan intenso de energía inducida, puede esperarse que el modo de resonancia axial domine claramente. Ver Secciones 1.26 y 2.20.

Es un hecho que la constante de Planck asocia la emisión de energía electromagnética estrictamente con el factor tiempo. Pero esta asociación de la inducción de energía con el factor tiempo se debe a que esta constante se estableció mediante el análisis de las frecuencias de energía emitidas durante la desexcitación de los electrones, que habían sido momentáneamente excitadas hacia orbitales metaestables más alejadas de los núcleos atómicos, cuando regresan a sus orbitales de acción estacionaria, que son todos estados de resonancia directamente relacionados con la frecuencia de la energía promedio inducida en el orbital en reposo del electrón en el átomo de hidrógeno, considerada fundamental, según lo analizado y descrito en la Referencia ([34], [8] Capítulo 19), y que la energía del cuanto de acción de Planck corresponde a la energía de un único ciclo de esta frecuencia de referencia última, según lo determinado posteriormente por de Broglie:

$$h = m_0 v_B \lambda_B = 6.62606876 \, E - 34 \, j \cdot s \tag{1.40}$$

donde m_o es la masa en reposo del electrón, v_B es la velocidad de referencia convencional de la órbita de Bohr (2187691.253 m/s) y λ_B es la longitud de la órbita de Bohr (3.32491846E-10 m), cuyo radio es la constante fundamental ($a_o=r_o=5.291772083E-11$ m), que también es la distancia promedia del orbital de resonancia fundamental del átomo de hidrógeno desde su núcleo, que define la energía inducida a esta distancia del protón, o E_B=4.359743808E-18 j (27.21138346 eV) como fácilmente calculada utilizando la ecuación de Coulomb ([34], [8] Capítulo 19). Su frecuencia es por lo tanto f_B=6.579683921E15 Hz.

Un simple cálculo muestra que a la velocidad v_B, la duración de un solo ciclo de esta frecuencia corresponde exactamente a la longitud de la órbita de Bohr λ_B, por lo que multiplicar la longitud de esta órbita de referencia absoluta por la constante de Planck permite obtener la energía inducida en la órbita de Bohr con la misma precisión que con la ecuación de Coulomb.

Es también por eso que la energía correspondiente a esta frecuencia de referencia parece corresponder al número de órbitas que deben correr en un segundo para supuestamente *acumular* toda la energía inducida en la órbita de Bohr, lo que ha creado desde hace mucho tiempo la percepción de que esta energía inducida *parece* estar distribuida a lo largo de todos estos ciclos y que se necesita un segundo para que se acumule toda la energía del cuanto:

$$E_B = h \cdot f_B = \frac{e^2}{4\pi \varepsilon_o r_B} = 4.35974380\ 8E\text{-}18 \, j \tag{1.41}$$

en la que r_B es el radio de Bohr, es decir, 5.291772083E-11 m (véase la Ecuación (1.7)).

Así como la Ecuación (M-7) puede generalizarse para usar *la longitud de onda electromagnética longitudinal* de cualquier cantidad de energía electromagnética, la misma generalización también se ha hecho para la ecuación de Coulomb en la Referencia ([30], [8] Capítulo 4), como se analizó y describió en detalle en la Referencia ([10], Ver también el Capítulo 2):

$$E = h\nu = \frac{e^2}{2\,\varepsilon_o \alpha\lambda} \tag{1.42}$$

donde α es la constante de estructura fina (7.29735252533E-3). La longitud de onda longitudinal de una cantidad de energía electromagnética también se obtiene utilizando la siguiente ecuación bien conocida, de modo que la longitud de onda electromagnética longitudinal de la energía E_B obtenida con la Ecuación (1.41) es:

$$\lambda = \frac{hc}{E_B} = 4.556335252\text{E}-8\,\text{m} \tag{1.43}$$

lo que permite obtener la misma cantidad de energía con la Ecuación (1.42) generalizada ya obtenida con la Ecuación (1.41) estándar:

$$E = h\nu_B = \frac{e^2}{2\,\varepsilon_o \alpha\lambda} = 4.35974380\ 8\text{E}-18\,\text{j} \tag{1.44}$$

En efecto, es la relación establecida con la Ecuación (1.42) entre la ecuación estándar para el cálculo de la energía fotónica y la ecuación generalizada de Coulomb la que permite realizar la transposición conceptual *"traslación/resonancia"* necesaria para alternar entre el análisis de los estados energéticos estables cuantificados correspondientes a todas los orbitales de acción estacionario de los electrones y nucleones de los átomos, que asocia la constante de Planck con el número de ciclos teórico que el electrón debe atravesar teóricamente en la órbita de Bohr; y que también permite el análisis de la inducción adiabática infinitesimalmente progresiva de la energía, que es una función constantemente activa del inverso de la distancia que separa las partículas elementales cargadas que constituyen todos los átomos, y que es inducida *perpendicularmente* por estructura a cualquier movimiento orbital, ya sea teórico o efectivo.

Esta transposición no disminuye en absoluto la utilidad de la constante de Planck para los cálculos que implican el estudio de los estados de acción estacionaria estables y metaestables de los distintos orbitales y la emisión cuantificada de fotones de Bremsstrahlung, con ocasión de la desexcitación de electrones de un orbital metaestable a un orbital de resonancia estable, cuya mecánica de emisión se analizará a continuación, pero añade al cuerpo de las herramientas matemáticas las constantes necesarias para tratar adecuadamente las variaciones infinitamente progresivas de la cantidad de energía inducida adiabáticamente en los fotones-portadores de electrones por la interacción coulombiana durante las secuencias de movimiento de resonancia axial en las que están cautivos cuando se estabilizan en los diversos orbitales de acción estacionaria en los átomos, como se analizan en la Referencia ([10], Ver también el Capítulo 2), así como cuando están en movimiento libre de mínima acción, es decir, en movimiento hacia estos estados axialmente estabilizados de movimiento de resonancia de acción estacionaria, como se analizan en la Referencia ([43], [8] Capítulo 2).

1.25. *Constantes de inducción adiabática de energía electromagnética*

1.25.1. La constante de intensidad electromagnética

Como se ha analizado y descrito en la Referencia ([30], [8] Capítulo 4), ya que la velocidad de la luz es constante en el vacío, se puede afirmar que la cantidad de energía que constituye la energía de un fotón electromagnético es inversamente proporcional a la distancia que debe ser recorrido en el vacío para que un ciclo de su longitud de onda sea transversalmente completado, que puede representarse mediante $E=1/\lambda$, lo que significa que al aislar el producto $E\cdot\lambda$ del lado izquierdo de esta relación, el valor obtenido será constante.

Un rápido análisis de la Ecuación (1.44) revela que esta constante puede definirse a partir del conjunto conocido de constantes electromagnéticas que también definen la ecuación generalizada de Coulomb y *la longitud de onda electromagnética longitudinal* de cualquier cantidad de energía electromagnética (λ):

$$H = E\lambda = \frac{e^2}{2\varepsilon_0\alpha} = 1.98644544 \ \text{E} - 25 \ \text{j}\cdot\text{m} \tag{1.45}$$

Se trata del cuánto de acción en julios-metro (j·m) que es la contrapartida disociada del factor tiempo del cuánto de acción de Planck definida en julios-segundo (j·s), y que fue denominada "*la constante de intensidad electromagnética*" en la Referencia ([30], [8] Capítulo 4). Al dividir ahora la constante H por la velocidad de la luz c, se encuentra que se obtiene la constante de Planck, lo que revela que $H=hc$ vincula directamente la constante de Planck con el electromagnetismo, mientras que históricamente se considera estrictamente como una constante sólo medida, pero no derivada de ecuaciones electromagnéticas:

$$h = \frac{H}{c} = 6.62606876 \quad E - 34 \; j \cdot s \qquad (1.46)$$

El resultado inesperado de esta relación es que el cuánto de acción temporal de Planck puede obtenerse ahora a partir del mismo conjunto de constantes electromagnéticas que definen la constante H combinando las Ecuaciones (1.45) y (1.46), poniendo a disposición de la comunidad esta nueva definición de la constante de Planck, basada únicamente sobre constantes fundamentales conocidas, sea una definición derivada de ecuaciones confirmadas experimentalmente que actualmente está ausente tanto del "*CRC Handbook of Chemistry & Physics*" [51] como de la lista de constantes del "*National Institute of Standards and Technology* (NIST)" [50]:

$$h = \frac{e^2}{2\varepsilon_0 \alpha c} = 6.62606876 \; E - 34 \; j \cdot s \qquad (1.47)$$

1.25.2. La constante de inducción de energía electrostática

Metafóricamente hablando, la constante de Planck permite la exploración *horizontal* (es decir, *traslacional*) de los estados orbitales estables del átomo de hidrógeno, por así decirlo, pero la Ecuación (1.41) de Coulomb, que proporciona la misma energía, se ha utilizado para definir *una constante de inducción de energía electrostática* que permite la exploración *vertical* (es decir, *axial*) del átomo de hidrógeno y de su núcleo.

La *constante de inducción de energía electrostática* requerida, que se nombró K en la Referencia ([32], [8] Capítulo 14) y que podría considerarse como un *cuanto de inducción*, se estableció de dos maneras diferentes. El primer método surge del análisis de la mecánica de desacoplamiento de un fotón de energía de 1.022 MeV o más en la geometría tresespacial, como se establece en la Referencia ([31], [8] Capítulo 11), y el segundo método consiste simplemente en multiplicar la Ecuación (1.41) por r_B al cuadrado:

$$K = E_B \cdot r_B^2 = \frac{e^2 \cdot r_B}{4\pi\varepsilon_o} = 1.22085259 \; 6E - 38 \; j \cdot m^2 \qquad (1.48)$$

Fue gracias a esta constante que fue posible entrar en el núcleo de hidrógeno *verticalmente* o *axialmente*, por así decirlo, variando la distancia r entre dos partículas cargadas con la ecuación $E = K/r^2$, y así establecer las cantidades exactas de energía adiabática inducidas en cada uno de los componentes internos del protón y del neutrón (**Cuadro 1.1**), lo que permite establecer finalmente ecuaciones LC tresespaciales coherentes para el electrón y el positrón electromagnéticamente coaccionados (véanse las Ecuaciones (1.37) y (1.38) mencionadas anteriormente) y sus fotones-portadores, que determinan las masas y volúmenes efectivos de los protones y neutrones, según se analizan en la Referencia ([32], [8] Capítulo 14).

1.26. Gravitación

De hecho, tal exploración, *vertical* por así decirlo, de las estructuras atómicas y nucleares induce una aguda conciencia de la naturaleza adiabática de la energía inducida en todas las partículas cargadas de sus estructuras ([34], [8] Capítulo 19) ([43], [8] Capítulo 2), una energía adiabática que sólo puede variar infinitamente gradualmente con cualquier variación en las distancias que las separan; una energía que, además, no depende en absoluto de la velocidad de las partículas, sino que manifiesta su existencia en forma de esta velocidad cada vez que las circunstancias electromagnéticas locales lo permiten y permanece plenamente inducida, aunque esta velocidad no pueda expresarse debido a a las limitaciones impuestas por los estados de equilibrio electromagnético local.

Como se analiza en las Referencias ([10], Ver también el Capítulo 2) y ([11], Ver también el Capítulo 3), cuando esta velocidad no puede ser expresada, la energía del momento de cada partícula cargada permanece inducida a pesar de todo y sólo puede ejercer en este caso una *presión* en la dirección vectorial impuesta por el equilibrio electromagnético local.

En las estructuras atómicas, esta dirección vectorial sólo puede orientarse hacia el centro de cada átomo debido a la propia naturaleza de la interacción de Coulomb. En las acumulaciones de átomos que constituyen masas mayores, la tendencia parece ser que esta *presión* tiende a aplicarse hacia el centro de masa de estas masas, lo que se hace evidente para masas como la de la Tierra, por ejemplo, en cuya superficie todos los objetos parecen *atraídos* hacia su centro de masa. Pero esta supuesta *atracción* sólo puede ser en realidad la *presión* aplicada por la suma total de las energías de momento individuales de cada partícula cargada que constituyen cada objeto contra la superficie de la Tierra, porque su dirección vectorial de aplicación sólo puede orientarse estructuralmente hacia el centro de masa de la Tierra ([10], Ver también el Capítulo 2) ([11], Ver también el Capítulo 3).

En resumen, el *peso* de un objeto medido en la superficie de la Tierra sólo puede ser una medida de esta *presión* ejercida por la suma de las energías individuales de los momentos orientados vectorialmente hacia su centro de masa, pertenecientes a todas las partículas cargadas que constituyen la masa medible de este objeto. Si este objeto se eleva por encima del suelo y luego se deja libre para moverse, la velocidad permitida por esta suma de energía de momento puede expresarse de nuevo hasta que su movimiento se bloquee de nuevo cuando el objeto se encuentre de nuevo con la superficie de la Tierra, en cuyo momento volverá a ejercer una presión equivalente a la cantidad de energía de momento inducida por la interacción de Coulomb a esta distancia entre cada partícula cargada de este objeto y cada partícula cargada de la masa de la Tierra ([43], [8] Capítulo 2).

A nivel astronómico, los cuerpos celestes del sistema solar parecen estar cautivos de estados estables de resonancia de acción estacionaria a distancias promedias del sol similares a las que de Broglie supuso se aplican al electrón en el átomo de hidrógeno [58], es decir, un estado de resonancia axial limitado por distancias estables mínimas y máximas muy precisas desde la estrella central, sea su perihelio y afelio. Estas dos distancias límite combinadas con el radio promedio de la órbita elíptica de cada cuerpo celeste constituyen tres puntos de referencia estables que definen claramente los volúmenes de espacio visitados a lo largo del tiempo por cada cuerpo celeste alrededor de la estrella central.

Por otro lado, como analizado en la Referencia ([10], Ver también el Capítulo 2), a diferencia del caso del átomo de hidrógeno en el que la intensidad del nivel de energía del momento inducida en el electrón a la distancia promedia del radio de Bohr favorece claramente un movimiento de oscilación axial localizado a alta frecuencia en lugar de un movimiento traslacional a lo largo de la órbita teórica en reposo de Bohr, el nivel de energía adiabática inducida en cada partícula cargada de la masa de un cuerpo celeste a la distancia promedia de la órbita terrestre es insuficiente para generar tal oscilación axial a alta frecuencia dada la inercia de la masa macroscópica a partir de la cual cada una de estas partículas cargadas está cautiva, promoviendo más bien una estabilización de los cuerpos celestes en los estados de movimiento orbital de acción estacionaria observadas.

El volumen de espacio visitado a lo largo del tiempo por cada cuerpo celeste alrededor de una estrella central puede evolucionar hacia formas bastante complejas para los cuerpos celestes que tienen satélites, lo que induce frecuencias de batimiento que cíclicamente modifican los volúmenes que, de otro modo, serían los volúmenes regulares visitados por cuerpos que no tienen un satélite. De hecho, todos los cuerpos estabilizados en tales sistemas de resonancia axial influyen mutuamente las trayectorias de cada uno y la forma de los volúmenes de resonancia que visitan. Es este tipo de interacción, combinada con el proceso de ocultación de la estrella central a medida que estos cuerpos pasan entre esta estrella y nuestra posición en el espacio, lo que ha permitido la identificación de los numerosos planetas que orbitan las estrellas cercanas que se han descubierto recientemente.

Cuadro 1.2: Rangos cuantificados de interacción coulombiana (Referencia ([45], [8] Capítulo 16)).

Cuadro de los atractores electroestáticos

Nombre	Ámbito de aplicación	Fuerza o Interacción "tradicional" asociada
Atractor primario	Entre electrones y positrones electromagnéticamente coaccionados dentro de un protón o neutrón	Fuerte
Atractor secundario	Entre electrones y positrones electromagnéticamente coaccionados que pertenecen a diferentes protones y neutrones en un núcleo	Débil
Atractor terciario	Entre cada electrón cautivo y cada positrón electromagnéticamente coaccionado de un núcleo y entre cada electrón y cada positrón electromagnéticamente coaccionado de los núcleos de los otros átomos de cualquier acumulación de materia	Electromagnético
Atractor temporario local	Entre los medio-fotones dentro de un fotón electromagnético	Electromagnético
Atractor temporario alejado	Entre cualquier medio-fotón y cada una de las partículas cargadas heteroestáticas del resto del universo	Electromagnético
Atractor cuaternario	Entre cada partícula elemental cargada dentro de un átomo y cada partícula heteroestática en caída libre relativa del resto del universo	Gravitación

Una dinámica electromagnética similar definida por la Mecánica Cuántica (MC) también es aplicable a nivel subatómico a las partículas elementales que constituyen cada átomo del que están hechas todas las masas macroscópicas, incluyendo nuestros propios cuerpos. En sus casos, sin embargo, debido a la intensidad de la energía adiabática inducida en cada partícula elemental cargada a distancias tan cortas entre las partículas en relación con sus inercias, la estabilización axial de alta frecuencia se ve claramente favorecida frente al movimiento orbital.

Un análisis iniciado en las Referencias ([45], [8] Capítulo 16) y ([61], [8] Capítulo 15), y completado en la Referencia ([11], Ver también el Capítulo 3), de la secuencia en orden decreciente de intensidad de los distintos estados de equilibrio electromagnético de acción estacionaria en los que las partículas elementales pueden estabilizarse, muestra que todos los posibles casos de aplicación de fuerza que se distribuyen tradicionalmente entre 4 fuerzas fundamentales: 1) *Interacción fuerte*, 2) *Interacción débil*, 3) *Fuerza electromagnética*, y finalmente 4) *Fuerza gravitacional*; sólo pueden ser cuatro niveles cuantificados de intensidad de la interacción de Coulomb correspondientes a los distintos niveles de energía de estos estados de equilibrio de acción estacionaria.

Como parecía razonable mantener los términos "*arriba*" y "*abajo*" ("*up*" y "*down*" en inglés) para designar positrones y electrones electromagnéticamente coaccionados dentro de las estructuras nucleónicas para mantener la consistencia con toda la literatura publicada anteriormente, también parece razonable, por la misma razón, mantener el concepto de *atracción*, fácil de entender, para identificar casos individuales de interacción coulombiana entre dos partículas cargadas eléctricamente de signos opuestos. Por lo tanto, para facilitar el establecimiento de una imagen mental de los diversos órdenes de magnitud de aplicación de la interacción electrostática entre estas partículas elementales, se ha definido el término "*atractor*" en la Referencia ([45], [8] Capítulo 16), encarnando la idea de que un *atractor-individuo-inverso-del-cuadrado-de-la-distancia* estaría en acción entre cada par de estas partículas elementales en el universo. Para simplificar, por lo tanto, cualquier ocurrencia del concepto mentalmente fácil de visualizar de una atracción electrostática entre un par de partículas cargadas con signos opuestos en el universo es referida como un "*atractor*" en el **Cuadro 1.2**.

Es pues ahora posible separar el gradiente de interacción de Coulomb en cuatro rangos de intensidades, cuyos límites corresponden a los diversos rangos de intensidad de resonancia de acción estacionaria que pueden ser identificados en la naturaleza (**Cuadro 1.2**). Como se ve en perspectiva en la Referencia ([45], [8] Capítulo 16), el nivel más intenso está determinado por los estados de resonancia que caracterizan a los electrones y positrones electromagnéticamente coaccionados que interactúan y que forman la estructura colisionable interna de los nucleones, correspondiente a la tradicional *interacción fuerte*. El segundo nivel se aplica a los estados de estabilización de nucleones dentro de los núcleos atómicos, correspondientes a la tradicional *interacción débil*. El tercer nivel se aplica a los estados de resonancia electrónica dentro de los átomos y moléculas, así como entre átomos y moléculas en contacto directo entre sí en cualquier acumulación de materia, correspondiente a la tradicional *fuerza electromagnética*. Y finalmente, un cuarto y último nivel de intensidad se aplica a cualquier átomo, molécula y masa mayor en un estado de caída libre de mínima acción, incluyendo aquellos cautivos en órbitas de acción estacionaria al nivel astronómico, y corresponde a la tradicional *fuerza gravitacional*.

Estos diversos niveles de intensidad de inducción de energía portadora adiabática por interacción coulombiana, uno de cuyos componentes principales es el incremento de energía electromagnética transversal, correspondiente a un incremento variable de la masa adiabática permanentemente inducida que proporciona para cada partícula cargada que existe, pueden entonces asociarse directamente con las 4 fuerzas del Modelo Estándar tal como se ponen en perspectiva en la Referencia ([45], [8] Capítulo 16); sea cuatro fuerzas que en última instancia resultan ser simples representaciones alternativas de los distintos niveles de intensidad de aplicación de una sola *fuerza*, sea la interacción subyacente de Coulomb de inducción de energía adiabática, como se analiza en la Referencia ([11], Ver también el Capítulo 3).

1.27. *Expansión/compresión de los nucleones en función de la intensidad del gradiente gravitacional*

El hecho de que el medio-cuanto adiabático de energía del momento que es permanentemente inducido por la interacción de Coulomb en cada electrón está orientado axialmente hacia el centro de cada átomo tomado separadamente, y que esta energía sólo puede ser expresada como una presión orientada hacia el centro del átomo cuando no puede ser expresada como una velocidad, como se analiza y describe en la Referencia ([10], Ver también el Capítulo 2), también tiene la consecuencia de que cuando los átomos se acumulan para formar masas más grandes, la resultante vectorial de todas las interacciones entre los electrones y los núcleos acumulados en estrecha proximidad tenderá a dirigir la dirección de la aplicación de este medio-cuanto de momento hacia el centro de dichas masas, lo que resultará en una adición de sus presiones individuales hacia el centro de estas masas.

Cuando estas acumulaciones de átomos llegan a ser suficientes para formar masas macroscópicas, el aumento resultante de la presión por adición a medida que aumenta la profundidad en estos cuerpos sólo puede resultar en una contracción forzada de los orbitales electrónicos externos de sus átomos hacia cada uno de sus núcleos, como se pone en perspectiva en la Referencia ([45], [8] Capítulo 16) y como se analiza en profundidad en la Referencia ([43], [8] Capítulo 2).

Está bien comprobado que el calor aumenta con la profundidad de la masa de la Tierra [62]. Sin embargo, también se entiende muy bien que el calor en las masas macroscópicas no es más que un aumento de la energía de los electrones de los átomos, un aumento que, cuando supera ciertos niveles específicos para cada átomo, obliga a los electrones de las capas externas de los átomos implicados a saltar a un orbital metaestable más alejado del núcleo de cada átomo. Dado que estos niveles son extremadamente inestables, estos electrones regresan casi instantáneamente a su posición orbital estable de acción estacionaria, emitiendo entonces un fotón de Bremsstrahlung que evacua la energía (es decir, el calor) acumulada en forma de un fotón electromagnético, cuya mecánica de emisión se analizará en la siguiente sección.

En el caso del aumento de calor con la profundidad en una masa planetaria como la de la Tierra, está bien establecido que este aumento es de naturaleza adiabática [62], y que sólo puede coincidir con un aumento adiabático de energía por compresión de los orbitales electrónicos de los átomos hacia sus núcleos centrales, porque es la mayor proximidad resultante entre los electrones y los núcleos lo que hace que la interacción de Coulomb induzca este exceso de energía en función de la distancia inversa entre los electrones y los núcleos.

Sin embargo, como los átomos están en contacto directo en estas masas y esta presión es constante, este exceso de energía adiabática no puede ser evacuado por la emisión de fotones electromagnéticos y simplemente aumenta con la profundidad a medida que los electrones cautivos de las capas externas de los átomos se acercan a los núcleos cada vez más a medida que la profundidad aumenta en la masa, hasta alcanzar la temperatura estimada de unos 5100 grados Kelvin en el centro de la Tierra [62], como se analizó en la Referencia ([43], [8] Capítulo 2).

Por lo tanto, en el centro de las masas proto-estelares en formación, por ejemplo, después de una suficiente acumulación de hidrógeno interestelar, esta compresión de los orbitales de los electrones asegura que los electrones de los átomos de hidrógeno finalmente alcancen la distancia al protón que coincide con la inducción de energía portadora en cada electrón alcanzando el umbral crítico de desacoplamiento de 1.022 MeV para aquellos que se encuentran en el centro mismo de la masa proto-estelar, en cuyo punto el desacoplamiento electrón-positrón es forzado por la proximidad inmediata de las cargas resonantes a alta frecuencia del protón, resultando en la formación de neutrones con la emisión de grandes cantidades de energía de bremsstrahlung que luego inician y mantienen la reacción en cadena de fusión nuclear en las estrellas, como se analiza en la Referencia ([45], [8] Capítulo 16).

Un efecto secundario de la contracción de las orbitales de los electrones hacia los núcleos a medida que aumenta la profundidad dentro de las masas macroscópicas, como las masas planetarias, es que estos núcleos atómicos se acercan cada vez más entre sí, lo que disminuye las distancias entre ellos, intensificando así la interacción de Coulomb entre los núcleos atómicos.

El resultado es un aumento de la *tracción* hacia afuera que implica la interacción de Coulomb sobre todas las cargas de cada nucleón de los distintos núcleos, lo que fuerza un aumento de las distancias de *traslación/resonancia* de cada tríada en relación con su eje central X-x de *traslación/resonancia* en el espacio-X, disminuyendo la cantidad de energía adiabática inducida en sus fotones-portadores, disminuyendo así la masa efectiva de todos los nucleones a medida que la profundidad aumenta en las masas macroscópicas, como se analiza en las Referencias ([32], [8] Capítulo 14) ([45], [8] Capítulo 16).

Por otro lado, cuando masas pequeñas están alejados de la superficie de la Tierra, el efecto opuesto sólo puede ocurrir por estructura, porque la energía de los fotones-portadores de los electrones y positrones electromagnéticamente coaccionados de los núcleos de los átomos que constituyen tales masas pequeñas sólo pueden aumentar como resultado del aumento de las distancias entre ellos y todas las partículas elementales cargadas de la masa de la Tierra, que resulta en una contracción de las distancias internas de *traslación/resonancia* de cada tríada de masas tan pequeñas en relación con su eje X-x del espacio normal después del debilitamiento de la interacción coulombiana entre las cargas de estas pequeñas masas y las de la Tierra.

Esta contracción de los orbitales nucleónicos dentro de los nucleones de los núcleos de los átomos que constituyen masas tan pequeñas que se alejan de la Tierra, sólo puede resultar en una contracción proporcional de las capas de electrones de estos átomos, cuya consecuencia medible es el aumento de la energía adiabática inducida en estas distancias más cortas entre los electrones cautivos y los núcleos, y por lo tanto un aumento en la frecuencia electromagnética de los fotones de Bremsstrahlung emitidos por electrones momentáneamente excitados a un orbital metaestable más alejado del núcleo, cuando se desexcitan casi instantáneamente al regresar a sus orbitales de acción estacionaria.

De hecho, sólo puede ser este aumento de masa de los núcleos atómicos con el aumento de la altitud sobre la superficie terrestre lo que explica realmente el aumento de la frecuencia de los fotones de Bremsstrahlung utilizados en un reloj atómico durante el experimento de Hefele y Keating [55] mencionado anteriormente, lo que supuestamente demostró una aceleración en la tasa de flujo del *tiempo* con la altitud, que entonces se consideraba una *prueba* de la validez de la RE ([45], [8] Capítulo 16); conclusión sacada antes de que fue puesto en perspectiva la naturaleza adiabática de la energía del momento y del campo magnético transversal permanentemente inducidos en cada partícula elemental cargada.

En realidad, estos relojes atómicos, cuya precisión depende de la frecuencia de los fotones de Bremsstrahlung emitidos por los electrones que se desenergizan, siguen siendo exactos siempre y cuando no se muevan desde donde fueron calibrados. Cualquier desplazamiento axial en el gradiente gravitacional o cambio en su estado de movimiento, como el uso en un satélite en órbita, por ejemplo, requiere una recalibración que tenga en cuenta el equilibrio electromagnético local.

Finalmente, las *anomalías* sistemáticas observadas con respecto a las trayectorias de todas las sondas espaciales, particularmente publicitadas en el caso de las sondas Pioneer 10 y 11 y sus trayectorias de escape del sistema solar, que se comportan sistemáticamente en el espacio profundo como si fueran ligeramente más masivas que cuando se miden en el suelo antes de su lanzamiento, encuentran también una explicación lógica tras el análisis previo de que las masas en reposo de los nucleones y de las masas macroscópicas sólo pueden variar por estructura como resultado de cualquier desplazamiento axial en el gradiente gravitacional.

Por lo tanto, no hay duda de que las *anomalías* de las trayectorias elípticas de Urano, Neptuno y Plutón, así como de los cometas Halley, Encke, Giacobini-Zinner, Borelli y otros, que sufren desviaciones sistemáticas de origen desconocido, tal como las que menciona R.W. Kühne [54], y de hecho, todas las trayectorias elípticas de los planetas del sistema solar, se beneficiarían de ser reconsideradas con respecto a esta variabilidad de sus masas en reposo en función de sus oscilación axial en el gradiente gravitatorio del sol, y la variación de sus campos magnéticos transversal en función de sus velocidades variables en sus trayectorias elípticas.

1.28. *La mecánica de emisión de fotones de Bremsstrahlung*

Ahora que las principales conclusiones extraídas en el pasado de los datos experimentales ya acumulados sobre partículas elementales se han puesto en perspectiva a la luz de la interpretación inicial de Maxwell, de la hipótesis de Broglie y de la derivación de Marmet dentro del marco más amplio de la geometría tresespacial, veamos ahora la mecánica de emisión de fotones de Bremsstrahlung que esta geometría hace posible, una mecánica de emisión que de Broglie y Schrödinger ya estaban tratando de establecer en la década de 1920, pero que despertó poco interés en la comunidad en ese momento, debido a la ausencia de una posible vía de resolución que se podría explorar en este momento ([10], Ver también el Capítulo 2).

Para hacerlo, analizaremos el caso específico de un electrón capturado por un protón para formar un átomo de hidrógeno, cuyo estado de equilibrio estable final de mínima acción, más precisamente describible como un estado de acción *estacionario*, ha sido analizado en la Referencia ([10], Ver también el Capítulo 2). Antes de pasar a la descripción del propio mecanismo de emisión, es necesario poner en perspectiva algunos valores numéricos sobre la inercia de las diferentes cantidades de energía implicadas.

Inmediatamente antes de su captura y estabilización a la distancia promedia del orbital en reposo respecto al protón (a_o=5.291772083E-11 m), el electrón habrá alcanzado la velocidad relativista de 2187647.561 m/s, apoyada por la cantidad precisa de energía de momento ΔK que su fotón-portador habrá acumulado a esta distancia mientras acelerando hacia el protón ([43], [8] Capítulo 2):

$$E_K = \Delta K = m_o c^2 (\gamma - 1) = 2.17978483\ 2\text{E} - 18\ \text{j} \tag{1.49}$$

Esta velocidad genera la *inercia hacia delante* de la cantidad de energía del momento (13.6 eV) que causará su propia evacuación en forma de un fotón electromagnético de Bremsstrahlung cuando el movimiento de avance del electrón se detuviera bruscamente en su movimiento, como primer paso para establecer su estado orbital axial estable de acción estacionaria. Además de la inercia hacia delante proporcionada por esta energía de momento, la inercia total del electrón incidente también implicará la inercia hacia delante de la cantidad total de energía que constituye el medio-cuanto transversal del fotón-portador, así como la de su masa en reposo invariante ($E=m_oc^2$=8.18710414E-14 j), que no se despejará durante el proceso de estabilización:

$$E_e = \Delta K + \Delta m_m c^2 + m_0 c^2 = 8.187540114\text{E--}14\,\text{j} \tag{1.50}$$

La Ecuación (1.50) es, de hecho, la nueva ecuación tresespacial de energía-momento que se sustituye a la Ecuación (2.41) de energía-momento tradicionalmente asociada con el RE (Véase la Sección 3.5.1 y el Apéndice A). Por otro lado, la *inercia estacionaria* del protón al que se acelera el electrón depende de una cantidad mucho mayor de energía:

$$E_p = m_p c^2 = 1.50327730\ 7\text{E} - 10\ \text{j} \tag{1.51}$$

El bien conocido ratio de las inercias de los dos componentes que interactúan será entonces, por supuesto:

$$\frac{E_e}{E_p} = \frac{1}{1836054891} \tag{1.52}$$

Puede observarse que la inercia hacia delante del electrón incidente es menor por 4 órdenes de magnitud en comparación con la inercia estacionaria del protón, cuyos campos magnéticos son el componente que detendrá el movimiento del electrón, interactuando en contrapresión con respecto a los campos magnéticos del electrón incidente, como consecuencia de la repelente alineación paralela de los espines magnéticos paralelos mutuos impuestos por estructura, tal como se pone claramente en perspectiva en la Referencia ([10], Ver también la Sección 2.20). Pero la desproporción entre la inercia hacia delante de la energía del momento del electrón y la inercia estacionaria del protón es inmensamente mayor.

$$\frac{E_K}{E_p} = \frac{1}{6896448149} \tag{1.53}$$

Este ratio revela que mientras que la inercia hacia delante del electrón incidente será contrarrestada por la inercia estacionaria casi 2000 veces su propia inercia, la inercia hacia delante de la energía del momento del electrón incidente ΔK, que será evacuada del sistema electrón-protón durante el proceso de parada, será contrarrestada por una inercia estacionaria de casi 69 millones de veces su propia inercia hacia delante, al mismo tiempo que el electrón llega a una fracción significativa de la velocidad de la luz. Esta relación muestra claramente cómo se contrarrestará instantáneamente el movimiento hacia delante de esta energía de momento hacia el protón durante el proceso de parada.

Sin embargo, a diferencia de la energía de momento de un objeto en movimiento que golpea una pared a nuestro nivel macroscópico, por ejemplo, que sabemos experimentalmente que se comunicará a la pared cuando el objeto lo golpee, también sabemos experimentalmente que la energía de momento del electrón incidente no se comunicará al protón, sino que será expulsada del sistema electrón-protón en forma de un fotón electromagnético detectable y medible de energía 2.179784832E-18 j, de longitud de onda 9.113034513E-8 m y de frecuencia 3.289710552E15 Hz, moviéndose a la velocidad de la luz.

La cuestión de cómo se produce mecánicamente la separación y eyección de este fotón de Bremsstrahlung ha quedado sin respuesta desde que Louis de Broglie y Erwin Schrödinger comenzaron a estudiar este proceso en la década de 1920 ([10], Ver también el Capítulo 2), pero no fue realmente posible hacerlo hasta que se desarrolló la geometría tresespacial Maxwelliana más grande del espacio descrito anteriormente y que fue presentado en el año 2000 en el evento Congress-2000 [28].

Esta nueva geometría espacial permite ahora comprender que aunque el electrón y su fotón-portador se detienen repentinamente en su movimiento hacia el protón durante su captura repentina a una distancia promedia del orbital en reposo en el átomo de hidrógeno, el movimiento hacia delante de la energía de su momento ΔK, calculado con la Ecuación (1.49), no se detiene en su movimiento hacia delante *dentro* de la estructura tresespacial interna del fotón-portador del electrón (**Figuras 1.3-a** y **1.3-b**), cuyos tres espacios separados de su configuración tresespacial interna se comportan como vasos comunicantes ([15], [8] Capítulo 6), es decir, una inercia hacia adelante de la totalidad de la energía de los fotones electromagnéticos que fue confirmada por la prueba fotoeléctrica de Einstein, es decir, en el contexto $E=\Delta K+\Delta m_m c^2$.

La clave para comprender por qué el movimiento de la energía del medio-cuanto del momento ΔK del fotón-portador del electrón no se detiene dentro del propio fotón-portador del electrón cuando el fotón-portador propio se detiene en su movimiento hacia delante es el paso (c) de su ciclo electromagnético tresespacial, representado por la **Figura 1.4**, que es el paso, durante el ciclo de oscilación transversal del medio-cuanto $\Delta m_m c^2$, durante el cual toda su energía transversal alcanza su volumen máximo en el espacio-Z magnetostático (**Figura 1.3**).

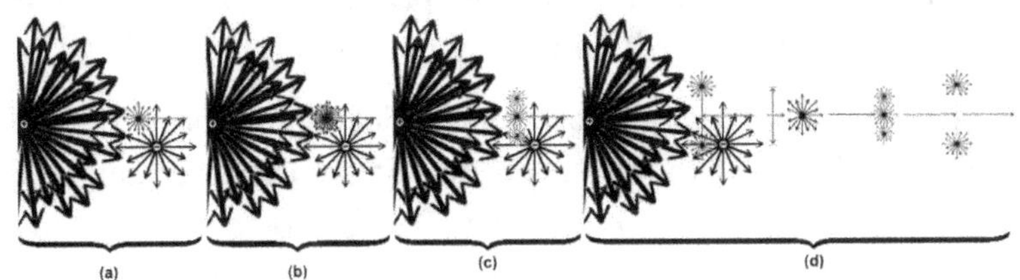

Figura 1.8: Representación de la mecánica de emisión de un fotón de Bremsstrahlung.

La manera en que la energía del momento ΔK del electrón capturado por el protón pasa primero al espacio-Z, cuando su propia inercia hacia delante le obliga a atravesar la zona de unión central cuasi-puntual que conecta los tres espacios, a través de la cual la energía de la partícula pasa libremente en su propio complejo tresespacial; y luego es expulsado hacia atrás como un pulso magnético durante la fase eléctrica del ciclo de oscilación transversal del fotón-portador (**Figura 1.4-e**), cuando las dos cargas separadas en el espacio-Y se comportan, durante el proceso de parada del electrón, como una antena dipolo de longitud fija [63], se puede resumir en una secuencia de cuatro pasos ilustrada en la **Figura 1.8**.

La **Figura 1.8-a** representa al electrón con su fotón-portador alcanzando internamente el paso **1.4-c** (**Figura 1.4-c**) de su ciclo de oscilación transversal, mientras que sus dos campos magnéticos chocan contra el relativamente enorme campo magnético del protón, mientras que se repelen mutuamente por la alineación paralela de los espines magnético, como se analiza en la Referencia ([10], Ver también el Capítulo 2).

La **Figura 1.8-b** representa el segundo paso del proceso de eyección, e ilustra la secuencia de parada real, ya que el complemento completo de la energía del momento ΔK=2.179784832E-18 J acaba de ser forzado en el espacio-Z por su propia inercia hacia delante, que duplica momentáneamente la cantidad de energía que constituye el campo magnético del fotón portador incidente, una duplicación que está representada gráficamente por una mayor densidad visual de la esfera magnética del fotón-portador:

$$2 \cdot \Delta\mathbf{B} = 2 \cdot \frac{\mu_0 \pi e c}{\alpha^3 \lambda^2} = 470103.4692\text{T} \tag{1.54}$$

donde λ=4.55633525256E-8 m, que es la longitud de onda del fotón-portador del electrón al comienzo del proceso de parada causado por la repulsión magnética entre su campo magnético y el del protón.

En este caso, esta duplicación momentánea del campo magnético del fotón-portador del electrón en el momento en que comienza a ser capturado en el orbital en reposo del átomo de hidrógeno debe ser detectable como un pico registrable de intensidad magnética, coincidiendo con la emisión del fotón de Bremsstrahlung, lo que confirmaría directamente el mecanismo actual de emisión del fotón.

Se puede que algo más ya haya llamado la atención del lector en la **Figura 1.8-b**. Aunque la energía del momento que reside inicialmente en el espacio-X, representada por la flecha que apunta a la izquierda y que conduce a la esfera magnética del fotón-portador en la **Figura 1.8-a**, i que acaba de ser mencionada como habiendo sido forzada a cruzar al espacio-Z por su propia inercia hacia delante para sumarse a la energía magnética ya presente calculada con la Ecuación (1.54), una flecha idéntica sigue estando presente en la **Figura 1.8-b**. Esto requiere una explicación más detallada, ya que no es un error de representación, porque como el electrón y el protón están cargados eléctricamente en oposición, la interacción de Coulomb no permite por estructura que no se induzca energía de momento en el fotón portador de un electrón a esta distancia del protón, tal como se pone en perspectiva en la Referencia ([43], [8] Capítulo 2).

Además, la Referencia ([52], [8] Capítulo 10) pone claramente en perspectiva que debe hacerse una clara distinción entre un *movimiento rotacional o traslacional inducido mecánicamente no compensado* y un *movimiento rotacional o traslacional inducido electrostáticamente o gravitacionalmente que es permanentemente compensado*. Un tal movimiento *no compensado* caracteriza el estado de un satélite lanzado en una órbita inercial metaestable alrededor de la Tierra, por ejemplo, o de cualquier objeto girado artificialmente a nuestro nivel macroscópico por un solo pulso inicial. La órbita de un satélite de este tipo siempre se degrada, y la rotación de un objeto de este tipo siempre se detiene, a diferencia de la órbita *permanentemente compensada* de la Tierra, por ejemplo, y de su rotación *permanentemente compensada* de forma natural. Dada la clara correlación previamente establecida entre los movimientos traslacional y rotacional, y los estados de resonancia de acción estacionaria, la captura y estabilización de un electrón en el orbital de resonancia de acción estacionaria del átomo de hidrógeno pertenece claramente a la categoría *permanentemente compensada*, como se pone en perspectiva en la Referencia ([43], [8] Capítulo 2).

Dado que la cantidad de energía de momento ΔK inducida por la interacción de Coulomb a esta muy precisa distancia del protón no puede en ningún caso ser diferente de 13.6 eV, se puede concluir que cuando la cantidad inicial de energía de momento ΔK se evacua del espacio-X al espacio-Z, una cantidad de reemplazo de 13.6 eV de energía cinética de momento ΔK debe ser inducida sincrónicamente de forma adiabática por la interacción permanente de Coulomb en el espacio-X, una energía cuya dirección vectorial de aplicación se expresará ahora como una *presión estacionaria* ejercida hacia el protón, aumentando, por así decirlo, la contrapresión permanente establecida entre los campos magnéticos alineados en espines magnéticos paralelos ([10], Ver también el Capítulo 2). Esto significa que temporalmente, el fotón portador involucrará 40,8 eV de energía, incluyendo temporalmente el campo magnético de doble intensidad, hasta que el 13,6 eV temporalmente localizado en el espacio-Z sea evacuado en forma de un fotón electromagnético separado de la siguiente manera.

La **Figura 1.8-c** muestra la instalación de la antena dipolo metafórica que emitirá el exceso de energía de 13.6 eV en forma de un fotón electromagnético. Cuando el campo magnético del fotón-portador alcanza su estado de *presencia* máxima en el espacio-Z, como se muestra en la **Figura 1.8-b**, el campo eléctrico dipolar correspondiente ha caído a cero *presencia* en el espacio-Y del fotón-portador, correspondiente a las dos barras de una antena dipolar de longitud fija que se vuelve neutra cuando no se suministra corriente alterna a la antena [63].

Cuando la energía magnética mostrada en la **Figura 1.8-c** comienza a entrar de forma natural en el espacio-Y electrostático del fotón-portador, se acumula en este espacio en forma de dos cargas opuestas que se mueven en direcciones opuestas en el plano Y-y/Y-z ([15], [8] Capítulo 6) ([34], [8] Capítulo 19), de modo que las dos cargas opuestas finalmente alcanzan su valor máximo permitido para la energía transversal del campo E, que, en ese preciso momento, no puede exceder el valor promedio máximo de 2.179784832E-18 J (13.6 eV) permitido a esta distancia entre el protón cargado positivamente y el electrón cargado negativamente, que, combinado con el mismo valor de la energía del momento permitido nuevamente inducida y mantenida adiabáticamente por la interacción de Coulomb a esta distancia promedia, *ejerce una presión estacionaria* por parte del electrón contra el campo magnético del protón, y que se mantiene adiabáticamente por la interacción de Coulomb a esta distancia promedia.

Es este límite máximo de energía del campo E impuesto por la interacción de Coulomb el que hace que la distancia repentinamente maximizada entre las dos cargas en el espacio-Y actúe de la misma manera que las dos barras de una antena dipolo momentáneamente de longitud fija, que permite que la energía inicialmente forzada en el espacio-Z desde el espacio-X comience a acumularse en el espacio-Y sobrecargando el ahora momentáneamente maximizado y fijo dipolo de longitud fija del espacio-Y, resultando en la emisión por el dipolo del exceso de energía de 13.6 eV como un pulso magnético en el espacio-Z magnetostático, de la misma manera que los pulsos electromagnéticos son emitidos por una antena dipolo muy normal a nuestro nivel macroscópico, como se muestra en la **Figura 1.8-d**.

La pregunta aquí es por qué el electrón no se aleja simplemente del protón como se sabe universalmente que hace cuando precisamente esta cantidad de energía ΔK=2.179784832E-18 j que ya tiene le es suministrada por un fotón electromagnético incidente, que es el caso que se analizará en la próxima y última Sección de este capítulo. La respuesta es muy simple en este presente caso, y se da simplemente al darse cuenta de que toda la secuencia casi instantánea representada por la **Figura 1.8** ocurre mientras que la "*inercia hacia delante*" de la cantidad total de energía que constituye la masa en reposo invariante del electrón y su fotón-portador aplican su presión máxima contra el campo magnético del protón, eliminando momentáneamente cualquier posibilidad de que el electrón sea expulsado en ese momento preciso y también eliminando cualquier posibilidad de que la distancia entre el electrón y el protón varíe durante este proceso de frenado tan breve.

Inmediatamente después de ser expulsado dentro del espacio-Z por el dipolo eléctrico del espacio-Y, lo primero que le sucederá a la energía liberada será la transferencia de la mitad de su energía desde el espacio-Z al espacio-X dentro un nuevo conjunto tresespacial de vasos comunicantes, para construir el medio-cuanto de energía del momento que luego comenzará a propulsar el incipiente fotón a la velocidad de la luz, en el primer paso de restaurar su equilibrio electromagnético tresespacial natural. Una vez que los dos medio-cuantos de energía han alcanzado sus niveles de energía predeterminados iguales longitudinalmente y transversalmente, según lo determinado bajo la hipótesis de Broglie y siguiendo la derivación de Marmet, la energía de su campo magnético transversal B comenzará naturalmente a oscilar transversalmente al pasar en el espacio-Y para inducir el correspondiente campo E, iniciando así la oscilación electromagnética transversal estable del nuevo fotón de Bremsstrahlung, que ahora se mueve libremente a la velocidad de la luz, como se muestra en la **Figura 1.8-d** ([15], [8] Capítulo 6).

Debe tenerse en cuenta aquí que, aunque el proceso completo tomó una considerable cantidad de tiempo para describirlo, la secuencia real de pasos involucrados en el frenado del electrón hasta la parada completa momentánea, cuando es capturado por un protón, debe ser prácticamente instantánea, debido a la velocidad del electrón incidente, combinado con el hecho de que toda la secuencia debe completarse definitivamente durante el semi-ciclo fugaz de la oscilación electromagnética transversal del fotón portador, comenzando por su alineación magnética paralela (**Figura 1.4-c**) con respecto a la orientación del espín del campo magnético del protón y terminando con la separación máxima de las cargas del campo E (**Figura 1.4-e**), como se muestra al principio de la **Figura 1.8-d**; toda la secuencia se produciendo, como se ha mencionado anteriormente, mientras que la inercia hacia delante de la cantidad total de energía que constituye la masa en reposo invariante del electrón y la masa momentáneamente invariante de su fotón portador aplica una presión máxima contra el campo magnético del protón ([10], Ver también la Sección 2.20).

1.29. *La mecánica de absorción de fotones electromagnéticos*

Inmediatamente después de la emisión del fotón de Bremsstrahlung, la *inercia hacia delante* del medio-cuanto de masa/campos-electromagnéticos invariante del electrón y de la masa/campos-electromagnéticos variable de su fotón-portador, debido a su velocidad de llegada, se verá sustituida por su *inercia estacionaria* por defecto, a la que se añade la *presión hacia delante adiabáticamente variable* proporcionada por la energía del medio-cuanto ΔK de momento nuevamente inducido del fotón-portador, que se orienta permanentemente hacia el protón, y que interactúan juntos en contrapresión respecto a la *inercia estacionaria*, pero sin embargo *oscilando*, de la masa /campos-electromagnéticos mucho mayor del protón, cuya interacción establece y mantiene al electrón en su trayectoria de resonancia axial dentro del volumen de espacio de acción estacionaria que Schrödinger quiere describir con la función de onda [18], tal como se describe en la Referencia ([10], Ver también 1 Sección 2.20).

Ahora que sólo la *presión hacia delante* permanente de la energía del momento ΔK, recientemente inducida adiabáticamente, impide que el electrón se escape, y que la *presión momentánea* que fue ejercida inicialmente hacia el protón debido a la *inercia hacia delante* de los campos electromagnéticos del electrón y de su fotón portador, que impidió en un primer momento que la energía transversal del campo E de éste excediera su valor inicial de 2.179784832E-18 j, y que ya no está en acción, después de haber causado la emisión del fotón de Bremsstrahlung, como se describe en la sección anterior; cualquier energía de fuera del sistema electrón-protón ahora puede ser capturada por el dipolo eléctrico del espacio-Y del fotón-portador, presumiblemente todavía actuando como una antena dipolo, pero cuya longitud puede ahora variar, y será distribuida en porciones iguales entre los dos medio-cuantos del fotón-portador, en la medida en que lo permita el radio de giro magnético del electrón en el átomo de hidrógeno ([60], [8] Capítulo 8).

El aumento resultando del volumen de resonancia axial que el electrón visitará como resultado, hará que el electrón salte eventualmente a un orbital metaestable autorizado más allá del protón antes de regresar casi inmediatamente a su orbital en reposo, emitiendo un fotón de Bremsstrahlung que evacuará el correspondiente excedente de energía, o bien se liberará por completo fuera del protón en caso de que la energía que se suministre desde el exterior del sistema electrón-protón llegue al valor de escape de ΔK=2.179784832E-18 j, ya sea por acumulación progresiva o por colisión con un fotón de energía incidente de 2.179784832E-18 j.

Todos los casos posibles de emisión y absorción de energía deben, por supuesto, ser explicados y documentados en el contexto de la geometría tresespacial, pero dado que este documento sólo pretende poner en perspectiva el contexto electromagnético subyacente que permite una descripción general de la mecánica de emisión y absorción de fotones electromagnéticos por electrones en la geometría tresespacial, en complemento del establecimiento de la mecánica de estabilización de electrones en el átomo de hidrógeno previamente descrito en la Referencia ([10], Ver también el Capítulo 2), el desarrollo de los mismos queda fuera de la esfera de aplicación del artículo reproducido en este capítulo.

1.30. Conclusión

Este análisis pone a la luz que no es más difícil concebir que la energía electromagnética pueda consistir en fotones localizados al nivel subatómico, que de concebir que el agua consiste en moléculas localizadas al nivel submicroscópico, incluso si a nuestro nivel macroscópico tratamos la energía electromagnética como si fuera un pulso de onda continua y el agua como si fuera un fluido sin estructura interna.

La mayor conclusión de este trabajo es, sin embargo, que cuando la interpretación inicial de Maxwell se correlaciona con la hipótesis del fotón de partícula-doble de Broglie y la derivación de Marmet, en contexto de la geometría tresespacial, el electromagnetismo puede finalmente armonizarse completamente con la Mecánica Cuántica, como se analizó en la Referencia ([10], Ver también el Capítulo 2); una armonización que ahora permite una primera explicación mecánica de los procesos de emisión y absorción de fotones electromagnéticos por electrones, como se describió anteriormente.

También se debe poner claramente en perspectiva que la interpretación inicial de Maxwell es una conclusión firmemente basada en el estudio y análisis de datos experimentales recolectados anteriormente en experimentos fácilmente reproducibles conducidos por muchos experimentalistas, así como en las conclusiones y ecuaciones que han sacado de estos datos. Las ecuaciones electromagnéticas generalmente denominadas *"ecuaciones de Maxwell"* son en realidad un conjunto de ecuaciones que Maxwell estableció como complementarias, pero que fueron desarrolladas principalmente por Coulomb, Gauss, Ampère y Faraday (Véase el Apéndice B). Lorentz, Biot, Savart y algunos otros completaron entonces el conjunto actual de ecuaciones electromagnéticas mutuamente complementarias con el análisis directo de otros datos de otros experimentos que eran igualmente fáciles de reproducir.

Intrigado por no encontrar rastro alguno de un experimento que confirmara el comportamiento magnético cuasi-puntual de los campos magnéticos esféricos cuyos dos polos coinciden geométricamente, que es necesariamente la estructura magnética *de facto* de los electrones, dado su comportamiento sistemático cuasi-puntual en todos los experimentos de colisión, este autor diseñó y llevó a cabo en 1998 un experimento que podía reproducirse fácilmente con imanes magnetizados en consecuencia, cuyos datos y análisis subsiguientes se publicaron en el año 2013, de modo que estos datos y el análisis asociado estuvieran disponibles en el entorno educativo ([49], [8] Capítulo 9). Un año después, S. Kotler et al. publicaron un artículo describiendo un experimento con electrones reales que confirmaba directamente la predicción del experimento de 1998 [64].

Como resultado, la comunidad educativa tiene ahora un conjunto completo de experimentos de demostración que pueden ser fácilmente replicados durante las sesiones prácticas de enseñanza de laboratorio, que van desde el primer experimento eléctrico de Coulomb hasta el experimento magnético de 1998 para ayudar a enseñar y confirmar cada aspecto del comportamiento de la energía electromagnética.

2. Los estados de resonancia fundamentales del átomo de hidrógeno

2.1 Introducción

En los años 1920, la observación por Louis de Broglie que la secuencia de números enteros asociada con las configuraciones de interferencia producidas por los cuantos diversos de energía electromagnética emitidos por el átomo de hidrógeno es idéntica a las muy bien conocidas de los procesos clásicos de resonancia, le hicieron concluir que los electrones son cautivos de estados de resonancia en los átomos. Esto condujo a Schrödinger a proponer una función de onda para representar estos estados de resonancia, que todavía no han sido reconciliados con las propiedades electromagnéticas de los electrones. Este artículo es destinado a identificar y discutir las propiedades armónicas electromagnéticas de oscilación que los electrones deben poseer como resonadores para explicar el volumen de resonancia descrito por la función de onda, así como las interacciones electromagnéticas entre las partículas elementales cargadas que constituyen las estructuras atómicas que podrían explicar la estabilidad de los orbitales electrónicos y nucleónicos. Un beneficio inesperado de la geometría espacial más extendida requerida para establecer estas propiedades e interacciones es que la simetría fundamental requerida es respetada por estructura para todos los aspectos de la distribución de la energía dentro de los cuantos electromagnéticos.

Este artículo no verdaderamente tiene por objeto proponer un enfoque alternativo a la Mecánica Cuántica, sino más bien una adición a las descripciones ya establecidas de los estados de resonancia orbitales de la función de onda de Schrödinger, de la distribución estadística de Heisenberg y de la integral de caminos de Feynman, implicando una descripción clara de los resonadores electromagnéticos responsables del establecimiento de los volúmenes de resonancia asociadas, sensata establecer las bases para el establecimiento eventual de funciones más elaboradas de onda que completamente tendrán en cuenta por primera vez de la naturaleza electromagnética de los resonadores implicados.

Las pruebas matemáticas detalladas de la entera conformidad de este enfoque con el electromagnetismo y con cada aspecto de todos los datos experimentales acumulados son proporcionadas en una serie de artículos publicados anteriormente y quienes son dados en referencia cuando requerido. Este nuevo enfoque está en acuerdo completo con los métodos del QED y del QFT y los completan clarificando la función del aspecto magnético de la energía de la que están constituidas las partículas electromagnéticas elementales y sus energía portadora, para permitir una descripción de sus estructuras electromagnéticas internas auto-mantenidas permanentemente localizables.

El concepto clave que puso en marcha la investigación presente es un aspecto de la función de onda que parece haber escapado a la atención general casi tan pronto como la Mecánica Cuántica (MC) estuvo establecida para representar el estado fundamental del átomo de hidrógeno a partir de la correlación establecida entre la representación estadística de Heisenberg y la función de onda de Schrödinger.

Se trata de la razón misma para la cual Schrödinger tuvo la idea de utilizar la función de onda para describir el estado fundamental estable ya bien conocido del electrón en el átomo de hidrógeno. De manera extraña, parece que el artículo seminal que está al principio de este descubrimiento mayor jamás hubiera sido traducido en inglés para que se ponga a disposición de la comunidad internacional [58].

Este artículo, publicado por Louis de Broglie, asocia las configuraciones de interferencia producidas por las frecuencias diversas de energía electromagnética emitidas por los átomos de hidrógeno desde los estados de resonancia del electrón en lo que entonces fue percibido como las órbitas diversas que podía ocupar el electrón en el átomo de hidrógeno.

He aquí la descripción que de Broglie lo hizo en 1923 que condujo a esta conclusión mayor:

> *"L'apparition, dans les lois du mouvement quantifié des électrons dans les atomes, de nombres entiers, me semblait indiquer l'existence pour ces mouvements d'interférences analogues à celles que l'on rencontre dans toutes les branches de la théorie des ondes et où interviennent tout naturellement des nombres entiers."* ([4], p.461).

Traducción:

> *"La aparición, en las leyes del movimiento cuantificado de los electrones en los átomos, de números enteros me parecía indicar la existencia para estos movimientos, de interferencias análogas a*

aquellas a las que se encuentran en todas las ramas de la teoría de las ondas y donde intervienen muy naturalmente números enteros."

Poco tiempo después, publicó una nota en los *Comptes rendus de l'Académie des Sciences* en la cual proponía una primera interpretación preliminar de las condiciones que podrían explicar la estabilidad del electrón dentro de las estructuras atómicas [58]:

La conclusión crítica de esta nota esté la siguiente:

"L'onde de fréquence v et de vitesse c/β doit être en résonance sur la longueur de la trajectoire. Ceci conduit à la condition:"

Traducción:

"La onda de frecuencia v y de velocidad c/β debe estar en resonancia sobre la longitud de la trayectoria. Esto conduce a la condición:"

$$\frac{m_o \beta^2 c^2}{\sqrt{1-\beta^2}} T_r = nh \qquad n \text{ siendo un número entero} \tag{2.1}$$

que constituye la condición de estabilidad determinada por Bohr y Sommerfeld para una trayectoria recorrida a velocidad constante [58].

El año siguiente, de Broglie publicó dos otras notas, en una de las cuales menciona que de su punto de vista, la *ley de las condiciones de frecuencias* famosa de Bohr podía ser interpretada como implicando un tipo de *batimiento*, es decir, un estado de resonancia que vincula la frecuencia de la onda emitida al estado estacionario inicial del electrón y a su estado estacionario final ([4], p. 462), [65] y [66].Dos años después, Schrödinger introdujo el concepto de la función de onda para dar cuenta de esta condición medible.

El punto de partida evidente de su exploración era una fórmula de oscilación armónica compleja que evolucionaba luego en formulaciones esféricas más elaboradas para describir el estado del orbital fundamental del átomo de hidrógeno [18].

Al conocimiento de este autor, ninguna mención subsecuente del hecho de que la función de onda de Schrödinger estuvo sensata describir un estado de resonancia estable en el cual el electrón localizado permanece cautivo puede estar encontrada en la literatura formal histórica, con excepción en un libro publicado en 1953, en el cual los descubridores mismos de la mecánica ondulatoria y de la Mecánica Cuántica colaboraron [4].

Mucho más, aunque Einstein contribuyó el texto de la introducción de esta obra en alemán, y que Schrödinger contribuyó en inglés el capítulo que abasteció, estas dos contribuciones que habiendo sido traducidas en francés sobre las páginas que hacen frente, el resto de la obra fue publicado en francés solamente. Parece también que este documento de especial importancia, en el cual Einstein, Schrödinger, Pauli, Rosenfeld, Heisenberg, Yukawa, Davisson y de Broglie, para nombrar sólo los más célebres, y de numerosos otros, colaboraron conjuntamente para proporcionar una visión general del estado de la física cuántica en 1952, poniendo en evidencia la contribución de Louis de Broglie en este contexto histórico, no ha sido traducido aparentemente jamás en inglés ni en alguna otro idioma por ser puesto a disposición de la comunidad científica internacional.

Según lo que puede ser aprendido de este libro, poco después de que la función de onda de Schrödinger fue introducida, cuya validez fue confirmada dentro algunos años como irrefutablemente siendo asociada con estados de resonancia según las configuraciones de interferencias generadas durante experimentos efectuados por Davisson y Germer, así como por G.P. Thompson ([4], p. 19), la adopción por la mayoría de los investigadores de la representación estadística de Heisenberg, que reemplaza el volumen de densidad isótropa de energía definido por la función de onda de Schrödinger por un reparto de la densidad de la energía del electrón según una distribución estadística que refleja una *probabilidad de amplitud* percibida como siendo más preciso que la de la función de onda inicial, concediendo una densidad más grande de presencia de la energía en las afueras del radio de Bohr por ejemplo, tuvo por resultado que la idea que la función de onda inicialmente era sensata representar un estado de resonancia había sido ocultado y descuidado prácticamente desde su introducción.

La interpretación probabilista favorece también la idea de saltos bruscos de un nivel de energía al otro, lo que no proporciona ninguna explicación mecánica a estos saltos, contrariamente a las ecuaciones de onda que tenían el potencial de permitir la descripción de tales cambios como que siendo procesos mecánicamente progresivos y matemáticamente descriptibles, tal como subrayado de nuevo por Schrödinger en 1953:

> *"To produce a coherent train of light waves of 100 cm length and more, as is observed in fine spectral lines, takes a time comparable with the average interval between transitions. The transition must be coupled with the production of the wave train... For the emitting*

system is busy all the time in producing the trains of light waves, it has no time left to tarry in the cherished "stationary states", except perhaps in the ground state." ([4], p.18).

Traducción:

" Para producir un tren coherente de ondas luminosas de longitud de 100 cm y más, tal como observado en líneas finas espectrales, toma un tiempo comparable con el intervalo promedio entre transiciones. La transición debe ser acoplada con la producción del tren de ondas... Ya que el sistema de emisión está ocupado todo el tiempo en la producción de los trenes de ondas luminosas, no se queda ningún tiempo para detenerse en los queridos "estados estacionarios", excepto quizás en el estado fundamental. "

Incluso Einstein, quien, como de Broglie y Schrödinger, estuvo convencido que el electrón permanece constantemente localizado cuando está en movimiento y sigue siempre una trayectoria precisa, no estuvo convencido por el descubrimiento de de Broglie de esta relación entre los estados cuánticos discretos y los estados de resonancia, supuestamente porque no asociaba el concepto de *masa* con el electromagnetismo de la misma manera que de Broglie y Schrödinger.

He aquí el comentario de Einstein al respecto al principio del texto de introducción de la obra:

"Ich will dem zusammen mit Frau B. Kaufman verfassten Beitrag zu diesem Bande einige Worte vorausschicken in der einzigen Sprache, in der ich mich mit einige Leichtigkeit ausdrücken kann. Es sind Worte der Entschuldigung. Sie sollen zeigen, warum ich, trotzdem ich De Broglie visionäre Entdeckung des inneren Zusammenhanges zwischen diskreten Quantenzuständen und Resonanzzuständen in relativ jungen Jahren bewundernd miterlebt habe, doch unablässig nach einem Wege gesucht habe, das Quantenrätsel auf anderem Wege zu lösen oder doch wenigstens eine Lösung vorbereiten zu helfen." ([4], p.4).

Traducción:

"Me gustaría añadir unas palabras antes de mi contribución a este volumen, redactado con la Sra. B. Kaufman, en el único

Resulta que Schrödinger y de Broglie se encontraban inicialmente en el proceso de análisis de estos estados de resonancia observados, con el fin de establecer una explicación mecánica progresiva de las transiciones entre los estados estacionarios, que explicaría cómo se generan los fotones de Bremsstrahlung que son la causa de las finas líneas espectrales detectadas en relación con estas transiciones (Véase la sección 1.28), pero que la inmediata popularidad del método estadístico por parte de Heisenberg en la comunidad hizo que se descuidara desde el principio toda investigación en este sentido.

Schrödinger expresó por otra parte claramente su frustración a propósito de este estado de negligencia de la investigación en esta dirección en el capítulo que contribuyó:

"For it must have given to de Broglie the same shock and disappointment as it gave to me, when we learnt that a sort of transcendental, almost psychical interpretation of the wave phenomenon had been put forward, which was very soon hailed by the majority of leading theorists as the only one reconcilable with experiment, and which has now become the orthodox creed, accepted by almost everybody, with a few notable exceptions." ([4], p. 16).

Traducción:

"Porque debió darle a Louis de Broglie el mismo golpe y la misma decepción que se me causaron a mí mismo, cuando aprendimos que un tipo de interpretación transcendental, casi psíquico, del fenómeno ondulatorio había sido puesto por delante, que fue muy rápidamente saludado por la mayoría de los gran teóricos como la única conforme con el experimento y que se hizo ahora el dogma ortodoxo, aceptado por casi ellos todos, no obstante unas excepciones bastante notables. "

Schrödinger y de Broglie obviamente estaban convencidos de que la frecuencia de un cuanto emitido podía ser producido sólo por un proceso progresivo mecánicamente dependiente de las características de resonancia de los estados estacionarios iniciales de los electrones, y que su emisión determina mecánicamente de manera claramente descriptible las características alteradas de resonancia de los estados estacionarios finales, y que la resolución de este problema sería útil no sólo en espectroscopia, sino que también en química. Véase en las Secciones 1.28 y 1.29 para la mecánica de emisión y absorción de los fotones electromagnéticos desde la perspectiva tresespacial.

Parece bien que la frustración de Schrödinger era muy justificada, considerando que hizo falta 55 años después de que tan abiertamente ha manifestado su protesta en esta obra, así como en un artículo titulado "*Are there quantum jumps*" publicado el mismo año en el "*British Journal for the Philosophy of Science*" [67], es decir 80 años después de que hubiera introducido la función de onda, para que los primeros signos de una renovación de interés para los estados de resonancia en relación con la función de onda se manifieste de nuevo en la comunidad. Este análisis reciente puede estar encontrado en un artículo de V.A. Golovko [68] publicado en 2008.

La consecuencia de la adopción por la mayoría de los teóricos del método estadística como que representaba la realidad fundamental condujo luego al establecimiento de la teoría cuántica de campos – mejor conocida bajo sus siglas inglesas QFT – fundada sobre un concepto axiomático fundamental de fluctuaciones cuánticas espontáneas de energía de una y otra parte de un punto de energía ninguna que existiría por todas partes en el espacio, y que establecería fotones virtuales (bosones) como que serían las partículas portadoras ("force carriers" en inglés) que explicarían los niveles de energía y el movimiento de las partículas elementales electromagnéticas reales en el espacio. Ver las Secciones 3.1, 3.11 y 3.27.

Estas fluctuaciones hipotéticas estocásticas espontáneas del campo cuántico subyacente también son comprendidas como siendo la causa de un movimiento transversal local aparentemente errático observado en el comportamiento de los electrones en ciertas circunstancias, y que Schrödinger nombró "*zitterbewegung*" ("*movimiento de temblor*"), que analizaremos más lejos [69]. Véase la sección 2.18.

Es muy evidente que el QFT es correctamente fundado sobre las ecuaciones de la teoría electromagnética ondulatoria de Maxwell, pero oculta sin embargo el hecho de que en electromagnetismo, un electrón, por ejemplo, que eléctricamente es cargado, puede ser forzado a desplazarse en línea recta cuando sumergido en campos ambientes continuos E y B de densidades igualas; que si estas intensidades simultáneamente son cambiadas gradualmente, aunque esta variación es infinitesimalmente progresiva, su velocidad variará también gradualmente, y que si sus densidades relativas son hechas a diferir gradualmente entre ellas, esto forzará el electrón que encorvase también gradualmente su trayectoria, sea procesos cuyos todos los aspectos son calculables y controlables con la ecuación de Lorentz ($F = q\ (E + v\ x\ B)$) (Véase la sección B.3).

Este comportamiento de los electrones valida también totalmente la posibilidad de que si el concepto de los bosones virtuales considerados como las *partículas portadoras* del QFT fue reemplazado por la interacción de Coulomb infinitesimalmente progresiva emanando de la primera ecuación de Maxwell, es decir la ecuación de Gauss para el campo eléctrico, esto abriría la puerta a la posibilidad de que los fotones electromagnéticos de Bremsstrahlung que se escapan de los átomos podrían ser definidos como auto-manteniendo su propio movimiento de una manera localizada sin ninguna necesidad de un éter subyacente, por la interacción mutua de sus propio campos E y B internos induciéndose mutuamente conformemente a la hipótesis fundamental de Maxwell, y podrían entonces ser definidos como se auto-guiando en línea recta a partir de las densidades iguales por defecto de sus propios campos E y B internos ([15], [8] Capítulo 6).

2.2. Los campos E y B del electrón en movimiento

Puede ser observado también que los estados de resonancia del electrón no son los solos aspectos de estos últimos que parecen no haber sido objeto de mucha investigación en el curso del siglo pasado.

A pesar de los hechos conocidos de que el electrón posee una carga eléctrica, que puede ser guiado por progresivamente cambiando campos eléctrico E y magnético B ambientes y que el aspecto *ondulatorio* de su naturaleza *onda-partícula* confirman que esta una partícula electromagnética, parece que los campos E y B intrínsecos del electrón, es decir los campos E y B que deben ser asociados con su carga propia dicha y su masa, todavía no han sido estudiados en la comunidad.

De hecho, las únicas relaciones entre el electrón y los campos E y B que pueden aparentemente ser encontrados en la literatura del último siglo conciernen específicamente el movimiento de los electrones dentro campos eléctricos o campos magnéticos ambientes, sin ninguna mención de una interacción cualquiera entre estos campos exteriores y los que deben por estructura ser asociados con la carga eléctrica y la masa en reposo del electrón.

El primer progreso en esta dirección es relativamente reciente. En 2003, Paul Marmet consigue asociar directamente el crecimiento del campo magnético de un electrón en curso de aceleración con su crecimiento de masa relativista, cuantificando la carga del electrón en la ecuación de Biot-Savart [29].

Después de que hubiera establecido la carga del electrón como que sería invariante a su valor unitario (1.602176462E-19 C) en la ecuación de Biot-Savart, su Ecuación (M-17) nos proporciona ahora una ecuación electromagnética que permite calcular directamente *el incremento de masa correspondiendo al aumento del campo magnético* del electrón en curso de aceleración:

$$\Delta m_m = \frac{\mu_0 \left(e^-\right)^2}{8\pi r_e}\frac{v^2}{c^2} \tag{2.2}$$

Esta ecuación directamente asocia pues el concepto de *masa clásica* con la energía electromagnética efectiva que debe ser asociada por definición con este incremento del *campo magnético* del electrón en movimiento, lo que implica por similitud que el campo magnético intrínseco del electrón debe también ser asociado con la energía electromagnética efectiva que constituye su masa en reposo invariante, como lo veremos.

Observó también que ya que la variación de la masa inercial del electrón en movimiento era dada por:

$$m = \gamma m_e \tag{2.3}$$

y qué el factor γ de Lorentz puede ser ampliado en forma de la serie siguiente:

$$\gamma = 1 + \left\{ \frac{1v^2}{2c^2} + \frac{3v^4}{8c^4} + \frac{5v^6}{16c^6} + \frac{35v^8}{128c^8} + \cdots \right\} \tag{2.4}$$

y que el término $(v/c)^4$ así como los otros términos de orden más elevada son insignificantes relativamente al término $(v/c)^2$ y pueden pues ser ignorados para velocidades relativistas débiles, esto permite establecer la ecuación siguiente a partir de la Ecuación (2.4):

$$\gamma\text{-}1 = \frac{1}{2}\frac{v^2}{c^2} \qquad (2.5)$$

Dado que la energía cinética asociada con el momento de un electrón en movimiento es conseguida por la ecuación siguiente, que utiliza el término de derecha de la Ecuación (2.5):

$$\Delta K = m_0 c^2 (\gamma - 1) \qquad (2.6)$$

podemos similarmente calcular su incremento de masa relativista combinando la Ecuación (2.3) y la Ecuación (2.5):

$$\Delta m = m\text{-}m_e = m_e(\gamma - 1) = \frac{m_e}{2}\frac{v^2}{c^2} \qquad (2.7)$$

Comparando ahora la Ecuación (2.2) con la Ecuación (2.7), observamos que tenemos ahora a disposición dos ecuaciones diferentes para representar el mismo incremento de masa del electrón en movimiento, es decir la Ecuación (2.2) que da este incremento en forma de la masa del incremento del campo magnético del electrón, mientras que la Ecuación (2.7) da el mismo incremento en forma del incremento de *masa clásica*. Podemos pues poner las Ecuaciones (2.2) y (2.7) como que son equivalentes de la manera siguiente:

$$\Delta m_m = \Delta m = \frac{\mu_0 (e^-)^2}{8\pi r_e}\frac{v^2}{c^2} = \frac{m_e}{2}\frac{v^2}{c^2} \qquad (2.8)$$

y finalmente, cuando la velocidad se vuelve infinitesimal, ambos ratios de velocidades pueden ser ignorados para revelar finalmente el hecho sorprendente de que la masa de la energía magnética del electrón exactamente constituye la mitad de su masa en reposo invariante, lo que es la sumamente importante conclusión sacada por Marmet:

$$m_m = \frac{\mu_0 e^2}{8\pi r_e} = \frac{m_e}{2} \qquad (2.9)$$

2.3. La energía portadora del electrón

Consideremos por un momento el significado de Δm_m de la Ecuación (2.2) y de ΔK de la Ecuación (2.6). Para comprender bien lo que es implicado, utilicemos el caso muy familiar del electrón en movimiento a la velocidad relativista de 2187647.561 m/s sobre la órbita clásica teórica de Bohr.

Utilizando esta velocidad para resolver la Ecuación (2.2), obtenemos el incremento de masa siguiente:

$$\Delta m_m = \frac{\mu_0 \left(e^-\right)^2}{8\pi r_e} \frac{v^2}{c^2} = 2.425337715\text{E}-35\,\text{kg} \qquad (2.10)$$

Que es el incremento de masa magnética que debe ser añadido a la masa en reposo del electrón para obtener la masa efectiva total del electrón que los experimentadores deben tratar cuando interactúan transversalmente con electrones que se desplazan libremente a esta velocidad relativista de 2187647.561 m/s.

Multiplicando ahora este valor por c^2, obtenemos la energía en julios constituyendo esta cantidad de masa (2.179784832E-18 j), y dividiendo finalmente este valor en julios por la carga unitaria del electrón (1.62176462E-19 C), obtenemos su conversión en electronvoltios (13.6 eV).

Calculemos ahora la energía cinética asociada con el momento del electrón para la misma velocidad del electrón con la Ecuación (2.6):

$$\Delta K = m_0 c^2 \left(\gamma - 1\right) = 2.179784832\text{E}-18\,\text{j} \qquad (2.11)$$

Si dividimos este valor por la carga unitaria del electrón, obtenemos de nuevo un valor en electronvoltios iguala a 13.6 eV.

Observamos así que ambos términos ΔK y Δm_m se resuelven a la misma cantidad de energía de 13.6 eV para esta velocidad estipulada, que podríamos fuertemente verse tentados considerar como representando el mismo cuanto de energía calculado por dos maneras diferentes.

Pero puede difícilmente ser cuestionado que de una parte, Δm_m mide la energía contenida en un incremento de masa correspondiendo a un aumento del campo magnético global del electrón, y que por otra parte, ΔK mide la energía cinética bien conocida quién propulsa la masa efectiva del electrón a la velocidad correspondiente, una masa efectiva que incluye por estructura la cantidad Δm_m calculada con la Ecuación (2.2), además de incluir la masa en reposo invariante del electrón.

Por consiguiente, la única conclusión que se impone es que estos dos casos de 13.6 eV están diferentes y son inducidos simultáneamente en el electrón a esta velocidad, y son pues en realidad dos *medio-cuantos* de energía cuya suma constituye un único cuanto de *energía portadora* del electrón, que existe por separado del cuanto de energía que constituye la masa en reposo invariante del electrón, y cuyo uno se convierte en un incremento de masa magnética, mientras que el otro permanece vectorialmente unidireccional, propulsando *la masa efectiva total* del electrón a la velocidad correspondiente.

Todos los cálculos con las Ecuaciones (2.2) y (2.6) por toda velocidad revelan que esta distribución iguala entre una cantidad que se convierte en un incremento de masa del campo magnético y una cantidad de energía cinética traslacional asociada con el momento es mantenida para la gama entera de todas las velocidades relativistas posibles.

Hecho interesante, la cantidad total de 27.2 eV que resulta de la adición de la energía que constituye el incremento de masa magnética que se obtiene con la Ecuación (2.2) y de la energía del momento que se obtiene con la Ecuación (2.6) es exactamente igual a la cantidad única de energía que puede ser calculada con la ecuación de Coulomb, con arreglo a la distancia axial promedia que separa el orbital fundamental del electrón del protón en el átomo de hidrógeno, energía correspondiendo a la velocidad de referencia relativista 2187647.651 m/s.

$$E = \int_{a_0}^{\infty} \frac{1}{4\pi \varepsilon_o} \frac{e^2}{a_0^{\,2}} \cdot da_0 = 0 - \frac{1}{4\pi \varepsilon_o} \frac{e^2}{a_0} = -4.3597438 \; 05 \; E\text{-}18 \; J \qquad (2.12)$$

Dividiendo esta cantidad de energía por la carga unitaria del electrón (1.602176462E-19 C), efectivamente obtenemos en electronvoltios la cantidad exacta de energía obtenida por la adición de las cantidades de energía obtenidas por las Ecuaciones (2.2) y (2.6), sea 27.2 eV, aquel que confirma la validez de la Ecuación (2.2) recientemente derivada por Marmet además de confirmar el hecho de que esta cantidad total de energía inducida por la fuerza de Coulomb para toda velocidad relativista de una partícula cargada puede ser totalmente proporcionada por una ecuación que emerge del electromagnetismo, sea la Ecuación (2.12) de Coulomb, lo que permite ahora reunir ΔK et Δm_m obtenidos por las Ecuaciones (2.2) y (2.11) como que forman parte de un cuanto único de energía ahora directamente asociado con el electromagnetismo, ya que simultáneamente son inducidos por la fuerza de Coulomb. Por ejemplo, la energía portadora del electrón a la distancia a_o=5.291772083E-11 m del protón puede formularse como:

Energía portadora de una partícula cargada = $\Delta K + \Delta m_m c^2$=4.359743805E-18

$$j \qquad (2.13)$$

2.4. El problema de la energía del momento considerado conservativo

Un examen de la Ecuación (2.13) revela ahora una desconexión importante entre el concepto del *momento* de la mecánica clásica/relativista tradicional, quién puede ser asociado sólo con la mitad ΔK de la energía inducida adiabáticamente por la fuerza de Coulomb, y que es sensata, según la perspectiva tradicional, reducirse a nada cuando que un cuerpo no está en movimiento, aunque permanece adiabáticamente inducida, según la perspectiva electromagnética, cuando el electrón es cautivo en el orbital fundamental del átomo de hidrógeno, en el cual ahora es bien comprendido que no se desplace sobre la órbita teórica de Bohr, tal como claramente puesto en perspectiva en la Referencia ([43], [8] Capítulo 2).

¡Aún más! No existe ningún rastro ni en la mecánica clásica/relativista tradicional, ni en la Mecánica Cuántica tradicional, del segundo componente de la Ecuación (2.13), sea $\Delta m_m c^2$, que es inducido adiabáticamente por la fuerza de Coulomb simultáneamente con el componente ΔK.

En la mecánica clásica/relativista, el momento es considerado con toda evidencia como que es el principio más fundamental, concepto que fue transpuesto en física cuántica tradicional en forma del hamiltoniano y del lagrangiano. Pero en electromagnetismo, la energía que sostiene el momento es todavía más fundamental que el momento, dado que permanece adiabáticamente presente por definición incluso si este momento es inhibido, es decir, incluso si una partícula cargada eléctricamente, tal el electrón, es parada en su movimiento cuando capturado en estado de equilibrio electromagnético axial en uno de los orbitales de mínima acción en un átomo ([43], [8] Capítulo 2).

Esta desconexión fundamental entre el electromagnetismo por una parte, y la mecánica clásica/relativista tradicional y la Mecánica Cuántica tradicional por otra parte, es tanto más difícil de superar conceptualmente que el valor de ΔK tal como calculada con la Ecuación (2.11) únicamente depende del parámetro *velocidad*, lo que significa que si esta velocidad se reduce a nada, entonces ningún momento, pues ninguna energía cinética de movimiento, es sensata conceptualmente existir según las perspectivas no electromagnéticas tradicionales, lo que está en contradicción flagrante con el hecho de que según la Ecuación (2.13) emergente del electromagnetismo, esta energía es inducida adiabáticamente únicamente con arreglo a la distancia axial que separa las partículas cargadas eléctricamente por la fuerza de Coulomb, que prohíbe por su naturaleza misma que cualquier otra nivel de energía pueda ser inducido a esta distancia entre dos cargas, lo que significa que no puede sino permanecer inducida aunque la velocidad de la partícula es inhibida, tal como demostrado a la Referencia ([43], [8] Capítulo 2). Véase la Sección 3.23.

Incluso según la perspectiva de la Mecánica Cuántica, la función de onda da cuenta de la presencia física completa de esta energía de 13.6 eV de momento ΔK vía el hamiltoniano, aunque está establecido experimentalmente que el electrón es incapaz de progresar hacia el núcleo a cualquier velocidad que sea a pesar de la imposibilidad por estructura de que esta energía de momento seria orientada vectorialmente de ningún otro modo que en la dirección del protón.

Esta observación pone en evidencia pues la posibilidad para que la energía cinética asociada con el momento pueda existir como una *sustancia material*, no importa que su velocidad traslacional sea expresada o no, tal como analizada detalladamente a las Referencias ([15], [8] Capítulo 6) ([43], [8] Capítulo 2) ([36], Ver también Sección 3.17), y es en el corazón de un nuevo paradigma que permite ahora explicar mecánicamente toda una serie de procesos electromagnéticos que no encuentran ninguna explicación a partir de los principios conservativos tradicionales ([36], Ver también el Capítulo 3) ([34], [8] Capítulo 19).

Ahora habiendo establecido esta relación, el análisis que sigue estrictamente será conducido a partir del punto de vista del electromagnetismo.

2.5. Separación de la energía del incremento variable de campo magnético y de la del campo magnético invariante de la masa en reposo del electrón

Esta nueva perspectiva permite ahora separar claramente la energía portadora del electrón de la de su masa en reposo y calcular por separado sus frecuencias y longitudes de onda por medio de las ecuaciones estándares $E=h\nu$ et $c=\lambda\nu$. Obtenemos así las frecuencias y las longitudes de onda electromagnéticas siguientes para la energía portadora de referencia de 4.359743805E-18 julios del electrón para la órbita teórica de Bohr, que corresponde por otra parte a la energía portadora promedia del orbital fundamental del electrón en el átomo de hidrógeno:

$$\nu = \frac{E}{h} = 6.579683909\text{E}15\,\text{Hz} \qquad \lambda = \frac{c}{\nu} = 4.556335261\text{E}-08\,\text{m} \qquad (2.14)$$

Similarmente, obtenemos la frecuencia y la longitud de onda electromagnética de la energía de $E=m_oc^2=8.18710414\text{E-14}$ julios que constituye la masa en reposo invariante del electrón, la cual longitud de onda es también conocida bajo el nombre de longitud de onda de Compton del electrón:

$$v = \frac{E}{h} = 1.23558997\ 6\text{E}20\ \text{Hz} \qquad \lambda_C = \frac{c}{v} = 2.426310215\ \text{E}-12\ \text{m} \qquad (2.15)$$

Observamos pues que ya que la energía asociada con el electrón en movimiento implica la presencia no de una única oscilación electromagnética armónica, como la función de onda de Schrödinger parece actualmente presumirlo, pero dos oscilaciones armónicas distintas, cuyas interacciones de resonancia todavía no han sido definidas claramente.

Estos valores serán muy útiles más lejos cuando el fenómeno de zitterbewegung del electrón en movimiento será analizado en la Sección 2.18, así como el batimiento de resonancia compleja en la Sección 2.20, que implicará la interacción de estas dos oscilaciones armónicas además de las de los componentes electromagnéticos elementales del protón cuando es cautivo en el orbital fundamental del átomo de hidrógeno.

Observemos pasando que aunque el concepto de *longitud de onda* sea algunas veces presumido representar una *longitud* física que debe ser asociada con los fotones localizados o hasta con la onda continua hipotética de la teoría de Maxwell, tal longitud de onda puede ser en realidad sólo una *distancia* física que el medio-cuanto de energía electromagnética, que oscila transversalmente, de tal fotón u onda electromagnética teórica debe recorrer en el espacio para que uno de los ciclos de inducción mutua de sus aspectos eléctricos y magnéticos transversales sea completado de su frecuencia de referencia.

Hablando del concepto de la onda electromagnética continua de Maxwell, los experimentos de Huygens, Fresnel y Young que demuestran que cuando una frente de ondas electromagnéticas macroscópica encuentra una superficie en la cual una pequeña apertura es practicada, por muy pequeño que sea de nuestro punto de vista macroscópico, esta pequeña apertura da lugar al establecimiento de una onda electromagnética secundaria esférica, que es a menudo traído como *la prueba* de la existencia física de las ondas electromagnéticas continuas como Maxwell les concebía.

Es acostumbrado en la comunidad de pensar a un *frente de onda electromagnética*, pero en realidad, existe un flujo ininterrumpido de energía electromagnética por todas partes en el espacio, que sea considerado como siendo un fenómeno ondulatorio continuo o como constituido por una muchedumbre de fotones electromagnéticos separados innumerables al comportamiento puntual que constantemente son emitidos individualmente por desexcitación de electrones en los átomos, después de que estos electrones hubieran sido excitados hasta evadirse de los átomos o hubieran sido simplemente rechazados hasta un orbital metaestable más lejos del núcleo.

En realidad, este comportamiento de la energía electromagnética tal como medible a nuestro nivel macroscópico no demuestran ninguna desconexión con la idea que esta frente de onda electromagnética macroscópica podría estar constituida en realidad por fotones electromagnéticos innumerables al comportamiento puntual que interactuarían, pasando por las pequeñas aperturas, con otras partículas electromagnéticas elementales innumerables al comportamiento puntual cautivas en estados diversos de equilibrio de mínima acción en los átomos que constituirían las paredes de estas aperturas macroscópicas, y cuyas trayectorias serían en consecuencia encorvadas para producir lo que nos parece ser, de nuestra perspectiva macroscópica, *ondas secundarias esféricas* observadas a su salida de la apertura.

Existe absolutamente ninguna razón lógica tampoco de excluir la posibilidad de que los fotones individuales emitidos por electrones, cuando se desexcitan en átomos por todas partes en el universo, puedan continuar comportándose de manera puntual después de sus emisiones hasta que subsiguientemente sean absorbidos por otras partículas cargadas, iniciando de nuevo por lo tanto el proceso de emisión, después de que sus trayectorias hubieran podido ser derivadas por numerosas veces, cada vez perdiendo un poco de energía en forma de trabajo de acuerdo con el 2º Principio de la termodinámica con cada cambio de dirección resultante, antes de ser absorbidos por otras partículas cargadas en lugares diferentes, tal como analizado en la Referencia ([15], [8] Capítulo 6).

Qué sea concluido que la energía electromagnética realmente existe en forma de un fenómeno ondulatorio continúo tal como percibido de nuestro nivel macroscópico o en forma de fotones localizados que existen al nivel submicroscópico depende de la manera con la cual una persona habrá estudiado a propósito de la energía electromagnética. Ambas escuelas de pensamiento siempre han atraído muy respetable adeptos. El hecho es que aunque tratar la energía electromagnética como siendo cuantos localizados está conforme con los resultados de los experimentos efectuados al nivel submicroscópico, sucede que de tratarla como un fenómeno ondulatorio continuo permanece conforme con los resultados de los experimentos efectuados a nuestro nivel macroscópico.

Parece sin embargo que la conclusión según la cual esta energía existiría más bien en forma de fotones localizados, tal como lo concluían Planck, Einstein, de Broglie y Schrödinger, entre otras, permite explicaciones mecánicas más claras de los diversos proceso al nivel submicroscópico.

2.6. Particularidades del cálculo de la energía por medio de la ecuación de Coulomb

Aunque la Ecuación (2.12) calcula la energía portadora del electrón inducida a la distancia promedia entre el orbital fundamental del átomo de hidrógeno y el protón central acumulando matemáticamente esta energía a partir del *infinito* hasta esta distancia específica de $r=0$, puede ser observado que esta cantidad de energía puede sistemáticamente sólo ser igual a la que es adiabatiquement inducida por la fuerza de Coulomb con arreglo a la distancia que separa ambas cargas eléctricas, distancia que es igual por estructura a la distancia que separa el punto d del punto ninguno en la función de integración (**Figura 2.1**).

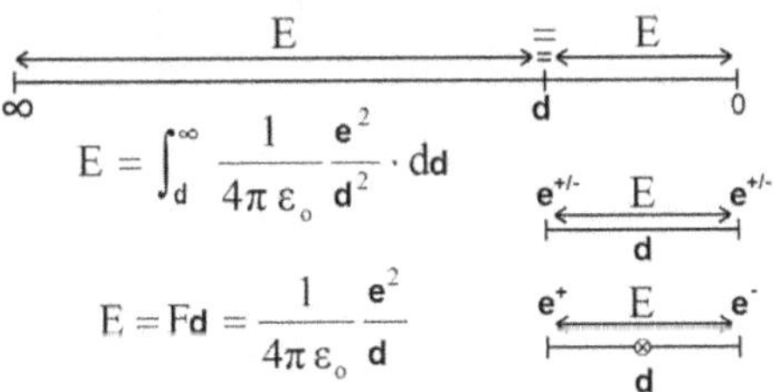

Figura 2.1: Igualdad de energía entre integración desde el infinito hasta la distancia d y entre d y cero.

Puede ser observado también que el punto ninguno de la función de integración puede ser relocalizado en el promedio de la distancia que separa ambas cargas tratadas por la ecuación de Coulomb sin afectar de ninguna manera el cálculo de energía, un punto central $\otimes$ que será puesto más lejos en correlación con el punto central de junción de una nueva geometría más extendida del espacio.

El método utilizado por Marmet para derivar la Ecuación (2.9) desde la ecuación de Biot-Savart permite luego derivar una nueva forma más general de la ecuación de Coulomb equivalente a la ecuación tradicional $E=h\nu$, que permite calcular la energía de todo cuanto de energía electromagnética sin ninguna necesidad de utilizar la constante de Planck, y que permite también de definir sus campos intrínsecos E y B estrictamente por medio de un conjunto de constantes electromagnéticas conocidas.

Aislando el valor de m_o en la Ecuación (2.9) establecida por Marmet, y utilizando la ecuación familiar $\mu_0 \varepsilon_0 c^2 = 1$ sacada por derivadas segundas parciales de las ecuaciones de Maxwell ([14], [8] Capítulo 13), quiénes ya en los años 1860 le permitieron calcular la velocidad invariante de la luz a partir de ambas constantes fundamental del vacío ε_o y μ_o, podemos ahora introducir la constante de permitividad electrostática del vacío ε_o, para asociar la Ecuación (2.9) con la ecuación de Coulomb. Aislando μ_o en esta ecuación establecida por Maxwell de la manera siguiente $\mu_0 = 1/\varepsilon_0 c^2$ permite reemplazarla por su definición electromagnética equivalente ([30], [8] Capítulo 4):

$$m_0 = \frac{\mu_0\, e^2}{4\pi\, r_e} = \frac{e^2}{4\pi\varepsilon_0\, r_0 c^2} \tag{2.16}$$

Multiplicando luego ambos lados de la Ecuación (2.16) por c^2 convertirá la ecuación de una forma que calculará la masa en una forma que calculará la energía contenida en la masa; en este caso individuo, la cantidad de energía cuya la masa en reposo invariante del electrón está constituida:

$$E = m_0 c^2 = \frac{e^2}{4\pi\varepsilon_0\, r_0} = 8.18710414 \ \ E-14 \ \text{j} \tag{2.17}$$

Presumiendo que e^2 puede representar cualquier par de cargas en una ecuación tan general, reemplacemos *el radio clásico del electrón* r_o utilizado por Marmet por el radio clásico de la órbita teórica de Bohr a_o para permanecer coherente con el átomo de hidrógeno tomado como ejemplo. Considerando que la fuerza de Coulomb entre dos tales cargas debe implicar la distancia entre estas cargas, dividamos además ambos lados de la ecuación por a_o para obtener finalmente la ecuación que permite calcular la fuerza de Coulomb, y de identificar en la ecuación resultante la constante electrostática establecida desde hace mucho tiempo cuyo valor exacto es 8.987551733E-9 Nm²/c², también conocida bajo el nombre de Constante de Coulomb:

$$F = \frac{E}{r_0} = \frac{e^2}{4\pi\varepsilon_0\, r_0^2} \quad \text{donde} \quad \frac{1}{4\pi\varepsilon_0} = k_e \ (\text{Constante de Coulomb}) \tag{2.18}$$

Como confirmación final de validez, calculemos la fuerza bien conocida de Coulomb que se aplica a la órbita teórica de Bohr, utilizando el radio de Bohr a_o=5.291772083E-11 m:

$$F = \frac{e^2}{4\pi\varepsilon_0\, a_0^{\,2}} = 8.238721807\text{E}-08\,\text{N} \qquad (2.19)$$

Regresando ahora a la Ecuación (2.17), que permite calcular la energía que constituye la masa en reposo del electrón, observamos que el único parámetro *posiblemente variable* que determina la cantidad de energía del cuanto que constituye esta masa es r_o, que es considerado ser una constante fundamental conocida bajo el nombre de *radio clásico del electrón* y qué Marmet utilizó para derivar la Ecuación (2.9).

Es bien comprendido en la comunidad de la física que a pesar de su nombre, esta constante no puede ser un *radio* real del electrón, dado que ahora está bien establecido experimentalmente que el electrón se comporta de manera *puntual* durante todos los experimentos de colisiones entre dos electrones. Un *comportamiento puntual* significa aquí que durante todos estos experimentos de colisiones, por muy enérgicos que puedan haber sido, ningún límite infranqueable jamás ha sido detectado a una distancia cualquiera del centro de los electrones, no importa la proximidad de sus centros mutuos a la cual los electrones se acercaron.

Pues, a pesar de este nombre desgraciadamente engañoso, r_o permanece sin embargo útil para definir una *longitud*, o *distancia*, todavía no completamente comprendida, pero asociada con las interacciones electromagnéticas que implican los electrones al nivel submicroscópico.

Pero podríamos tener bien ahora *indicios* para identificar lo que esta *longitud* o *distancia* podría ser, comenzando con la observación que utilizándolo en la Ecuación (2.12) en lugar del radio clásico de Bohr a_o, obtenemos la energía misma del cuanto de energía del que la masa en reposo del electrón es hecho, y que acabamos exactamente de calcular con la Ecuación (2.17), como si r_o era una *distancia* que realmente existiría entre un par de *cargas posibles*, que tardarían en identificar, y que serían implicadas en una estructura electromagnética oscilante interna que queda a establecer para el electrón, a pesar del hecho de que la carga "eléctrica" del electrón es conocida por estar única y estar ajustada al valor fijo de 1.602176462E-19 C. Posiblemente un tipo de *carga* al comportamiento puntual de naturaleza *no eléctrica* sin embargo sujeto a la fuerza de Coulomb, a pesar de la extrañeza de la idea.

Veremos más lejos que tal estructura interna efectivamente ha sido establecida, implicando un movimiento de oscilación armónico de la energía magnética del electrón que se convierte cíclicamente en dos tales *cargas no eléctricas* con vuelta cíclica al estado de energía magnética. Véase la Ecuación (2.53) más lejos.

Un indicio suplementario está conectada a la relación entre r_o y λ_c, sea la longitud de onda de Compton del electrón, que acabamos de calcular con la Ecuación (2.15). Este indicio está constituido por la relación que existe entre estas dos constantes de una parte, y la constante de estructura fina α, descrita por primera vez a la Referencia ([53], [8] Capítulo 6) en relación con la constante elástica de la ley de Hooke aplicada sobre la oscilación LC transversal de la energía magnética de la masa en reposo del electrón, y que constituye la mitad de esta masa invariante, como determinado por Marmet con la Ecuación (2.9).

Tal como determinado por cálculo a la Referencia ([30], [8] Capítulo 4), la amplitud transversal máxima de separación de estas *cargas* durante su oscilación LC sería exactamente igual a $r_o=\alpha\lambda_c/2\pi$, lo que constituiría la distancia máxima que estas *cargas no eléctricas* alcanzarían en el espacio en el curso de sus oscilación entre este estado de doble componentes y un estado de componente único que constituiría la mitad magnética de la energía de la masa en reposo invariante del electrón. Esta conclusión fue confirmada más tarde cuando las *cargas neutrinicas* en oscilación del electrón fueron identificadas a la Referencia ([33], [8] Capítulo 12). Este caso será discutido más lejos.

Esta relación entre r_o, λ_c et α condujo a considerar la posibilidad de que el mismo método de cálculo podría ser aplicado para calcular la energía de cualquier cuanto electromagnético, y comprobaciones subsecuentes confirmaron la posibilidad. Por lo tanto, resulta que $r=\alpha\lambda/2\pi$ coincide con la distancia máxima que dos cargas – sea eléctricos o neutrinicos – pueden alcanzar transversalmente durante la oscilación LC auto-mantenida de toda cuanto de energía electromagnética durante la oscilación alternativa que causa la inducción cíclica del campo magnético de la partícula mientras que se acercan una de la otra, y sus regresión cuando se alejan una de la otra ([53], [8] Capítulo 6) ([33], [8] Capítulo 12) ([31], [8] Capítulo 11) ([32], [8] Capítulo 14) como lo veremos más lejos.

Esto significa de hecho que r_o y a_o realmente no son constantes fundamentales, sino solamente casos particulares de la gama completa de las amplitudes transversales posibles de energía electromagnética coincidiendo con dos estados estables cuantificados de acción estacionaria de la energía electromagnética, sea la masa en reposo invariante del electrón, y el estado de equilibrio electromagnético de acción estacionaria del electrón en el átomo de hidrógeno, y que pueden sistemáticamente ser reemplazadas por la expresión variable más general $\alpha\lambda/2\pi$, λ siendo la longitud de onda longitudinal electromagnética tradicional asociada con el cuanto electromagnético considerado.

Es lo que permitió definir la ecuación general siguiente a la Referencia ([30], [8] Capítulo 4) adaptando la Ecuación (2.19) de Coulomb de la manera siguiente (ver también la **Figura 2.1**):

$$E = \int_{a_0}^{\infty} \frac{1}{4\pi\,\varepsilon_o} \frac{e^2}{(\alpha\lambda/2\pi)^2} \cdot dr = 0 - \frac{1}{4\pi\,\varepsilon_o} \frac{e^2\,2\pi}{\alpha\lambda} = \frac{e^2}{2\,\varepsilon_o\alpha\lambda} \tag{2.20}$$

que está una ecuación electromagnética equivalente a $E=hv$, pero que no exige el uso de la constante de Planck para calcular los niveles de energía electromagnética, y cuya derivación completa y justificación están establecidas en la Referencia ([30], [8] Capítulo 4):

$$E = hv = \frac{e^2}{2\,\varepsilon_o\alpha\lambda} \tag{2.21}$$

Una ventaja sorprendente del establecimiento de esta forma de la ecuación de Coulomb es que finalmente permite unificar todas las ecuaciones clásicas de fuerza, permitiendo de reversiblemente derivar la ecuación fundamental $F=ma$ de cada una de ellas ([44], [8] Capítulo 7), además de observar que la ecuación de Coulomb forma parte integrante de la ecuación de Biot-Savart, ya que es derivada la derivación de Marmet a partir de la ecuación de Biot-Savart. Véase también las Subsecciones 1.7.1 a 1.7.3.

2.7. Cálculo separado de los campos E y B del electrón y de los de su energía portadora

El desarrollo de la Ecuación (2.21) permitió luego de definir por separado a la Referencia ([30], [8] Capítulo 4) las ecuaciones de campos E y B que representan la totalidad de la energía cuya masa en reposo invariante del electrón está constituida:

$$\mathbf{B} = \frac{\mu_0\pi ec}{\alpha^3\lambda_C^{\,2}} = 8.289000222\text{E}13\,\text{T} \quad \text{y} \quad \mathbf{E} = \frac{\pi e}{\varepsilon_0\alpha^3\lambda_C^{\,2}} = 2.48497975\ 1\text{E}22\ \text{N/C} \tag{2.22}$$

y con la misma ecuación, utilizando la longitud de onda de su energía portadora, de calcular los campos E y B de esta energía portadora. Para permanecer consistente con el ejemplo del orbital fundamental del electrón en el átomo de hidrógeno, he aquí los valores de estos campos E y B calculados con la longitud de onda de la energía portadora obtenida a la Ecuación (2.14):

$$\mathbf{B} = \frac{\mu_0 \pi e c}{\alpha^3 \lambda^2} = 235051.7341\,\mathrm{T} \quad \text{y} \quad \mathbf{E} = \frac{\pi e}{\varepsilon_0 \alpha^3 \lambda^2} = 7.046673712\mathrm{E}13\,\mathrm{N/C} \tag{2.23}$$

La Referencia ([30], [8] Capítulo 4) demuestra cómo los campos magnéticos y eléctricos de las Ecuaciones (2.22) y (2.23) pueden ser sumados para establecer los campos E y B combinados por el electrón en movimiento. Para permanecer consistente con los parámetros del átomo de hidrógeno, las longitudes de onda obtenidas con las Ecuaciones (2.14) y (2.15) son utilizadas para calcular los campos correspondientes:

$$\mathbf{B} = \frac{\pi \mu_0 e c}{\alpha^3} \frac{\left(\lambda^2 + \lambda_c^2\right)}{\lambda^2 \lambda_c^2} = 8.289000246\,\mathrm{E}13\ \mathrm{T} \tag{2.24}$$

$$\mathbf{E} = \frac{\pi e}{\varepsilon_0 \alpha^3} \frac{\left(\lambda^2 + \lambda_c^2\right)\sqrt{\lambda_c(4\lambda + \lambda_c)}}{\lambda^2 \lambda_c^2 \ (2\lambda + \lambda_c)} = 1.813341121\mathrm{E}13\ \mathrm{N/C} \tag{2.25}$$

Puede ahora ser confirmado que las Ecuaciones (2.24) y (2.25) son válidas utilizándolas para calcular la velocidad relativista bien conocida por el electrón cuando se desplaza con la energía de referencia de 4.359743805E-18 j del orbital fundamental del átomo de hidrógeno (27.2 eV):

$$v = \frac{\mathbf{E}}{\mathbf{B}} = \frac{1.81334112\ 1\mathrm{E}13}{8.28900024\ 6\mathrm{E}13} 10^{-7} = 2{,}187{,}647.566\ \mathrm{m/s} \tag{2.26}$$

La razón para la cual el resultado debe ser multiplicado por 10^{-7} es que este factor, el cual forma parte de las definiciones de ε_o y μ_o para que estas constantes queden en armonía con el sistema CGS cuando el sistema de unidad MKS fue adoptado ([14], [8] Capítulo 13), y el cual forma parte de los parámetros necesarios para calcular los campos E y B del electrón en movimiento con las Ecuaciones (2.24) y (2.25), se hace poner al cuadrado en el denominador de la fracción E/B de la Ecuación (2.26), que es un problema que no se vuelve evidente a menos de que el cálculo sea efectivamente completado, como en nuestro ejemplo. Este problema no deseado simplemente es rodeado multiplicando la ecuación por 10^{-7} durante su resolución. Ver Referencia ([14], [8] Chapter 13), para una explicación de la razón para la cual este factor no debe ser puesto al cuadrado.

Podemos pues observar que el incremento de masa magnética proporcionado por la ecuación de Marmet ([29], Ecuación M-17) reproducida con la Ecuación (2.2) puede ser puesta en correlación con el campo B proporcionado por la Ecuación (2.23) a partir de la longitud de onda electromagnética de

4.556335256 E-8 m de la cantidad correspondiente de energía (4.359743805 E-18 j), enmendando así la Ecuación (2.10) para obtener el incremento de masa utilizando la velocidad relativista calculada con la ayuda de los campos **E** y **B** de la Ecuación (2.26).

Dado que la Ecuación (2.26) proporciona la misma velocidad relativista que Marmet establece a partir del factor gamma [29] con las Ecuaciones (2.4) y (2.5), y que utilizó para establecer la Ecuación (2.2), el término de velocidad de la ecuación de Marmet puede ser reemplazado por la relación *E/B* que define esta velocidad en la Ecuación (2.26):

$$\Delta m_m = \frac{\mu_0 \left(e^-\right)^2}{8\pi r_e}\frac{v^2}{c^2} = \frac{\mu_0 \left(e^-\right)^2}{8\pi r_e}\frac{(\mathbf{E}/\mathbf{B})^2}{c^2} = 2.42533772\ 6\mathrm{E}-35\ \mathrm{kg} \tag{2.27}$$

permitiendo así por primera vez el cálculo de una *masa clásica* estrictamente a partir de parámetros electromagnéticos, sin ninguna necesidad de involucrar un parámetro de velocidad variable..

La densidad de la energía magnética implicada puede ahora estar establecida a partir de la energía del campo *B* compuesto calculado con la Ecuación (2.24):

$$u_B = \frac{\mathbf{B}^2}{2\mu_0} = \frac{1}{2\mu_0}\left(\frac{\pi\mu_0 ec}{\alpha^3\lambda^2\lambda_C^{\ 2}}\right)^2\left(\lambda^2+\lambda_C^{\ 2}\right)^2 = 2.733785559\mathrm{E}33\,\mathrm{j/m^3} \tag{2.28}$$

Por comparación, he aquí la densidad del campo magnético de la masa en reposo invariante aislada del electrón, utilizando su campo magnético invariante calculado con la Ecuación (2.22):

$$u_B = \frac{\mathbf{B}^2}{2\mu_0} = \frac{1}{2\mu_0}\left(\frac{\mu_0\pi ec}{\alpha^3\lambda_C^{\ 2}}\right)^2 = 2.733785544\,\mathrm{E}33\,\mathrm{j/m^3} \tag{2.29}$$

y la de la energía portadora del electrón en el orbital fundamental del átomo de hidrógeno calculado con la Ecuación (2.23) está:

$$u_B = \frac{\mathbf{B}^2}{2\mu_0} = \frac{1}{2\mu_0}\left(\frac{\mu_0\pi ec}{\alpha^3\lambda^2}\right)^2 = 2.198300502\,\mathrm{E}16\,\mathrm{j/m^3} \tag{2.30}$$

La ecuación que define el volumen dentro del cual densidades tan elevadas de energía tienen sentido es derivada en la Referencia ([30], [8] Capítulo 4) y también es mostrada más lejos a la Ecuación (2.50).

2.8. La estructura electromagnética interna de la energía portadora del electrón

Está establecido desde hace tiempo que el electrón está una partícula electromagnética. Sin embargo, la naturaleza de su energía portadora asociada con su momento, no había sido clarificada hasta que Marmet derive la Ecuación (2.2) a partir de la ecuación de Biot-Savart, conduciendo a la Ecuación (2.13), que revela que esta energía portadora es hecha de dos partes, sea una mitad que sostiene el momento ΔK de la partícula, y la otra mitad identificada por Marmet como una energía magnética que añade un incremento de masa relativista Δm_m a la masa invariante en reposo de la partícula en movimiento.

Ya que ha sido probado de manera sistemática en el curso del siglo pasado que la carga eléctrica del electrón permanece invariante, no importa su velocidad, puede ser esperado que su campo eléctrico E intrínseco establecido con la segunda Ecuación (2.22) permanece también invariante, y para quedar de acuerdo con las ecuaciones de Maxwell, su campo magnético B intrínseco establecido con la primera Ecuación (2.22) debe también ser invariante.

Tal como puesto en perspectiva con la Ecuación (2.13), ya que el incremento de masa magnética Δm_m identificado por Marmet aumenta en la misma proporción que la energía ΔK del momento del electrón, y que ambos cuantidades de energía no pueden formar parte del cuanto de energía que constituye la masa en reposo invariante del electrón, esto nos da el primer indicio concluyente de que esta energía portadora es también electromagnética de naturaleza, ya que su campo magnético no puede ser disociado del electromagnetismo y consecuentemente de las ecuaciones de Maxwell tampoco.

Esta cantidad total de energía representada por la Ecuación (2.13) puede pues ser representada lógicamente también por la ecuación relacional siguiente:

$$E_{\left(\substack{\text{Energia portadora} \\ \text{total del electrón}}\right)} = E_{\left(\substack{\text{Energia del} \\ \text{moméntum}}\right)} + E_{\left(\substack{\text{Energia del incremento} \\ \text{magnético de masa}}\right)} \qquad (2.31)$$

Pero para permanecer consistente con el electromagnetismo, parece imposible que el medio-cuanto de energía magnética no sea implicada en un proceso cíclico de oscilación electromagnético entre este estado magnético y un estado *eléctrico* que tarda en identificar, y que podría potencialmente ser representado por una oscilación recíproca cíclica entre estos dos estados, conforme al fundamento mismo de la teoría de Maxwell, al efecto que para que la energía electromagnética hasta pueda existir, estos dos aspectos deben inducirse mutuamente [17]:

$$E_{\left(\substack{Energia\ pertadora\\ total}\right)} = E_{\left(\substack{Energie\ del\\ moméntum}\right)} + \left[E_{\left(\substack{Estado\\ eléctrico}\right)} \cos^2(\omega t) + E_{\left(\substack{Estado\\ magnético}\right)} \sin^2(\omega t) \right] \qquad (2.32)$$

Es en este punto que un salto enorme *fuera de la caja* debe ser hecho, como se dice, porque ya que este incremento de masa magnética recientemente identificado por Marmet realmente ha sido probado existir por interacción transversal con electrones que se desplazan a velocidades relativistas en experimentos efectuados por Walter Kaufmann al principio del siglo 20 [36], esto significa que la energía que constituye esta *incremento de masa* sólo puede existir físicamente exactamente como la energía que constituye la masa invariante en reposo del electrón. Y finalmente también debe ser lo mismo con la energía que sostiene su momento, a pesar de la conclusión establecida hace siglos de que existe solamente mientras que su velocidad puede expresarse.

Esta conclusión conduce a convertir la Ecuación (2.32) relacional en la forma electromagnética siguiente, representando esta oscilación electromagnética en forma de una oscilación LC armónica simple *transversal* – conforme al hecho de que en electromagnetismo, los campos *E* y *B* deben ser perpendiculares a la dirección de movimiento – entre un estado eléctrico y un estado magnético del medio-cuanto de energía que constituye el incremento de masa magnética identificado por Marmet:

$$E_{\left(\substack{Energia\ portadora\\ total}\right)} = \frac{hc}{2\lambda} + \left[\frac{e^2}{2C_\lambda} \cos^2(\omega t) + \frac{L_\lambda\, i_\lambda^{\,2}}{2} \sin^2(\omega t) \right] \qquad (2.33)$$

donde

$$E_{E(\max)} = \frac{e^2}{2C} \qquad y \qquad E_{B(\max)} = \frac{L\, i^2}{2} \qquad (2.34)$$

Las definiciones de los subcomponentes C, L e i son proporcionadas más lejos con las Ecuaciones (2.45) y (2.47).

La Ecuación (2.33) en esta forma pasajera puede dar la impresión de que la energía electromagnética del medio-cuanto Δm_m oscila *longitudinalmente*, para decirlo así, desplazándose en la misma dirección vectorial que la energía $\Delta K = hc/2\lambda$ de su momento, pero veremos más lejos que puede oscilar sólo transversalmente conforme a las ecuaciones de Maxwell, cuando la infraestructura vectorial será establecida con la Ecuación (2.48).

Veremos más lejos también que la oscilación de la energía magnética de este incremento de masa magnética entre un estado de presencia máxima y de cero presencia con arreglo a su frecuencia electromagnética es el factor clave para comprender los estados diversos de resonancia del electrón, sea su movimiento de zitterbewegung de una parte, y su estado de resonancia axial cuando cautivo en estado de equilibrio electromagnético de mínima acción en los orbitales atómicos autorizados. Véanse las Secciones 2.18 y 2.20.

De hecho, puede estar establecido como lo veremos más lejos, que incluso la energía magnética de la masa en reposo invariante del electrón puede sólo estar implicado por separado en un proceso de oscilación armónica simple entre un estado de presencia máxima y un estado de cero presencia en el espacio ([31], [8] Capítulo 11), y que el mismo proceso de oscilación caracteriza la energía magnética de ambos tipos de componentes elementales que constituyen todos los nucleones y de sus energías portadoras respectivas, sea los quarks abajo y arriba ([32], [8] Capítulo 14).

2.9. Correlación entre la mecánica clásica y la mecánica relativista vía el electromagnetismo

La primera ventaja de representar la energía portadora del electrón con la Ecuación LC (2.33), es la facilidad con la cual permite visualizar su mitad oscilando electromagnéticamente como que oscila perpendicularmente a la dirección de movimiento de la energía que sostiene su momento traslacional ($\Delta K = hc/2\lambda$), que corresponde claramente como ya mencionado a la relación perpendicular bien conocida entre los campos E y B de la teoría de Maxwell relativamente a la dirección de movimiento de todo punto de la frente de onda de su onda electromagnética continua teórica en expansión esférica a partir de su punto de emisión.

A su vez, esta separación clara entre la energía orientada unidireccionalmente del momento y la energía que oscila transversalmente del cuanto de energía portadora permitió la actualización completa hacia una forma electromagnética completamente relativista de la ecuación cinética $K = mv^2/2$ no relativista de Newton ([42], [8] Capítulo 5):

$$\frac{v^2}{c^2} = \frac{4\lambda\lambda_C + \lambda_C{}^2}{(2\lambda + \lambda_C)^2} \tag{2.35}$$

Un resultado inesperado del establecimiento de la Ecuación (2.35) fue que utilizando la longitud de onda de la energía portadora inducida a la distancia promedia del orbital fundamental del átomo de hidrógeno (4.556335261E-08 m), es que directamente proporciona la constante de estructura fina α ([60], [8] Capítulo 8):

$$\alpha = \frac{v}{c} = \frac{\sqrt{\lambda_C(4\lambda + \lambda_C)}}{(2\lambda + \lambda_C)} = 7.29735253\text{E}-03 \tag{2.36}$$

Más sorprendente todavía, dividiendo la Ecuación (2.36) por 2π, el factor g del electrón asociado con la constante de estructura fina α descubierto por Julian Schwinger en 1948 es obtenido ([60], [8] Capítulo 8) [70]:

$$\begin{pmatrix} \text{Deriva} \\ \text{del momento magnético} \\ \text{del electrón} \end{pmatrix} = \frac{\sqrt{\lambda_C(4\lambda + \lambda_C)}}{2\pi(2\lambda + \lambda_C)} = \frac{\delta\mu}{\mu_B} = \frac{\alpha}{2} = 1.1613865335\text{E}-3 \tag{2.37}$$

El hecho de que la Ecuación (2.35) es relativista por estructura, permite también derivar las 4 ecuaciones relativistas estándares, la primera de las cuales es la ecuación que permite calcular la energía del momento relativisto, ahora enmendada para tener en cuenta la presencia del incremento de masa Δm_m que forma parte de la energía portadora de las partículas elementales ([42], [8] Capítulo 5):

$$K = 2m_0 c^2 (\gamma - 1) \tag{2.38}$$

Por primera vez también, aparentemente, el factor gamma de Lorentz fue derivado directamente a partir de una ecuación electromagnética en la Referencia ([42], [8] Capítulo 5), sea de la Ecuación (2.35), en lugar de desde consideraciones estrictamente geométricas y trigonométricas como siempre antes desde que Voldemar Voigt concibió la idea en 1887 ([36], Ver también la Sección 3.4) ([42], [8] Capítulo 5) ([60], [8] Capítulo 8) [71] [72]:

$$\gamma = \frac{1}{\sqrt{1 - v^2/c^2}} \tag{2.39}$$

La tercera ecuación relativista derivada fue por supuesto la ecuación que daba la masa relativista de una partícula elemental en movimiento ([42], [8] Capítulo 5):

$$E = \gamma mc^2 \quad \text{donde} \quad \gamma m = m_o + \Delta m_m \tag{2.40}$$

Y finalmente, la ecuación relativista para la relación energía-momento (Apéndice A):

$$E^2 = (pc)^2 + (mc^2)^2 \qquad (2.41)$$

Lo que demuestra de manera concluyente que las ecuaciones relativistas clásicas y las ecuaciones electromagnéticas pueden reversiblemente ser derivadas las unas de otras.

Además de la Ecuación (2.35) utilizando las longitudes de onda definidas a las Ecuaciones (2.14) y (2.15) a partir de la cual todas las ecuaciones relativistas clásicas pueden ser derivadas, una segunda ecuación electromagnética todavía más fundamental fue derivada a partir de la actualización plenamente electromagnética de la ecuación cinética de Newton ([42], [8] Capítulo 5). Se trata de la ecuación que directamente utiliza las *cantidades de energía* constituyendo por separado la masa en reposo invariante del electrón, su momento, y finalmente su incremento de masa magnética, estas dos últimas constituyendo su energía portadora. Se trata de la forma siguiente:

$$\frac{(hc/\lambda + 2hc/\lambda_C)^2 - (2hc/\lambda_C)^2}{\left((2L_C \; i_C^{\,2}) + (L_\lambda \; i_\lambda^{\,2}) \right)^2} = \frac{v^2}{c^2} \qquad (2.42)$$

que se reduce a:

$$v = c \frac{\sqrt{4EK_{momento} + (K_{momento})^2}}{2E + K_{electromagnético}} \qquad (2.43)$$

donde E representa la energía de la masa en reposo invariante del electrón, $K_{momento}$ está la energía ΔK del momento proporcionada por la energía portadora, y $K_{electromagnético}$ está la energía que constituye el incremento de masa magnética Δm_m proporcionada por la energía portadora del electrón.

Lo que es tan fundamental e importante a propósito de esta ecuación, es que cuando la energía de la masa en reposo del electrón es reducida a cero, dejando solamente su energía portadora en la ecuación, obtenemos una ecuación que da sistemáticamente la velocidad de la luz de manera invariante, no importa la cantidad total que constituye la suma de los dos medio-cuantos siempre iguales por estructura de la energía del momento y de la energía de la masa magnética restante; velocidad que está posible sólo para la energía electromagnética libre:

$$v = c \frac{K_{momentum}}{K_{electromagnétique}} = \frac{\Delta K}{\Delta m_m c^2} = c \frac{(hc/2\lambda)}{(L_\lambda \; i_\lambda^{\,2})} = c \frac{1}{1} = 299{,}792{,}458 \, \text{m/s} \qquad (2.44)$$

Donde

$$L = \frac{\mu_0 \alpha \lambda}{8\pi^2} \quad \text{y} \quad i = \frac{2\pi\, ec}{\alpha\lambda} \qquad (2.45)$$

Ya que la contribución de Marmet permite establecer de manera concluyente que Δm_m de la Ecuación (2) y ΔK de la Ecuación (2.6) sistemáticamente serán iguales no importa la suma total de sus energías, estos dos valores de energía se le simplifican sistemáticamente a 1 en la Ecuación (2.44), no importa la cantidad de energía electromagnética representada por su longitud de onda λ.

Esto significa que por primera vez, tenemos un indicio concluyente que concierne a la estructura electromagnética interna posible de fotones electromagnéticos localizados, es decir fotones electromagnéticos que no serían ralentizados pro estar forzados a *transportar y propulsar*, para decirlo así, la masa electromagnética traslacionalmente inerte de un electrón, además de transportar y propulsar su propio complemento de masa electromagnética. La Ecuación LC (2.33) podría en consecuencia ser aplicada tan bien para fotones electromagnéticos que se desplazan libremente así como a la energía portadora del electrón, lo que justificaría plenamente de darle a esta última el nombre de *"fotón-portador"*.

2.10. El fotón electromagnético a partícula-doble de de Broglie

Identificamos pues ahora por consiguiente la Ecuación (2.33) como que describe la energía total de un fotón electromagnético en movimiento libre y analicemos más antes su estructura:

$$E_{\left(\substack{Energia\ to\ tal \\ del\ foton}\right)} = \frac{hc}{2\lambda} + \left[\frac{e^2}{2C_\lambda} \cos^2(\omega t) + \frac{L_\lambda\, i_\lambda^2}{2} \sin^2(\omega t) \right] \qquad (2.46)$$

Por supuesto, las definiciones de las variables L e i de la Ecuación (2.45) se aplican siempre, y la definición de C establecida en la Referencia ([15], [8] Capítulo 6) está:

$$C = 2\varepsilon_0 \alpha \lambda \qquad (2.47)$$

Observamos en primer lugar que la fase eléctrica de la oscilación transversal entre los estados magnético y eléctrico parece implicar un par de cargas, lo que fue un importante obstáculo en la teoría electromagnética desde que Maxwell estableció su teoría de propagación de la luz sobre el concepto entonces axiomático que la existencia misma de esta energía obligaba que ambos campos *E* y *B* se indujeran mutuamente para que la energía incluso pueda existir.

Aunque la teoría resultante fue probada fuera de todo duda estar en conformidad absoluta con el experimento al nivel macroscópico, el origen de la *corriente de desplazamiento* implicando un tal movimiento local de dos cargas eléctricas solicitadas para inducir el campo magnético, mientras que se acerquen supuestamente una de la otra, induciendo el campo magnético, para ser inducidas de nuevo ellas mismas mientras que el campo magnético retroceda, jamás pudo ser clarificada ni experimentalmente ni teóricamente.

En una búsqueda para identificar estas cargas todavía hipotéticas al nivel submicroscópico, de Broglie intentó en los años 1930 de establecer una mecánica electromagnética interna clara del fotón localizado a partir de las características de la función de onda.

Sucede que establece correctamente que tal fotón permanentemente localizado podría satisfacer la estadística de Bose-Einstein y la ley de Planck, explicar el efecto fotoeléctrico obedeciendo a las ecuaciones de Maxwell y quedar de acuerdo con las propiedades de simetría de los corpúsculos complementarios de la teoría de Dirac, a condición de implicar dos corpúsculos, o "*medio-fotones*" de espín ½:

> *"... qui doivent être complémentaires l'un de l'autre dans le même sens que l'électron positif* [le positon] *est complémentaire de l'électron négatif dans la théorie des trous de Dirac... Un tel couple de particules complémentaires est susceptible de s'annihiler au contact de la matière en cédant toute son énergie, ce qui rend compte parfaitement des caractéristiques de l'effet photoélectrique... le photon étant constitué de deux particules élémentaires de spin h/4π, il doit obéir à la statistique de Bose-Einstein comme l'exige l'exactitude de la loi de Planck pour le rayonnement noir... ce modèle du photon permet de définir un champ électromagnétique lié à la probabilité d'annihilation du photon, champ qui obéit aux équations de Maxwell et possède tous les caractères de l'onde électromagnétique lumineuse."* ([27], p.277).

Traducción:

> *"...que deben ser complementarios uno del otro en el mismo sentido de que el electrón positivo* [el positrón] *es complementario*

del electrón negativo en la teoría de los hoyos de Dirac... Un tal par de partículas complementarias es susceptible de aniquilarse al contacto de la materia, cediendo toda su energía, lo que perfectamente da cuenta de las características del efecto fotoeléctrico.... el fotón, siendo constituido de dos partículas elementales de espín h/4π, debe obedecer a la estadística de Bose-Einstein como requerido por la precisión de la Ley de Planck para la radiación del cuerpo negro.... este modelo del fotón permite definir un campo electromagnético vinculado a la probabilidad de aniquilación del fotón, campo que obedece a las ecuaciones de Maxwell y posee todas las características de la onda electro-magnética luminosa."

Sus tentativas para definir el fotón electromagnético localizado fueron infructuosas a punto que finalmente concluye en 1936 que era imposible representar exactamente las partículas elementales en el marco, a su juicio, demasiado restringido de la geometría del espacio a 4 dimensiones, dando a entender que si se pudiera eventualmente escapar de este marco, tal descripción podría volverse posible:

"... la non-individualité des particules, le principe d'exclusion et l'énergie d'échange sont trois mystères intimement reliés : ils se rattachent tous trois à l'impossibilité de représenter exactement les entités physiques élémentaires dans le cadre de l'espace continu à trois dimensions (ou plus généralement de l'espace-temps continu à quatre dimensions). Peut-être un jour, en nous évadant hors de ce cadre, parviendrons-nous à mieux pénétrer le sens, encore bien obscur aujourd'hui, de ces grands principes directeurs de la nouvelle physique." ([27], p. 273).

Traducción:

"... La no individualidad de las partículas, el principio de exclusión y la energía de intercambio son tres misterios íntimamente vinculados: los tres se relacionan con la imposibilidad de representar exactamente las entidades físicas elementales en el marco del espacio continuo a tres dimensiones (o más generalmente en el espacio-tiempo continuo a cuatro dimensiones). Posiblemente un día, evadiéndosenos fuera de este marco,

llegaremos a penetrar mejor el sentido, todavía muy oscuro hoy, de estos grandes principios directivos de la nueva física."

A posteriori, parece que en este marco 4D del espacio-tiempo demasiado restringido, el establecimiento de una descripción electromagnética del fotón localizado por el método de ingeniería inversa a partir de las características no inicialmente asociadas con el electromagnetismo de la función de onda era una tarea imposible, porque recordemos que la función de onda introducida por Schrödinger era sensata representar un estado de resonancia mecánica en el sentido de la mecánica clásica, en respuesta a la intuición fundada sobre una comparación hecha por Broglie con los estados mecánicos de resonancia bien conocidos [58]. Ver también la Ecuación (2.1). Volveremos más lejos a esta cuestión de ingeniería inversa en la Sección 2.19. Véase también la sección 1.2 sobre este tema.

El solo lazo verdadero que puede existir entre la función de onda de Schrödinger y el estado de resonancia *electromagnética* del electrón en estado de equilibrio electromagnético de mínima acción en el orbital fundamental del átomo de hidrógeno podría pues sólo ser una descripción del volumen espacial de resonancia dentro del cual toda la energía del electrón es sensata ser contenida, y absolutamente no da ningún indicio sobre la naturaleza del *resonador electromagnético* cuyas características de resonancia explicarían la existencia de este volumen de resonancia.

Por otra parte, la idea misma de que la energía de la mitad del cuanto pueda comportarse como 2 semi-cantidades al comportamiento *eléctrico* que se acerque una de la otra para acumularse al mismo tiempo concéntricamente en una sola cantidad en el mismo volumen de espacio para tener un comportamiento *magnético* directamente choca la lógica si se considera que esta energía sería una *sustancia que existiría físicamente* como el análisis precedente conduce a concluir, lo que implicaría que se interpenetra a sí mismo al oscilar.

Esta imposibilidad mecánica que se vuelve evidente intentando representar en el mismo volumen de espacio la inducción mutua alternativa de los aspectos eléctricos y magnéticos de una cantidad electromagnética localizada efectivamente concuerda con la conclusión de de Broglie de que las partículas elementales no pueden ser representadas en el marco demasiado restringido de una geometría espacial a 4 dimensiones.

2.11. Aumentando la geometría espacial

En la teoría ondulatoria de Maxwell, es bien comprendido que el concepto de onda continua imponga que ambos campos E y B deben estar *en fase* para que la onda pueda existir y propagarse. Pero a contrario, la idea de que la energía de cantidades electromagnéticas localizadas podría existir, debido a una oscilación LC alternativa auto-mantenida, imponga que ambos campos sean *desfasados* de 180° para que tal oscilación LC mecánicamente sea posible.

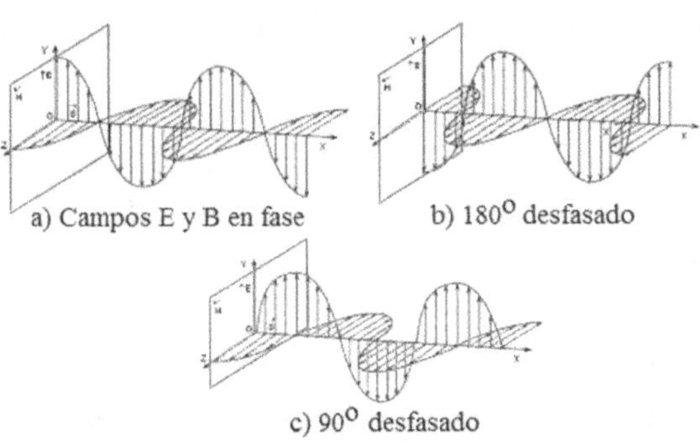

Figura 2.2: Representaciones tradicionales *en fase*, *desfasado* de 180°, y *desfasado* de 90° de las fases de los campos electromagnéticos en el electromagnetismo clásico.

Un examen detenido de las representaciones gráficas tradicionales de las fases electromagnéticas de la teoría de Maxwell y de sus ecuaciones revela sin embargo que ambos casos *en fase* y *desfasado* de 180° exactamente resultan en la misma configuración (**Figura 2.2**).

Esto revela que aunque un desfasaje de 180° sea incompatible con el mantenimiento de la onda continua de Maxwell, está perfectamente admitido por sus ecuaciones, y que un desfasaje real de 180°, implicando que la energía eléctrica alcance un mínimo mientras que la energía magnética alcance un máximo y lo inverso, es permitido en realidad y efectivamente es en armonía con una representación auto-mantenida de un cuanto electromagnético en oscilación LC reciproca (**Figura 2.3**). Y es más, está conforme con el fundamento mismo de la teoría de Maxwell de que ambos campos deben inducirse mutuamente para que la energía pueda existir.

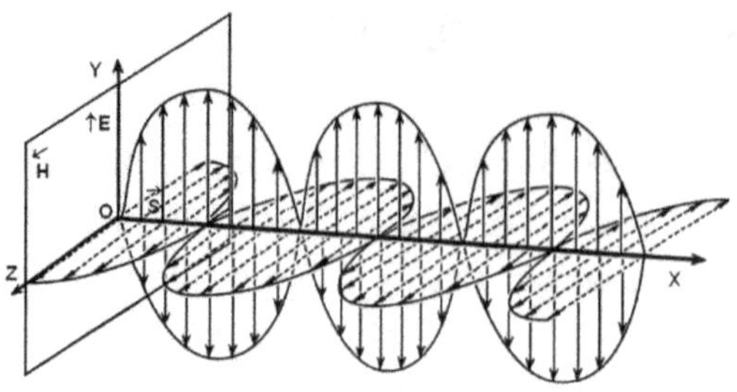

Figura 2.3: Representación *desfasada* de 180° de los campos **E** y **B** de la teoría electromagnética de Maxwell por una oscilación LC.

En cuanto a la imposibilidad mecánica que 2 semi-cantidades de una *sustancia* que existe físicamente al comportamiento *eléctrico* puedan acercarse una de la otro para acumularse al mismo tiempo concéntricamente en una sola cantidad en el mismo volumen de espacio para tener un comportamiento *magnético*, es esta misma imposibilidad mecánica que hizo germinar la idea que la solución podría ser bien que la cantidad magnética *crecería*, por así decirlo, en un espacio diferente mientras que ambas cargas se acercan una de la otra dentro del primer espacio, y la inversa.

Y sin ir tan lejos que de presumir la existencia física de tal segundo espacio, sucede que del punto de vista vectorial, es relativamente fácil representar tales complejos multiespaciales, y es particularmente fácil representar vectorialmente ambos campos **E** y **B** del medio-cuanto de masa magnética Δm_m como oscilando transversalmente en relación a la dirección de movimiento del medio-cuanto ΔK del momento, conforme a las ecuaciones de Maxwell.

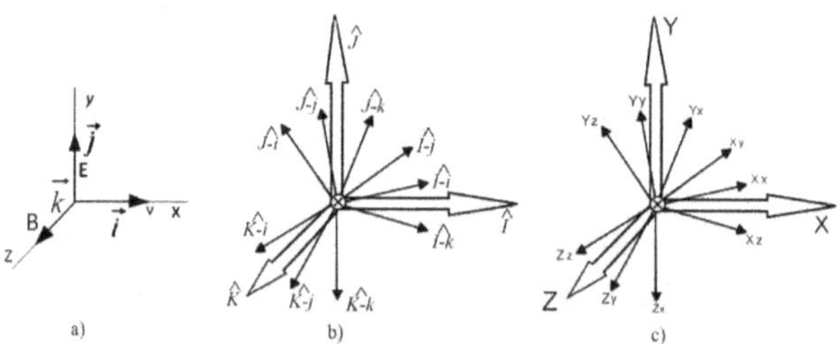

Figura 2.4: Conjunto de los vectores mayores y menores aplicables a la geometría tresespacial.

En este caso particular, sucede que el producto vectorial bien conocido del vector del campo magnético **B** y del vector del campo eléctrico **E**, ambos perpendiculares uno al otro, resolviéndose en el tercer vector perpendicular a ambos primeros, representando la velocidad de fase (**Figura 2.4-a**), lo que constituye la relación triplemente ortogonal que describe la dirección de movimiento a la velocidad de la luz de todo punto de la frente de onda de la onda continua hipotética en expansión esférica de la hipótesis de Maxwell, nos proporciona un fundamento sólido para explorar esta posibilidad.

El método consiste en *explotar* geométricamente, para decirlo así, cada uno de los 3 vectores electromagnéticos estándares *i*, *j* y *k*, aplicables al espacio normal en 3 espacios vectoriales 3D plenamente desarrollados (**Figura 2.4-b**), cada uno de los tres espacios X, Y y Z (**Figura 2.4-c**) permaneciendo perpendicular a los dos otros y permaneciendo totalmente conectados vía su origen común, ya identificado come siendo el punto ⊗ a medio camino entre dos cargas en la **Figura 2.1**, que puede ahora ser visto como un punto de pasaje para la energía, y que sería situado en el centro de cada cuanto electromagnético elemental, a través del cual la *sustancia* de la energía del cuanto sería libre de circular entre estos espacios como entre vasos comunicantes, según las necesidades de su movimiento LC alternativo, sin implicar la interpenetración ilógica de la *sustancia energía* que impediría este movimiento LC alternativo dentro del marco más limitado de un solo espacio 3D.

Contrariamente a lo que podría ser esperado, es relativamente fácil visualizar mentalmente un tal complejo geométrico tresespacial a 9 dimensiones mutuamente ortogonales. Basta con imaginar cada uno de los 3 conjuntos de vectores menores *i*, *j* y *k* de la **Figura 2.4-b** como si fueran las varillas (ballenas) replegadas de 3 paraguas metafóricos.

Esto permite abrir mentalmente a voluntad a cualquiera de ellos, uno a la vez, hasta expansión plena y ortogonal para observar el comportamiento de la sustancia del cuanto de energía en este espacio 3D plenamente desplegado durante cada fase del movimiento oscilatorio. Las **Figuras 2.4-b** y **2.4-c** muestran las dimensiones de los 3 espacios semi-desplegadas para permitir una identificación única clara de cada uno de los 9 ejes ortogonales internos resultantes, que permiten una identificación matemática y vectorial del movimiento interno de la energía dentro de cada espacio, sin cambiar ni invalidar de ningún modo las representaciones vectoriales tradicionales aplicadas en la geometría espacial normal 4D para representar la energía electromagnética.

En esta geometría del espacio, la energía del momento que propulsa traslacionalmente las partículas elementales es unidireccional por definición, y es definida por estructura como que es insensible a toda interacción transversal, lo que está en acuerdo directo con las observaciones de Walter Kaufmann a propósito de la diferencia entre la inercia longitudinal y la inercia transversal de los electrones que se desplazan a velocidades relativistas en una cámara de burbujas [36], cuando observó que ambos medio-cuantos ΔK y Δm_m pueden ser longitudinalmente medidos además de la masa en reposo del electrón, mientras que solamente el medio-cuanto Δm_m puede ser medido transversalmente además de la masa en reposo del electrón en las mecánicas tradicionales.

La misma propiedad procurará que el par de *cargas eléctricas* de signos opuestos de una cantidad electromagnética que se desplazan unidireccionalmente la una hacia a la otra o lo inverso sobre el plano Y-y/Y-z dentro del espacio-Y parecerán neutras cuando consideradas desde el eje X-x orientado perpendicularmente y no serían incluso detectables a partir del espacio-X normal, que es el espacio de donde observamos la realidad objetiva, lo que corresponde al hecho de que los fotones electromagnéticos no parecen tener cargas eléctricas ([15], [8] Capítulo 6) ([53], [8] Capítulo 6), a pesar de la incompatibilidad de tal ausencia con la teoría de Maxwell.

La misma indetectibilidad y ausencia aparente de cargas opuestas de signos caracterizará el par de *cargas neutrinicas* desplazándose unidireccionalmente una hacia la otra y la inversa sobre el plano X-y/X-z dentro del espacio-X ([33], [8] Capítulo 12) ([31], [8] Capítulo 11).

El hecho de que el par de *cargas eléctricas* sólo pueda moverse en direcciones opuestas sobre el plano Y-y/Y-z es la razón por la que los fotones pueden polarizarse perpendicularmente a su dirección de movimiento a lo largo del eje X-x del espacio-X normal. Claramente, la misma propiedad de polarización se aplica al par de *cargas neutrinicas* que se mueven en direcciones opuestas sobre el plano X-y/X-z.

Finalmente, toda cantidad de energía que oscila entre los espacios Y y Z se encuentra a oscilar ahora transversalmente *por estructura* en relación con el espacio-X normal, y parecerá así poseer una inercia omnidireccional tal como percibido del espacio-X, es decir que se comportará como si fuera *masiva* en el sentido comprendido en la mecánica clásica/relativista, tal como percibido del espacio-X.

Esta geometría espacial más extendida fue propuesta por primera vez al acontecimiento Congress-2000 que sucedió en la Universidad de estado de San Petersburgo en julio de 2000 [28]. Fue presentada y puesta en perspectiva a la Referencia ([34], [8] Capítulo 19) en relación con las geometrías multidimensionales tradicionales concebidas en el curso de las tentativas históricas anterior para resolver los problemas que se quedan en la física fundamental, y es completamente descrita a la Referencia ([15], [8] Capítulo 6).

2.12. *La simetría fundamental mantenida por estructura*

Uno de los aspectos de interés más grande de esta geometría tresespacial es que el principio fundamental de simetría es respetado por estructura para todos los aspectos de la distribución de la energía de un cuanto electromagnético.

La energía se distribuye sistemáticamente entre la mitad que permanece unidireccional en uno de los espacios mientras que la otra mitad oscila cíclicamente según un movimiento armónico perpendicular respecto a la primera mitad por estructura (*una simetría mitad-mitad*), que revela inmediatamente que en esta geometría del espacio, la velocidad de la luz puede ser sólo una velocidad invariante de equilibrio en el vacío en el caso de los fotones electromagnéticos que se desplazan libremente, dado esta distribución mitad-mitad obligada por estructura de la energía entre ambos medio-cuantos ([15], [8] Capítulo 6).

Dentro del espacio-Y electrostático, donde ambas cargas eléctricas – en los casos de un fotón libre y de un fotón-portador – oscilan axialmente sobre el plano Y-y/Y-z una hacia la otra y la inversa ([15], [8] Capítulo 6) ([53], [8] Capítulo 6), y dentro del espacio-X normal para ambas cargas neutrinicas – en los casos de las partículas masivas como el electrón, el positrón, el quark arriba y el quark abajo, considerando solamente las partículas elementales estables ([33], [8] Capítulo 12) ([31], [8] Capítulo 11) ([32], [8] Capítulo 14) – oscilan también axialmente, pero sobre el plano X-y/X-z la una hacia la otra y la inversa de la misma manera sobre este plano perpendicular al espacio-Y en el que reside su complemento unidireccional a lo largo del eje Y-x, poseen simétricamente siempre cantidades igualas de energía que se desplazan en direcciones opuestas, a lo largo de las cuales la distancia variable que las separan proporciona la intensidad variable correspondiente de los signos opuestos de sus cargas (simetría entre las cantidades igualas de energía así como entre los signos opuestos de sus cargas, Dentro del espacio-Y y del espacio-X).

Dentro del espacio-Z magnetostático, donde una cantidad única de energía crece hasta un máximo mientras que se va del espacio-Y para los fotones libres y los fotones-portadores ([15], [8] Capítulo 6) ([53], [8] Capítulo 6) – o que se va del espacio-X para las partículas masivas ([33], [8] Capítulo 12) ([31], [8] Capítulo 11) ([32], [8] Capítulo 14) – esta cantidad única, después de haber alcanzado un volumen de presencia máxima en el espacio-Z, retrocede hacia un estado de cero presencia en esto espacio mientras que la energía vuelve a atravesar en el espacio-Y – o el espacio-X – en el cual se encontraba antes (simetría entre las fases de aumento y de regresión de la presencia de la energía en el espacio-Z magnetostático).

En el espacio-X normal, la energía de los neutrinos puede ser emitida sólo en forma de pares idénticos en direcciones opuestas perpendicularmente a la dirección de movimiento de la energía de momento unidireccional presente en este espacio a lo largo del eje Y-x, proviniendo de una partícula masiva recientemente creada – electrón, muon o tau – que se libera así de un exceso de masa excedentaria inestable ([33], [8] Capítulo 12) (Más sobre este sujeto más lejos en este capítulo). Véase Sección 2.15.

Finalmente, la simetría global también es preservada ya que el dipolo eléctrico – o neutrinico – variando en el tiempo, desplazándose en el espacio, es permanentemente contrabalanceado por un dipolo magnético variando de la misma manera en el tiempo, orientado perpendicularmente mientras creciente y decreciente en el espacio, ambos que permanecen perpendiculares a la dirección de movimiento del fotón en el espacio, obedecen así a la triple ortogonalidad requerida para el tratamiento por onda plana en la teoría de Maxwell para movimiento de la energía electromagnética en línea recta ([15], [8] Capítulo 6).

2.13. La ecuación tresespacial del fotón

La primera estructura electromagnética interna que la geometría tresespacial permitió definir fue la del fotón localizado que de Broglie había concluido no pudiendo ser definido en el marco más limitado del espacio 3D ([15], [8] Capítulo 6), y que muestra gráficamente con la **Figura 2.5**, la secuencia de la oscilación armónica transversal de la energía del fotón representada por la Ecuación (3.46).

La **Figura 2.5** permite representar visualmente la secuencia completa variando en el tiempo de la oscilación transversal de la energía del medio-cuanto electromagnético dentro del complejo trispatial. La **Figura 2.5-a** muestra ambas cargas opuestas, medibles como generando el campo eléctrico **E** del fotón as su valor máximum, habiendo alcanzado su distancia transversal máxima dentro del espacio-Y, seguido por la **Figura 2.5-b** que muestra la energía de ambas cargas que trasladan hacia el espacio-Z magnetostático.

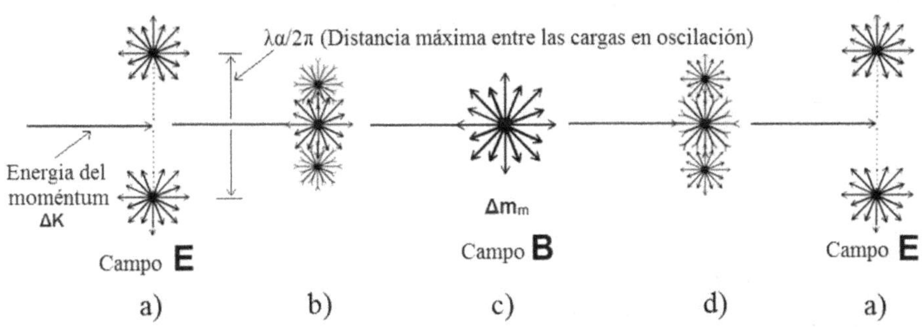

Figura 2.5: Ciclo completo variando en el tiempo de la energía en oscilación transversal del medio-cuanto electromagnético del fotón a partícula-doble mientras que su medio-cuanto unidireccional que sostiene su momento lo propulsa traslacionalmente.

Viene luego la **Figura 2.5-c** que muestra la energía de ambas cargas que completamente han penetrado dentro del espacio-Z en expansión omnidireccional, ahora medibles como que genera el campo magnético *B* del fotón a su valor máximum, seguido por la **Figura 2.5-d** que muestra la energía del componente magnético único que traslada al revés en el espacio-Y electrostático. Finalmente, la **Figura 2.5-a** final muestra toda la energía magnética completamente trasladada de nuevo en el espacio-Y, y está de nuevo medible como generando el campo eléctrico *E* del fotón, lista para iniciar el ciclo siguiente.

Como ya mencionado, el concepto del fotón a partícula-doble es una idea original de Louis de Broglie, y el análisis completa de su elaboración en la geometría tresespacial está disponible en la Referencia ([15], [8] Capítulo 6), donde el desarrollo completo de su ecuación LC tresespacial es elaborado a partir de las representaciones de inductancia y de capacitancia de la energía electromagnética:

$$E\,\vec{I}\,\vec{i} = \left(\frac{hc}{2\lambda}\right)_X \vec{I}\,\vec{i} + \left[\begin{array}{l} 2\left(\dfrac{e^2}{4C}\right)_Y (\,\vec{J}\,\vec{j}, \vec{J}\,\overleftarrow{j}\,)\cos^2(\omega t) \\[2ex] +\left(\dfrac{L\,i^2}{2}\right)_Z \overleftrightarrow{K}\,\sin^2(\omega t) \end{array}\right] \qquad (2.48)$$

y también de la misma formulación LC que utiliza los campos E y B más familiares definidos con las Ecuaciones (2.23):

$$E\,\vec{I}\,\vec{i} = \left(\frac{hc}{2\lambda}\right)_X \vec{I}\,\vec{i} + \left[\begin{array}{l} 2\left(\dfrac{\varepsilon_0\mathbf{E}^2}{4}\right)_Y (\,\vec{J}\,\vec{j}, \vec{J}\,\overleftarrow{j}\,)\cos^2(\omega t) \\[2ex] +\left(\dfrac{\mathbf{B}^2}{2\mu_0}\right)_Z \overleftrightarrow{K}\,\sin^2(\omega t) \end{array}\right] V \qquad (2.49)$$

donde el volumen V está el volumen isotrópico estacionario teórico que la energía cinética oscilante del fotón ocuparía si era inmovilizada en forma de una esfera de densidad isótropa, tal como derivado a la Referencia ([30], [8] Capítulo 4):

$$V = \frac{\alpha^5\,\lambda^3}{2\pi^2} \qquad (2.50)$$

2.14. La ecuación tresespacial del electrón

Está bien establecido que fotones electromagnéticos de 1.022 MeV o más pueden ser desestabilizados para convertirse en un par de electrón-positrón ([31], [8] Capítulo 11). Sin embargo, resulta que toda la energía que constituye ambas masas en reposo de 0.511 MeV/c^2 del electrón y del positrón está electromagnética de naturaleza y reside pues en los espacios Y y Z en la nueva geometría tresespacial, mientras que el medio-cuanto del cuanto completo del fotón de 1.022 MeV que reside en el espacio-X antes del desacoplamiento es vectorialmente unidireccional por definición. Esto significa que la Naturaleza encontró una manera de forzar esta energía unidireccional de momento ΔK que se reorienta transversalmente para formar parte de la masa electromagnética de ambas partículas masivas emergentes.

Uno de los aspectos más interesantes de la geometría tresespacial es que permite efectivamente establecer un proceso mecánico claro por el cual esta energía unidireccional del medio-cuanto ΔK que sostiene el momento de un fotón electromagnético de 1.022 MeV puede atravesar en los espacios electrostático Y y magnetostático Z ortogonales durante el proceso de desacoplamiento, que adquiere así la propiedad de orientación transversal que caracteriza la energía de las masas enteras del electrón y del positrón del par que resulta del proceso de separación en la geometría tresespacial ([31], [8] Capítulo 11).

De la misma manera, la misma mecánica de transferencia de esta energía unidireccional del momento en el espacio-Y, que define las cargas unitarias invariantes del electrón y del positrón, fuerza también por estructura la otra mitad de la energía de cada partícula del par en curso de separación, a echarse a oscilar entre los espacios Z y X para que la distribución de energía permanezca simétrica en el complejo tresespacial, resultando en el establecimiento de un par de componentes que se separen dentro del espacio-X normal de una manera idéntica al comportamiento del par de *cargas eléctricas* del fotón dentro del espacio-Y, que son tradicionalmente representados por e^2, pero que piden ahora ser representados por una nueva denominación ya que no pueden desde ahora en adelante presentar las características *eléctricas*, que pertenecen exclusivamente por definición a la energía presente en el espacio-Y, en este complejo tresespacial. Esperando una identificación clara, el símbolo de primer contacto que convenía mejor era entonces $(e')^2$.

Así como lo veremos más lejos, un análisis detenido consigue asociar estas *cargas no eléctricas* dobles $(e')^2$ con la emisión de neutrinos, lo que les valió el nombre de *cargas neutrinicas* en las descripciones subsecuentes ([33], [8] Capítulo 12) ([31], [8] Capítulo 11).

Las ecuaciones LC tresespacial siguientes entonces fueron definidas para describir la estructura tresespacial interna de la energía de las masas del electrón y del positrón:

$$E\,\vec{0} = m_e c^2\,\vec{0} = \left[\frac{H}{2\lambda_C}\right]_Y \vec{J}\,\vec{i} + \left(\begin{array}{l} 2\left[\dfrac{(e')^2}{4C_C}\right]_X (\,\vec{I}\,\vec{j},\vec{I}\,\overleftarrow{j}\,)\cos^2(\omega t) \\[2em] +\left[\dfrac{L_C i_C^{\,2}}{2}\right]_Z \overleftrightarrow{K}\,\sin^2(\omega t) \end{array} \right) \tag{2.51}$$

y

$$\vec{E\,\mathbf{0}} = m_p c^2 \,\vec{\mathbf{0}} = \left[\frac{H}{2\lambda_C}\right]_Y \vec{\mathbf{J}}\,\overleftarrow{\mathbf{i}} + \left(\begin{array}{l} 2\left[\dfrac{(e')^2}{4C_C}\right]_X (\,\vec{\mathbf{I}}\,\vec{\mathbf{j}},\vec{\mathbf{I}}\,\overleftarrow{\mathbf{j}}\,)\cos^2(\omega t) \\[3mm] + \left[\dfrac{L_C i_C{}^2}{2}\right]_Z \overleftrightarrow{\mathbf{K}}\,\sin^2(\omega t) \end{array} \right) \qquad (2.52)$$

Una reformulación de la mismas ecuación LC utilizando los campos **E** y **B** más familiares definidos con las Ecuaciones (2.23) forzó entonces la identificación del par de componentes *(e')²* como que eran *cargas neutrinicas* (*v²*) en las Referencias ([33], [8] Capítulo 12) ([31], [8] Capítulo 11) por razones que se volverán pronto evidentes:

$$m_0\,\vec{\mathbf{0}} = \frac{V_m}{c^2}\left\{ \left[\frac{\varepsilon_0 \mathbf{E}^2}{2}\right]_Y \vec{\mathbf{J}}\,\vec{\mathbf{i}} + \left[\begin{array}{l} 2\left(\dfrac{\varepsilon_0 \mathbf{V}^2}{4}\right)_X (\,\vec{\mathbf{I}}\,\vec{\mathbf{j}},\vec{\mathbf{I}}\,\overleftarrow{\mathbf{j}}\,)\cos^2(\omega t) \\[3mm] + \left(\dfrac{\mathbf{B}^2}{2\mu_0}\right)_Z \overleftrightarrow{\mathbf{K}}\sin^2(\omega t) \end{array} \right] \right\} \qquad (2.53)$$

dónde **v** (la letra griega **nu**) representa la ecuación del campo *neutrinico* ([31], [8] Capítulo 11) ([33], [8] Capítulo 12) que representa ahora la doble *carga neutrinica* y cuya cálculo de la energía es idéntico al de la ecuación del campo eléctrico **E**, pero que oscilan ahora en direcciones opuestas sobre el plano X-y/X-z del espacio-X, dentro de la estructura de energía tresespacial de las masas de las partículas masivas en las Ecuaciones (2.51) y (2.52), exactamente como las *cargas eléctricas* oscilan en direcciones opuestas sobre el plano Y-y/Y-z del espacio-Y, dentro de la estructura de energía del fotón o del fotón-portador ([15], [8] Capítulo 6) ([53], [8] Capítulo 6) en las Ecuaciones (2.48) y (2.49). He aquí las definiciones del volumen isotrópico requerido y del campo neutrinico:

$$V_m = \frac{\alpha^5 \lambda_C{}^3}{2\pi^2} \qquad y \qquad V = \frac{\pi(e')}{\varepsilon_0 \alpha^3 \lambda_C{}^2} \qquad (2.54)$$

donde se asigna a *(e')²* el mismo valor numérico fundado sobre el de la carga eléctrica unitaria *e*=1.602176462E-19, ya que un par de tales componentes representa por estructura la misma cantidad máxima de energía en la estructura tresespacial del electrón, es decir la mitad de la masa en reposo del electrón cuando alejados a distancia máxima de separación uno del otro dentro del espacio-X cuando se separa en dos cantidades planas.

Sobre el modelo de la Ecuación (2.49) para el fotón en movimiento libre, la ecuación para el fotón-portador del electrón puede ahora ser formulada de la manera siguiente utilizando los campos **E** y **B**, proporcionando la misma energía que la ecuación (2.13) para la energía cinética relativista ajustada:

$$E_K \, \vec{\mathbf{I}}\,\vec{\mathbf{i}} = \left[\frac{hc}{2\lambda}\right]_X \vec{\mathbf{I}}\,\vec{\mathbf{i}} + \left[\begin{array}{l} 2\left(\dfrac{\varepsilon_0 \mathbf{E}_K{}^2}{4}\right)_Y (\,\vec{\mathbf{J}}\,\vec{\mathbf{j}}, \vec{\mathbf{J}}\,\overleftarrow{\mathbf{j}}\,)\cos^2(\omega t) \\[2ex] + \left(\dfrac{\mathbf{B}_K{}^2}{2\mu_0}\right)_Z \overleftrightarrow{\mathbf{K}} \sin^2(\omega t) \end{array}\right] V_K \tag{2.55}$$

que permite ahora representar los campos combinados del electrón y de su fotón-portador en el **Cuadro 2.1**.

Cuadro 2.1: Ecuaciones de campo combinadas del electrón et de su fotón-portador.

	Energía cinética del momento dentro del espacio-X (espacio normal)	Energía localizada en los espacios Y y Z constituyendo la masa inerte de la partícula en movimiento
Energía de la masa en reposo $(m_0 c^2)$		$\left\{\left(\dfrac{\varepsilon_0 \mathbf{E}^2}{2}\right)_Y \vec{\mathbf{J}}\,\vec{\mathbf{i}} + \left(\left(\dfrac{\mathbf{B}^2}{2\mu_0}\right)_Z \overleftrightarrow{\mathbf{K}}\right)\right\} V_{m_e}$
Energía portadora ΔK + $\Delta m_m c^2$	$\left[\dfrac{hc}{2\lambda}\right]_X \vec{\mathbf{I}}\,\vec{\mathbf{i}}$	$\left[\left(\dfrac{\mathbf{B}_K{}^2}{2\mu_0}\right)_Z \overleftrightarrow{\mathbf{K}}\right] V_K$
Energía relativista total de la masa (mc^2)		$\left\{\left(\dfrac{\varepsilon_0 \mathbf{E}^2}{2}\right)_Y \vec{\mathbf{J}}\,\vec{\mathbf{i}} + \left(\left(\dfrac{\mathbf{B}^2}{2\mu_0}\right)_Z \overleftrightarrow{\mathbf{K}}\right)\right\} V_{m_e} + \left[\left(\dfrac{\mathbf{B}_K{}^2}{2\mu_0}\right)_Z \overleftrightarrow{\mathbf{K}}\right] V_K$

De hecho, el fotón-portador proporciona al electrón los campos *E* y *B* ambientes que permanentemente determinan su velocidad y su dirección de movimiento, cuando pueden expresarse, de acuerdo con la ecuación de Lorentz *F=q(E+v x B)* ya mencionada. Más precisamente, obedece constantemente a la relación triplemente ortogonal *v=E/B* nacida de la ecuación de Lorentz que le es impuesta por los campos *E* y *B* de su fotón-portador, cuyas intensidades determinan su velocidad, y el equilibrio de sus densidades relativas determinan su trayectoria, densidades igualas por defecto de los campos E y B resultando en un movimiento en línea recta del electrón ([30], [8] Capítulo 4).

A su vez, el campo B del fotón-portador del electrón tiende constantemente a alinear su orientación de polaridad magnética relativa, es decir, su orientación relativa de espín, en relación antiparalela de mínima acción en relación al campo B de la energía de la masa en reposo del electrón que transporta, y cuya resultante combinada tiende constantemente a alinearse en orientación antiparalela de mínima acción relativamente a la resultante de los campos B de las partículas cercanas, pues respecto al campo B macroscópico ambiente resultando de la adición de estos campos B cercanas.

Dado que el medio-cuanto de energía ΔK del momento del fotón-portador es orientada de manera inamovible perpendicularmente en relación al campo B de su propio medio-cuanto complementario Δm_m de incremento de masa electromagnética, la dirección de movimiento de este momento sistemáticamente es determinada por la orientación de su campo B.

Es esta relación ortogonal inamovible quién explica por qué los electrones no emparejados en materiales ferromagnéticos pueden ser forzados por alinear sus espines paralelamente unos a otros en orientación mutua de mínima acción tan antiparalela como posible relativamente a un campo magnético B macroscópico ambiente, lo que fuerza sus energías individuales de momento ΔK que hay que alinearse en la misma dirección y que se suman para hacer girar un objeto macroscópico tal el cilindro del experimento Einstein-de Haas ([52], [8] Capítulo 10), o recíprocamente, es por eso que cuando las energías unidireccionales individuales de momento ΔK de los fotones-portadores de los electrones no emparejados de la barra ferromagnética del experimento de Barnett son forzados por alinearse paralelamente los unos a otros poniendo mecánicamente la barra en rotación, sus campos B individuales son también forzados de alinearse en espín paralelo, y se suman para volverse medibles al nivel macroscópico ([52], [8] Capítulo 10).

2.15. Emisión de neutrinos en la geometría tresespacial

Otro hecho interesante, la geometría tresespacial permite establecer por primera vez una explicación mecánica de la emisión de neutrinos. Esta solución particular emerge de la estructura LC obligada de los cuantos electromagnéticos elementales en esta geometría tresespacial.

Según esta perspectiva, dado que la carga eléctrica de una partícula mu o tau recientemente creada permanece invariante al mismo valor unitario que el del electrón, puede ser concluido del punto de vista proporcionado por esta geometría tresespacial que la energía que corresponde al exceso de masa observado para estas dos partículas no puede penetrar en el espacio-Y electrostática, porque todo aumento de energía en este espacio causaría por estructura un aumento del valor de su carga eléctrica, lo que sabemos experimentalmente jamás se produce.

Dado que son masivas exactamente como el electrón, tendrán pues la misma estructura LC que el electrón en la geometría tresespacial. Esto implica que este exceso de energía puede existir sólo en forma de un aumento metaestable de la cantidad de energía que oscila entre el espacio-Z y el espacio-X. A posteriori, la misma hipótesis puede ser formulada a propósito de un electrón recientemente creado por degradación β-, lo que modificaría la Ecuación LC (2.53) tresespacial para la masa en reposo del electrón de la manera siguiente. Para simplificar la representación, ignoraremos a partir de ahora la notación vectorial unitaria ahora bien establecida:

$$m_{0+} = \left\{ \left[\frac{\varepsilon_0 \mathbf{E}^2}{2} \right]_Y + \left[\begin{array}{l} 2\left(\dfrac{\varepsilon_0 \left(\mathbf{v}_e + \mathbf{v}' \right)^2}{4} \right)_X \cos^2 (\omega t) \\[2ex] + \left(\dfrac{(\mathbf{B}_e + \mathbf{B}')^2}{2\mu_0} \right)_Z \sin^2 (\omega t) \end{array} \right] \right\} \frac{V_m}{c^2} \qquad (2.56)$$

donde m_{o+} representa una masa en reposo ligeramente aumentada del electrón, y v' y B' son los incrementos de energía que momentáneamente oscilan entre el espacio-X normal y el espacio-Z magnetostático en exceso momentáneo metaestable además de la energía de la masa en reposo normal del electrón. Esta solución permite al campo eléctrico E del electrón permanecer no cambiada, conforme a la observación.

Ya que este electrón producido a partir de la degradación β- posee una energía ligeramente superior a la energía de la masa en reposo invariante bien conocida del electrón, parece muy posible que mientras que está en proceso de dejar la estructura desestabilizada del neutrón, las tensiones desestabilizadoras extremas debidas a esta proximidad inicial podrían forzar ambos cuantos de energía neutrinica en un movimiento traslacional violento alrededor del eje X-x sobre el plano X-y/Y-z del espacio-X, que liberaría las dos medio-cantidades en exceso momentáneo, forzándolas por escaparse en el espacio-X normal en direcciones opuestas sobre este plano X-y/X-z perpendicular a la dirección de movimiento del electrón, mientras que ambas cantidades de energía en reposo neutrinicas del medio-cuanto oscilante del electrón encuentran su movimiento usual de iba y vuelta en la estructura interna del electrón, que ahora habría alcanzado su nivel lo más bajo posible de energía de su masa en reposo invariante tal como representado por la Ecuación (2.53).

$$m_{0+} \rightarrow m_0 + v_e + \overline{v}_e \tag{2.57}$$

En la geometría tresespacial, las emisiones de neutrinos muonicos y tauicos se cumplirían por supuesto según el mismo proceso:

$$m_{0+} = \mu^- = \left\{ \left[\frac{\varepsilon_0 \mathbf{E}_e^{\,2}}{2} \right]_Y + \left[2\left(\frac{\varepsilon_0 (\mathbf{V}_e + \mathbf{V}_\mu)^2}{4} \right)_X \cos^2(\omega t) + \left(\frac{(\mathbf{B}_e + \mathbf{B}_\mu)^2}{2\mu_0} \right)_Z \sin^2(\omega t) \right] \right\} \frac{V_m}{c^2} \tag{2.58}$$

$$m_{0+} = \tau^- = \left\{ \left[\frac{\varepsilon_0 \mathbf{E}_e^{\,2}}{2} \right]_Y + \left[2\left(\frac{\varepsilon_0 (\mathbf{V}_e + \mathbf{V}_\tau)^2}{4} \right)_X \cos^2(\omega t) + \left(\frac{(\mathbf{B}_e + \mathbf{B}_\tau)^2}{2\mu_0} \right)_Z \sin^2(\omega t) \right] \right\} \frac{V_m}{c^2} \tag{2.59}$$

resultando en similares emisiones de neutrinos característicos de muones y partículas tau:

$$m_{0+} = \mu^- \rightarrow m_0 + v_\mu + \overline{v}_\mu \quad \text{y} \quad m_{0+} = \tau^- \rightarrow m_0 + v_\tau + \overline{v}_\tau \tag{2.60}$$

Por supuesto, la degradación $\beta+$, y los del anti-muon y del anti-tau resultarán en emisiones idénticas, pero que dejarán detrás un positrón aislado en lugar de un electrón.

El hecho de que ambos neutrinos producidos en el momento de cada emisión pueden serle sólo en forma de un par idéntico que se desplazan en direcciones opuestas perpendicularmente a la dirección de movimiento de la partícula emisora, hace imposible que tales neutrinos producidos por degradación de muones llegando en línea directa de la superficie del Sol en la dirección general de un detector, sean efectivamente detectadas, ya que se escapan y se desplazan por estructura sobre planos perpendiculares al eje Sol-detector.

Por consiguiente, según las características tresespaciales de emisión de neutrinos, los solos neutrinos/antineutrinos que podrían posiblemente ser detectados viniendo del Sol serán una parte débil de los emitidos por unos muones desplazándose sobre un plano perpendicular al eje Sol-detector, es decir, principalmente neutrinos emitidos a los límites externos del disco visible del Sol, sea una conclusión que contribuiría mucho explicar por qué su tasa de detección permaneció siempre de lejos más débil que lo que las teorías actuales predicen.

Esta conclusión podría fácilmente ser verificada orientando los aparatos de detección directamente hacia la circunferencia del disco solar.

Finalmente, ya que se escapan en forma de cantidades simples de energía cinética unidireccional asociadas con el momento en el espacio-X, privados del complemento electromagnético transversal oscilando entre los espacios Y y Z que explica la inercia omnidireccional tal como percibida desde el espacio-X, sea la *masa electromagnética*, así como la *carga eléctrica*, para todas las partículas electromagnéticas en la geometría tresespacial, esto explicaría por qué ninguna masa ni carga jamás han sido detectadas en el momento de todas los experimentos en las cuales han sido implicados.

2.16. *Los quarks arriba y abajo en la geometría tresespacial*

Las últimas partículas que deben ser examinadas antes de que los estados de resonancia puedan ser analizados son los quarks arriba y abajo que han sido detectados como siendo los solos subcomponentes cargados y masivos al comportamiento puntual que pudieron ser detectados por colisiones no destructivas dentro de los protones y de los neutrones en el curso de experimentos efectuados al acelerador SLAC del 1966 al 1968 ([34], [8] Capítulo 19) ([32], [8] Capítulo 14) [21].

La mecánica tresespacial de creación de protones y neutrones a partir de ambas combinaciones posibles de tríadas que combinan electrones y positrones que interactuarían a proximidad bastante grande con una energía de momento insuficiente para permitirles escapar de su captura mutua es descrita a la Referencia ([32], [8] Capítulo 14).

Dado que los quarks arriba y abajo siempre demuestran el mismo comportamiento puntual que los electrones y los positrones durante todos tales experimentos de colisiones con electrones o positrones, fue sospechoso desde hace mucho tiempo que estos quarks arriba y abajo podrían ser unos electrones y positrones cuyas características de masa y de carga serían retorcidas hasta alcanzar estos estados alterados por las estreses que son impuestas en estos estados más enérgicos de equilibrio electromagnético de mínima acción que estas partículas podrían alcanzar en la naturaleza ([34], [8] Capítulo 19) ([32], [8] Capítulo 14) ([43], [8] Capítulo 2).

Esta posibilidad proporciona inmediatamente una explicación posible del hecho de que jamás ningún quark arriba o abajo jamás ha sido observado desplazándose por separado en el espacio después de haber sido cazado de un nucleón por colisión bastante enérgica. En efecto, si verdaderamente son electrones y positrones cuyas características son retorcidas hasta alcanzar a las observadas para los quarks arriba y abajo en sus entornos nucleónicos de estrés electromagnético intenso, recobrarían por supuesto inmediatamente sus características normales de electrón o positrón tan pronto como escapen de estos estreses apremiantes.

Las características específicas de los electrones y de los positrones que serían modificadas por estas estreses intensos son en primer lugar sus masas, que han sido determinadas para el quark arriba como situándose entre 1 y 5 MeV/c², y entre 3 y 9 MeV/c² para el quark abajo, y las cargas eléctricas, que han sido determinadas como siendo 2/3 de la carga del positrón para el quark arriba, y 1/3 de la carga del electrón para el quark abajo ([73], p. 382).

Sucede que la geometría tresespacial permite de definir una mecánica clara de creación de nucleones a partir de las dos solas combinaciones posibles de tríadas de electrones y positrones, lo que proporciona una explicación lógica a estos cambios de características debidos a estos estreses, así como sobre la naturaleza de estos estreses electromagnéticos ([32], [8] Capítulo 14).

En la geometría tresespacial, la masa y la carga de las partículas elementales estables varían en función inversa una de la otra con arreglo a su distancia del eje coplanario Y-z dentro del espacio-Y electrostático ([34], [8] Capítulo 19) ([32], [8] Capítulo 14).

La distancia del eje Y-z dentro del espacio-Y a la cual un par electrón-positrón se desacopla a partir de un fotón de 1.022 MeV desestabilizado es por estructura de 3.861592641E-13 m ([31], [8] Capítulo 11), que corresponde al *radio clásico* del electrón dividido por la constante de estructura fina ($r'=r_e/\alpha$).

A esta distancia del eje Y-z, su carga corresponde exactamente a la carga unitaria de 1.602176462E019 C y a una masa de 9.10938188E-31 kg. Estos valores bien establecidos experimentalmente permiten determinar los valores correspondientes para los quarks arriba y abajo en el **Cuadro 2.2** ([32], [8] Capítulo 14), que son valores que se sitúan entre los límites experimentalmente estimados de estas masas.

Cuadro 2.2: Relación entre las cargas y las masas de los quarks arriba y abajo en relación a las distancias del eje Y-z en el espacio-Y electrostático.

Cuadro de las cargas y masas efectivas del electrón, del quark arriba y del quark abajo estimadas desde la hipótesis de que la carga unitaria del electrón sería la carga inducida a la distancia del eje Y-z a la cual un par electrón-positrón se separa durante el proceso de producción de los pares.			
Partícula	$r' = r_e/\alpha$	Carga	masa
Electrón	$r'_e = 3.861592641\text{E-}13$ m	1.602176462E-19 C	9.10938188E-31 kg
Quark arriba	$r'_{eu} = 2.574395094\text{E-}13$ m	1.068117641E-19 C	2.04961092E-30 kg
Quark abajo	$r'_{ed} = 1.287197547\text{E-}13$ m	5.340588207E-20 C	8.19844378E-30 kg

Esto permite ahora establecer la ecuación general siguiente para calcular las masas efectivas de los tres solas partículas electromagnéticas elementales estables masivas y cargadas eléctricamente, quiénes se comportan de manera puntual en todos los acontecimientos de colisiones, y que son los solos subcomponentes electromagnéticos elementales de todos los átomos que existen en el universo, por medio de la *constante de inducción de energía electrostática* $K=1.220852596\text{E-}38$ j·m^2, establecida a partir de la ecuación de Coulomb a las Referencias ([34], [8] Capítulo 19) ([31], [8] Capítulo 11) ([32], [8] Capítulo 14) (Véase también la Sección 1.25). Por supuesto, el positrón puede ser considerado como que está idéntico al electrón salvo para el signo de su carga.

$$m_{i[d,u,e]} = K\left(\frac{3\alpha}{nr_0c}\right)^2 \qquad (n = 1,2,3) \qquad (2.61)$$

En la geometría tresespacial, esta disminución de carga de los quarks arriba y abajo debido los estreses electromagnéticos a los cuales están sometidos dentro de los nucleones no puede producirse sin ser compensada por un aumento del campo magnético de la partícula y de su fotón-portador, tal como demostrado por la deriva magnética observada en el fotón-portador del electrón, incluso tan alejado del núcleo como el orbital fundamental del átomo de hidrógeno ([60], [8] Capítulo 8).

Dado que los quarks arriba y abajo se estabilizan a distancias tan precisas del eje Y-z en la geometría tresespacial, se vuelve posible establecer constantes de deriva magnéticas específicas para estas distancias:

$$S_U = \frac{r'_{eu}}{r'_e} = \frac{2}{3} \qquad y \qquad S_D = \frac{r'_{ed}}{r'_e} = \frac{1}{3} \tag{2.62}$$

Cuadro 2.3: Energía y longitudes de onda de las masas en reposo de los quarks arriba y abajo.

Cuadro de las energías y longitudes de onda de las masas efectivas de los quarks arriba y abajo, estimadas desde la hipótesis de que la carga unitaria del electrón seria la cantidad de carga inducida a la distancia del eje Y-z a la cual un par electrón-positrón se separa durante el proceso de producción de los pares.			
Particula	$r' = r_e/\alpha$	$E = K/r^2$	$\lambda = hc/E$
Electrón	$r'_e = 3.861592641\text{E-}13$ m	0.5109989027 MeV	2.426310215E-12 m
Quark arriba	$r'_{eu} = 2.574395094\text{E-}13$ m	1.149747531 MeV	1.078360096E-12m
Quark abajo	$r'_{ed} = 1.287197547\text{E-}13$ m	4.598990173 MeV	2.69590021E-13 m

Estas constantes de deriva magnética y longitudes de onda permiten ahora establecer las ecuaciones tresespaciales LC del quark arriba y del quark abajo:

$$m_U = \frac{E_U}{c^2} = \frac{1}{c^2}\left\{ \begin{array}{l} S_U\left[\dfrac{hc}{2\lambda_U}\right]_Y \\ + (2 - S_U)\left[\begin{array}{l} 2\left(\dfrac{(e')^2}{4C_U}\right)_X \cos^2(\omega t) \\ + \left(\dfrac{L_U i_U{}^2}{2}\right)_Z \sin^2(\omega t) \end{array} \right] \end{array} \right\} \tag{2.63}$$

$$m_D = \frac{E_D}{c^2} = \frac{1}{c^2}\left\{ \begin{array}{l} S_D\left[\dfrac{hc}{2\lambda_D}\right]_Y \\[2em] + (2 - S_D)\left[2\left(\dfrac{(e')^2}{4C_D}\right)_X \cos^2(\omega t) \\[1em] + \left(\dfrac{L_D i_D{}^2}{2}\right)_Z \sin^2(\omega t) \right] \end{array}\right\} \qquad (2.64)$$

El fotón-portador de cada quark arriba y abajo dentro de los nucleones tendría por supuesto la misma estructura LC tresespacial interna que el del electrón, sea el descrito por la Ecuación (2.55), y sería asociada con la partícula transportada de la misma manera, tal como descrito en el **Cuadro 2.1** para el electrón en movimiento, la sola diferencia que reside en los niveles de energía inmensamente más elevados que estos fotones-portadores nucleónicos alcanzan, y la importancia de la deriva magnética que sufren debido a los estreses que les son impuestos por el medio ambiente nucleónico ([32], [8] Capítulo 14).

Esta relación entre cada quark arriba y cada quark abajo y su fotón-portador las hacen susceptibles de ser representados también por una función de onda similar a la del electrón en el orbital fundamental del átomo de hidrógeno, como lo veremos más lejos.

2.17. Orientaciones paralela y antiparalela de los espines magnéticos relativos

En la Mecánica Cuántica (MC), el concepto de *espín* tan es débilmente asociado con el campo magnético, que incluso si está técnicamente asociado con el momento magnético de las partículas cargadas, incluso este momento magnético es visto por la inmensa mayoría en la comunidad como un momento angular mecánico simple ($Sz = \pm\frac{1}{2}\,\hbar$) sin recordatorio particular que concierne muy específicamente a la orientación de la polaridad magnética relativa, sea paralela o antiparalela de los campos magnéticos de los cuantos electromagnéticos elementales relativamente unos a otros. A todos los efectos prácticos, es percibido como *un movimiento de rotación mecánico transversal* ("*spinning motion*" en inglés) en ambas direcciones posibles perpendicularmente a la dirección de movimiento, en el sentido de la mecánica clásica, sin lazo verdadero con el electromagnetismo.

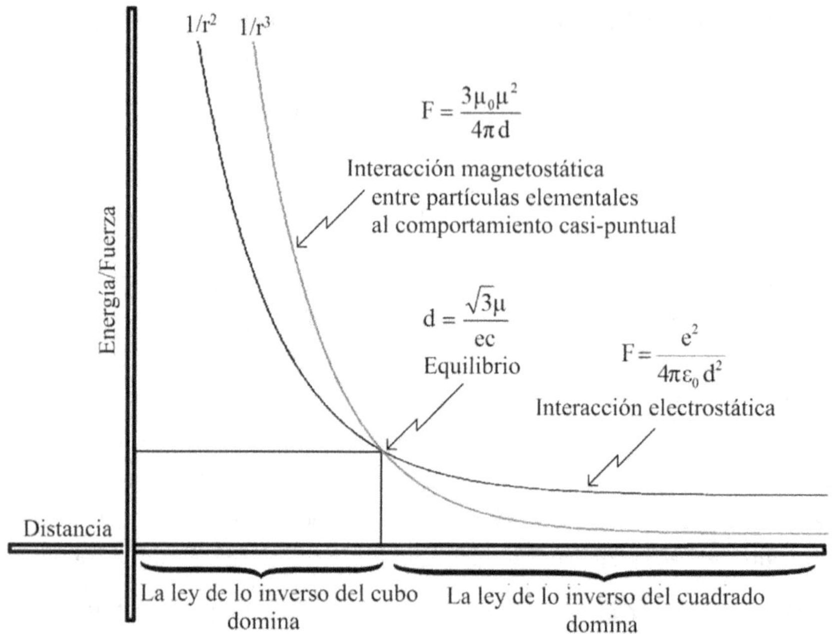

Figura 2.6: Intersección de las curvas inverso del cuadrado e inverso del cubo.

Sin embargo, la idea misma de un *espín magnético* de las partículas elementales como que sería equivalente a un *momento angular* de la mecánica clásica/relativista está en contradicción directa con el hecho confirmado experimentalmente mencionado anteriormente de que ningún límite infranqueable jamás ha sido detectado a alguna distancia del centro de los electrones, no importa hasta qué punto dos electrones acercan a sus centros mutuos durante absolutamente todos los experimentos de colisiones mutuas, porque la idea misma de un *momento angular* implica la existencia de un volumen que puede entrar en rotación, lo que tiene absolutamente no sentido en el caso de un cuanto electromagnético elemental tal el electrón, para lo que ningún volumen puede ser medido, dado su comportamiento sistemáticamente puntual en todos los experimentos de colisiones.

La desconexión entre el concepto del *espín* de la MC y las orientaciones relativas de polaridad magnética de los cuantos electromagnéticos elementales es por muy grande que numerosos son los que permanecen convencidos de que el *espín* sería una propiedad de momento angular *intrínseco* de las partículas, en lugar de lo que verdaderamente puede sólo ser, es decir una propiedad *relativa* que queda sin sentido a menos de que mínimamente dos cuantos electromagnéticos sean implicados, lo que es la condición ineludible para que las ideas mismas de *orientación magnética paralela* y de *orientación magnética antiparalela* tienen un sentido.

El hecho de que dos electrones consiguen asociarse tan fácilmente en un lazo magnético antiparalelo covalente muy poderoso y íntimo de mínima acción para unir dos átomos de hidrógeno en una molécula H_2, a pesar de su repulsión eléctrica función de lo inverso del cuadrado de la distancia, revela *de facto* que una ley de interacción de un orden superior a la fuerza de Coulomb inverso del cuadrado de la distancia está simultáneamente en acción para iniciar tan fácilmente y mantener un tal lazo covalente de mínima acción tan poderoso entre dos electrones.

Efectivamente, experimentos efectuados tan recientemente como 2014 por Kotler y al. [64] demostraron que la ley de interacción implicada, cuando dos electrones son forzados a interactuar en alineación de espín magnético paralelo, está la ley de lo inverso del cubo de la distancia, que es la interacción que consigue vencer la repulsión inversa del cuadrado de la distancia de Coulomb cuando dos electrones son forzados de acercarse bastante próxima uno del otro cuando en alineación de espín magnético antiparalelo. La relación entre estas dos leyes de interacción es descrita a la **Figura 2.6**.

Por otra parte, un experimento ejecutado en 1998 ya confirmaba esta interacción magnética función de lo inverso del cubo entre imanes que poseían la misma configuración de campos magnéticos que los cuantos electromagnéticos elementales, lo que permitió el análisis de esta ley de interacción magnética en relación con la naturaleza oscilante de su energía magnética revelada en la geometría tresespacial ([49], [8] Capítulo 9), lo que puso en evidencia el hecho de que los campos magnéticos de los cuantos electromagnéticos elementales se comportan en cualquier momento dado como monopolos magnéticos que invierten constantemente su polaridad magnético con arreglo al tiempo a la frecuencia de su energía ([11], Ver también el Capítulo 3)

Esta conclusión finalmente llama la atención al papel clave jugado por los ratios de frecuencias relativas que existen entre los cuantos electromagnéticos elementales para explicar por qué dos electrones pueden tan fácilmente estabilizarse magnéticamente en un lazo covalente a pesar de sus cargas del mismo signo que se rechazan mutuamente, debido al ratio 1 de sus frecuencias síncronas de expansión y regresión de presencia esféricas de sus energías magnéticas respectivas; también por qué un electrón y un positrón cautivos en configuración positronio metaestable pueden combinarse para convertirse en fotones electromagnéticos precisamente debido al ratio 1 de sus frecuencias de inversión magnética síncronas combinadas a la atracción debida a sus cargas eléctricas de signos opuestos [11]; y finalmente por qué un electrón y un protón pueden tan sistemáticamente rechazarse magnéticamente para estabilizarse a la distancia promedia bien conocida del orbital fundamental del electrón a pesar de la atracción debida a sus signos de cargas eléctricas de signos opuestos ([11], Ver también el Capítulo 3) ([49], [8] Capítulo 9), debido al ratio asincrónico de las frecuencias de expansión y regresión esférica de presencia de sus energías magnéticas respectivas, cuya mecánica sumariamente fue analizada en las Referencias ([43], [8] Capítulo 2) ([11], Ver también el Capítulo 3) ([49], [8] Capítulo 9), y que será analizada en más profundidad más lejos en relación con los estados de resonancia que resultan.

Pero analicemos en primero de qué manera la interacción magnética asíncrona entre la frecuencia invariante de la energía de la masa en reposo del electrón y la frecuencia variable de la energía de su fotón-portador permite definir el estado de resonancia irregular conocido bajo el nombre de zitterbewegung del electrón en movimiento.

2.18 Zitterbewegung

Considerando el **Cuadro 2.1** de nuevo, que pone en perspectiva el hecho de que el electrón en movimiento implica dos cuantos diferentes de energía, que no sólo oscilan electromagnéticamente a frecuencias diferentes, pero cuyos centros de oscilación armónica $\otimes$ físicamente son separados por estructura sobre un plano transversal relativamente a la dirección de movimiento del sistema en el espacio (**Figura 2.7**).

Una comparación entre la Ecuación (2.53) de la masa en reposo del electrón y la Ecuación (2.55) de su fotón-portador muestra en efecto que cada cuanto posee su propia junción tresespacial $\otimes$ separada por estructura del hecho simple de que sus energías oscilan entre pares diferentes de espacios en el complejo tresespacial, el de electrón que oscila entre el espacio-Z y el espacio-X, mientras que el de su fotón-portador oscila entre el espacio-Z y el espacio-Y, además de oscilar a frecuencias diferentes. Esto significa que salvo para el caso o el fotón-portador poseería una energía exactamente igual a 0.511 MeV, estos dos componentes del electrón en movimiento son incapaces de sincronizarse en alineación de espín magnético atractivo relativo exactamente antiparalelo, lo que pone en evidencia el contraste entre estas interacciones previsibles y medibles de resonancia asíncrona y las fluctuaciones estocásticas espontáneas imprevisibles axiomáticamente presumidas del punto de ninguno energía de la teoría cuántica de los campos (QFT) actualmente consideradas como que explican el movimiento de zitterbewegung.

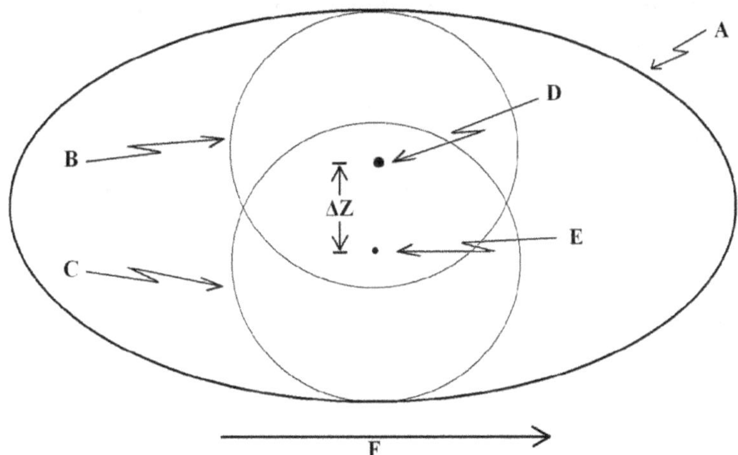

Figura 2.7: Electrón en movimiento libre.

Leyendas por la **Figura 2.7**:

A - Representación simbólica del volumen de resonancia del electrón en movimiento libre tal como definido por una función de onda que implica la interacción de las inversiones cíclicas de espines relativos dentro del espacio-Z de ambas cuantos electromagnéticos del electrón en movimiento, sea "B" y "C", a ser puesto en correlación con la representación simbólica de la mecánica de resonancia representada a la **Figura 2.8** y el **Cuadro 2.1**.

B – Representación simbólica del volumen esférico de oscilación de la energía magnética del electrón en el espacio-Z. Ref: **Figura 2.5-c** tal como aplicado a la estructura oscilante interna del electrón y a la Ecuación (2.53). Este volumen corresponde a su energía magnética variando entre cero presencia y una presencia máxima calculada con la Ecuación (2.22), y a la mitad de su masa en reposo invariante tal como determinado la Referencia ([30], [8] Capítulo 4).

C – Representación simbólica del volumen esférico de oscilación de la energía magnética del fotón-portador del electrón en el espacio-Z. Ref: **Figura 2.5-c** tal como aplicada sobre la estructura oscilante interna del fotón-portador y sobre la Ecuación (2.55). Este volumen corresponde a su energía magnética variando entre cero presencia y una presencia máxima calculada con la Ecuación (2.23), y al incremento de masa magnética asociado Δm_m tal como calculado con la Ecuación (2.10). Este volumen corresponde también a la energía contenida en el volumen definido por la función de onda de Schrödinger.

D - Punto de anclaje central $\otimes$ de resonancia de la energía magnética del electrón dentro del volumen de resonancia "A", sea su punto de junción tresespacial, donde el origen del complejo trispatial está situado para la cantidad de energía del electrón (**Figura 2.4**).

E - Punto de anclaje central $\otimes$ de resonancia de la energía magnética del fotón-portador del electrón dentro del volumen de resonancia "A", sea su punto de junción tresespacial, donde el origen del complejo tresespacial está situado para la cantidad de energía del fotón-portador (**Figura 2.4**).

De manera más realista, el volumen combinado de ambas cantidades magnéticas debería resolverse en forma de un esferoide único cuyas dimensiones varían con arreglo a la suma en variación constante de las cantidades de energía magnéticas presentes en el espacio-Z en cualquier momento dado, debida a su alternación constante entre una presencia máxima y ninguna presencia a frecuencias diferentes, y dentro del cual que ambos puntos de anclaje "D" y "E" quedarían a una distancia variable ΔZ uno del otro por estructura durante su oscilación uno hacia el otro y lo inverso como el análisis lo será hecho con la **Figura 2.8**. Esta representación explotada se quiere sólo una ayuda simple a visualizar que ambas cuantos oscilan por separado a sus frecuencias respectivas.

F- Orientación unidireccional de movimiento a lo largo del eje X-x en el espacio-X de la energía ΔK del momento del electrón.

ΔZ-Distancia de zitterbewegung entre ambas junciones tresespaciales "D" y "E".

En realidad, toda diferencia de frecuencias entre ambos componentes sólo puede forzar a las dos junciones tresespaciales $\otimes$ a seguir trayectorias que oscilan transversalmente respecto a la dirección de movimiento del sistema a dos componentes de manera en apariencia errática, debido a la secuencia asincrónica ininterrumpida de alternación cíclica entre ambos estados de alineación de espines antiparalela atractiva y paralela repulsiva, que pueden sólo generar el estado de resonancia que ha sido identificado como el movimiento de zitterbewegung del electrón en movimiento.

Veremos más lejos que un tercer proceso de oscilación, axial en las estructuras atómicas esta vez, es implicado cuando el electrón es capturado en estado de equilibrio electromagnético de mínima acción en orbitales atómicos, lo que genera el volumen de resonancia compleja a tres componentes dentro del cual de Broglie concluye que el electrón está en resonancia en el átomo de hidrógeno y que Schrödinger quería describir con la función de onda.

La **Figura 2.7** debería ser puesta en correlación con la **Figura 2.8** que representa la interacción transversal que determina el estado de resonancia de zitterbewegung.

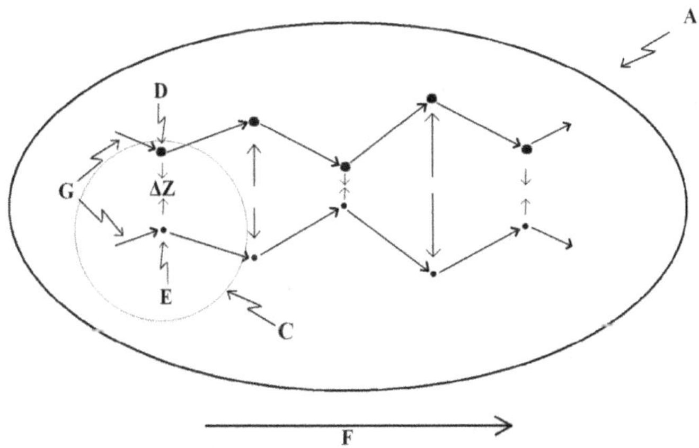

Figura 2.8: Zitterbewegung.

Leyenda adicional para la **Figura 2.8**, completando las definidas para la **Figura 2.7**:

G - La oscilación de resonancia de zitterbewegung que resulta de las inversiones de espines de sus esferas de energía "B" y "C" con arreglo a sus frecuencias respectivas (**Figura 2.7**), resultan en una secuencia ininterrumpida de aproximación y de alejamientos sucesivos una al otro de ambas junciones tresespaciales "D" y "E". La irregularidad de las distancias recorridas en el momentos de las inversiones sucesivas está simbólicamente representada para subrayar el hecho de que ambas esferas magnéticas de la **Figura 2.7** oscilan entre una presencia máxima y una presencia ninguna a frecuencias diferentes, resultando en una irregularidad de los ciclos de resonancia que genera el movimiento de zitterbewegung observado.

De hecho, la libertad de desplazamiento relativa de ambas junciones tresespaciales $\otimes$ una en relación a la otra puede en efecto sólo ser perpendicular a la dirección de movimiento del sistema, ya que la estabilidad por estructura de la cantidad de energía traslacional del fotón-portador en cualquier momento dado únicamente depende de la interacción culombiana del electrón transportado respecto a otras partículas cargadas. Esta limitación le prohíbe pues toda deceleración o aceleración longitudinal relativa la una respecto a la otra que sería implicada en sus movimientos.

La única libertad de movimiento posible para ambas junciones una relativamente a la otra es pues transversal en relación a la dirección de movimiento del sistema, que implica que en cualquier momento dado, ambas junciones tresespaciales se encontrarán a una distancia variable ΔZ (distancia de zitterbewegung) una del otra (**Figura 2.7**), calculable con arreglo al estado de los parámetros electromagnéticos armónicos de oscilación de ambos cuantos en cualquier momento dado.

¿No acabamos de identificar aquí la causa del *movimiento de zitterbewegung* observado y descrito por Schrödinger en su análisis de la ecuación de onda de Dirac [69], como que sería, según él, un movimiento circular fluctuante irregular del electrón que se sobrepone a su movimiento de traslación? La diferencia se debe al hecho de que el análisis de Schrödinger concluye que el momento magnético del espín es causado por el movimiento de zitterbewegung (observado pero no explicado) mientras que la perspectiva proporcionada por la geometría tresespacial predice y explica mecánicamente la existencia del movimiento de zitterbewegung por la interacción entre la energía magnética oscilante preexistente del electrón y la energía magnética oscilante preexistente de su fotón-portador, causada por sus diferencias de frecuencias.

Pues, además de revelar que el volumen real de resonancia *visitado* por ambas cuantos electromagnéticos en oscilación del electrón en movimiento variará con la variación de frecuencia de la energía en crecimiento o disminución del fotón-portador debido a las variaciones de proximidades entre el electrón transportado y otras partículas cargadas en su entorno, este análisis revela que cuando la energía del fotón-portador exactamente se hace la misma que la de la masa en reposo invariante del electrón, es decir 0.511 MeV, la amplitud ΔZ de la oscilación de zitterbewegung debería caer a cero mientras que el volumen de resonancia se sincroniza en oscilación armónica simple, lo que podría ser verificado experimentalmente.

2.19. La función de onda y el estado de resonancia del electrón en movimiento

Esto nos hace poner en perspectiva el volumen de resonancia definido por la oscilación armónica de la cantidad fija de energía del electrón en interacción con la oscilación armónica de la cantidad variable de energía de su fotón-portador, durante su movimiento en el espacio, en relación con la forma tradicional de la función de onda utilizada para representarlo.

Tal como mencionado al principio de este artículo, la función de onda fue introducida inicialmente para representar el volumen de resonancia dentro del cual de Broglie había concluido que el electrón debía ser cautivo cuando estabilizado en el estado fundamental del átomo de hidrógeno [58]. El método luego fue transpuesto para representar el electrón y los fotones electromagnéticos en movimiento libre.

En su estado actual, la función de onda de Schrödinger implica la oscilación armónica compleja de un único resonador no claramente definido, combinando matemáticamente una parte real y una parte imaginaria, mientras que observamos desde la perspectiva de la geometría tresespacial, que el electrón en movimiento implica dos resonadores electromagnéticos claramente definidos en oscilaciones armónicas simples separadas.

Aunque en su estado actual, la función de onda de Schrödinger permite dar cuenta completamente de la energía del momento ΔK del electrón en movimiento o cautivo en orbitales atómicos, es incapaz de dar cuenta del movimiento de zitterbewegung del electrón como que origina de las propiedades electromagnéticas del electrón y de su energía portadora.

De hecho, su origen de la mecánica clásica incompletamente asociada con el electromagnetismo no permite ninguna ingeniería inversa de cualquiera característica electromagnética del electrón en resonancia a partir de las características actuales de esta función de onda, lo que constituye la desconexión observada por Feynman en 1964, lo que impide que la MC sea completamente sincronizada con el electromagnetismo [26]:

"There are difficulties associated with the ideas of Maxwell's theory which are not solved by and not directly associated with quantum mechanics...when electromagnetism is joined to quantum mechanics, the difficulties remain."

Traducción:

"Hay dificultades asociadas con las ideas de la teoría de Maxwell que no son resueltos por y directamente asociados con la Mecánica Cuántica... cuando el electromagnetismo es asociado con la Mecánica Cuántica, las dificultades quedan."

Anotemos aquí que la ingeniería inversa de la manera por la cual los fenómenos observados pueden ser explicados es un método completamente usual en la comunidad científica. A decir verdad, es posiblemente el solo método eficaz, pero la condición mínima de éxito implica considerar lo menos premisas axiomáticas arbitrarias posible, tomando en consideración lo más elementos pertinentes posible que habrían sido confirmados experimentalmente, y finalmente ninguno elemento no pertinente.

Confrontado con este callejón sin salida partiendo de las características de la función de onda, pareció lógico de intentar una ingeniería inversa de la estructura de resonancia del electrón y de su fotón-portador, no a partir de las características de la función de onda como de Broglie intentó hacerlo, pero a partir de las características bien conocidas y bien verificadas de la energía electromagnética, lo que condujo a la presente solución elaborada a partir de la geometría tresespacial.

Para hacerse una idea clara del reto al cual de Broglie estuvo confrontado, examinemos cómo la naturaleza del resonador que genera un volumen de resonancia bien comprendido en la mecánica clásica puede ser deducida bastante fácilmente por ingeniería inversa.

¿Quién no observó con un poco de curiosidad cómo una cuerda de guitarra que acaba de ser pellizcada prácticamente *desaparecía* de la vista, particularmente en medio de su longitud mientras que vibra, mientras que *visita* transversalmente, para decirlo así, un volumen muy característico del espacio que rodea, es decir su *volumen de resonancia*, que puede ser representado por una función de onda?

En este caso, sabemos por anticipado por supuesto que el resonador está una cuerda elástica atada a ambas extremidades, porque podemos ver la cuerda en reposo antes y después de su estado de resonancia, y aunque parece desaparecer mientras que vibra, sabemos también que la cuerda continúe existiendo físicamente aunque no la vemos más mientras que oscila momentáneamente demasiado rápidamente para que se la vea.

Podemos también imaginar que alguien que jamás habría visto ni guitarra ni algún otro instrumento a cuerda, pero quién sería experto en matemática, y al que se mostraría la función de onda muy característica que describe completamente el volumen de resonancia estacionaria de la cuerda, después de haber observado cuidadosamente la disminución simétrica hacia nada de la amplitud de resonancia por cada lado de su valor máximo, podría bien ser capaz de deducir que este volumen de resonancia puede haber sido producido sólo por una cuerda elástica continua atada en posiciones fijas a ambos extremidades, descubriendo así y comprendiendo la naturaleza de un resonador del que no conocía nada antes.

Pero no hubo suerte con la función de onda de Schrödinger porque, como lo vimos a la sección precedente, los puntos de anclaje de resonancia electromagnética que permitiendo comprender cómo su mecánica de resonancia puede establecerse, no cómodamente son localizados fuera del volumen de resonancia como los de la cuerda de guitarra, sino dentro de este volumen, lo que no proporciona ningún indicio que permite reconocer sus existencia misma, y por consiguiente sus relaciones con el electromagnetismo. Es por eso que la sola dirección posible de toda ingeniería inversa pudiendo revelar la relación entre la función de onda de Schrödinger y el electromagnetismo podía hacerse sólo a partir de las características confirmadas de la energía electromagnética.

De hecho, la identificación de los parámetros electromagnéticos de localización proporcionados por la mecánica tresespacial muestran que la función de onda de Schrödinger definía el volumen de resonancia del medio-cuanto ΔK del momento del fotón-portador del electrón, lo que significa que cuando la función de onda es teóricamente reducida (*"wave function collapse"* en inglés), es la localización momentánea en el espacio de la junción tresespacial "E" del fotón-portador del electrón que físicamente es localizada [18], y la energía momentánea ΔK de su momento que es revelada. Ver **Figuras 2.7, 2.8** et **2.9**.

La posición relativa de la junción tresespacial "D" del electrón puede entonces estar establecida como estando situado en la distancia ΔZ (distancia de zitterbewegung entre ambas junciones tresespaciales) de la junción tresespacial

"E", a la misma distancia perpendicular del núcleo atómico cuando el electrón es cautivo en un orbital atómico (**Figura 2.9**).

Con la ayuda de la **Figura 2.7** para establecer una representación mental de las interacciones magnéticas "B"/"C" implicadas, podemos así observar que ambos componentes electromagnéticos son mantenidos juntos por la secuencia de inversiones de atracción/repulsión magnética cíclica causada por el hecho de que sus energías magnéticas "B" y "C" separadas alternan constantemente entre las alineaciones relativas mutuamente paralelas y antiparalelas de sus espines magnéticos a unas frecuencias diferentes ([43], [8] Capítulo 2) ([11], Ver también el Capítulo 3) ([30], [8] Capítulo 4); la orientación magnética esférica "B" de la energía del electrón que se invierte cíclicamente a la frecuencia invariante calculada con la Ecuación (2.15), mientras que la de su fotón-portador "C" variando con la cantidad de energía cinética por la que está constituida, se invierte a la frecuencia que puede ser calculada con la Ecuación (2.14).

Cada secuencia de aproximación entre las junciones tresespaciales "D" y "E" corresponde a la duración de una fase de alineación magnética antiparalela de los espines de ambas esferas magnéticas "B" y "C", correspondiendo al hecho que la suma de sus energías presente en el espacio-Z progresivamente disminuye hacia un estado mínimo momentáneo de presencia, mientras que cada secuencia de alejamiento corresponde a la duración de una fase de alineación magnética paralela de sus espines, correspondiendo al hecho de que la suma de sus energías presente en el espacio-Z progresivamente aumenta hacia un máximo momentáneo.

Dado que ambas esferas magnéticas oscilan a frecuencias diferentes, estos mínimos y máximos variarán con arreglo a la secuencia extendida de resonancia específica a su combinación, función de las variaciones de la energía adiabática que constituye el fotón-portador en consecuencia de la variación de las distancias en curso de cambio entre este electrón en movimiento y las cargas eléctricas cercanas, Dando así cuenta completamente del movimiento de zitterbewegung observado en apariencia aleatorio.

2.20. Los estados de resonancia del electrón en los orbitales atómicos

Tal como analizado en las Referencias ([43], [8] Capítulo 2) ([11], Ver también el Capítulo 3), la sola manera para que un electrón sea parado en su movimiento cuando está en movimiento libre en la naturaleza, es para que sea capturado en un estado de equilibrio electromagnético axial de mínima acción en uno de los orbitales autorizados en un átomo.

Durante su movimiento libre, que acabamos de analizar, ambos cuantos electromagnéticos separados que constituyen el electrón en movimiento, es decir el de la cantidad de energía invariante de su masa en reposo "D" y el de la energía de su fotón-portador "E", pueden ser mantenidas juntos sólo porque la interacción en inversión cíclica a alta frecuencia de sus energías magnéticas "B" y "C", cuyas fases de presencia atractiva, a pesar de estar intermitentes y asincrónicas función de lo inverso del cubo de la distancia, está bastante poderosa a tan corta distancias, para asegurar una cohesión que puede ser sólo un estado de mínima acción por definición.

Pero tan poderosa esta interacción pueda estar a distancia tan corta entre las esferas de energía magnética "B" y "C", está insignificante fuera de toda proporción comparada con la fuerza de la interacción entre estas esferas de energía magnética y las esferas de energía magnéticas "N" de los fotones-portadores de los quarks arriba y abajo del protón que constituye el núcleo de un átomo de hidrógeno (**Figuras 2.9 y 2.10**).

Tan poderosa de hecho, que incluso a la distancia aproximada *relativamente astronómica* de 5.29E-11 m del protón, la resultante compleja de la interacción magnética paralela cíclica repulsiva combinada es suficiente para parar literalmente a un punto muerto el electrón mientras que se encontraba en el último derecho de su movimiento de aceleración hacia el protón, este ultimo debido a la fuerza atractiva de Coulomb entre su carga negativa y la carga positiva combinada de los tres quarks, y cuya resultante compleja de su interacción magnética antiparalela cíclica atractiva combinada era suficiente para impedirlo escaparse y mantenerlo cautivo en un estado estabilizado de equilibrio electromagnético axial de mínima acción. Véase Sección 1.28.

Los parámetros de los **Cuadros 2.2 y 2.3**, así como las Ecuaciones (2.61) a (2.64) permitieron calcular en efecto a las Referencias ([43], [8] Capítulo 2) ([11], Ver también el Capítulo 3) ([32], [8] Capítulo 14) ([49], [8] Capítulo 9) que el campo magnético "N" de la energía de cada uno de los fotones-portadores de los quarks es más de 600 veces más poderoso que el de la cantidad de energía invariante de la masa en reposo del electrón "B", sobreponiéndose mutuamente hasta una potencia combinada de cerca de 2000 veces la del electrón y de su fotón-portador.

Durante el proceso de parada propiamente dicho, el medio-cuanto ΔK de energía "F" asociado con el momento del fotón-portador del electrón no tiene otra opción, debido a su inercia traslacional, que de escaparse en forma de un fotón electromagnético bien conocido de Bremsstrahlung, cuya cantidad de energía es 13.6 eV en el caso del establecimiento del electrón en el orbital fundamental del átomo de hidrógeno "H". Véase la Sección 1.28 para la mecánica detallada de la emisión de este fotón en la geometría tresespacial.

Mientras que esta energía se escapa, una cantidad exactamente igual de energía ΔK de momento "F" simultáneamente es inducida de nuevo de manera adiabática por la fuerza de Coulomb, tal como descrito en la Referencia ([43], [8] Capítulo 2), porque es bien verificado que la interacción culombiana entre las cargas prohíbe que una cantidad diferente de 27.2 eV sea inducida en forma de un fotón-portador en cargas unitarias separadas por una distancia de 5.29E-11 m.

Este medio-cuanto de energía ΔK del momento "F" ahora orientado por estructura directamente y de manera inamovible hacia el protón continuará ejerciendo una *presión* continua que procurará propulsar la carga negativa del electrón hacia la resultante de signo opuesto de las cargas de los subcomponentes del núcleo, aunque su movimiento hacia el protón está bloqueado por la contra-presión magnética que existe entre su energía magnética "B" y la de los tres fotones-portadores internos "N" del protón.

Y es este juego de *presión/contra-presión* entre la energía ΔK del momento "F" del fotón-portador del electrón y la interacción compleja entre las esferas magnéticas oscilantes "B" y "N" implicadas que determina el volumen de resonancia descrito por la función de onda de Schrödinger, como vamos a verlo.

Hay que decir que la captura de un electrón por un protón para formar un átomo de hidrógeno es posiblemente el proceso mejor comprendido que implica partículas elementales estabilizadas en equilibrio electromagnético axial de mínima acción. Ha sido sin embargo estudiado desde hace un siglo sólo a través de los filtros de los dos tradicional paradigmas muy diferentes que no son directamente reconciliables, es decir el de la mecánica clásica/relativista y el de la Mecánica Cuántica.

Desde el punto de vista de la mecánica clásica/relativista, heredada de la mecánica de Newton, la estabilización del electrón a la distancia calculada de 5.29E-11 m puede ser asociada sólo con la idea de que el electrón sería una masa localizada sin estructura interna orbitando el protón a esta distancia a la velocidad correspondiendo a la energía ΔK de su momento, es decir una velocidad que puede ser calculada desde el punto de vista de la mecánica clásica o relativista dependiendo de la tomada en consideración o no del factor gamma en su cálculo.

Desde esta perspectiva, no es concebible que el electrón pueda conservar su energía cinética de momento ΔK calculable con la Ecuación (2.11), si debía ir más despacio y volverse inmóvil a esta distancia axial del protón, porque la existencia misma de la energía cinética, según la perspectiva de la mecánica clásica/relativista, depende de la velocidad de un cuerpo masivo ([11], Ver también el Capítulo 3). Según esta perspectiva, si un cuerpo masivo debía ir más lentamente de esa manera, esta energía es considerada convertirse en una cantidad equivalente de energía *potencial*, lo que equivaldría a privar el electrón de toda posibilidad de quedar *en órbita*, y es considerada que conduciría a que el electrón se *se estrelle* teóricamente sobre el protón.

Pero por supuesto, ya que sabemos con certeza que esto jamás se produce en la realidad física, tras experimentos innumerables en el curso del siglo pasado, sabemos también que esta conclusión, sacada en referencia a los cuerpos masivos macroscópicos antes de que la existencia de las cargas eléctricas y la fuerza de Coulomb sean descubiertas, es parcialmente engañosa por lo menos cuando aplicada sobre el comportamiento de las cargas eléctricas, aunque parece satisfactoria cuando aplicada sobre los cuerpos masivos a nuestro nivel macroscópico.

Desde el punto de vista de la Mecánica Cuántica por otra parte, heredada del establecimiento de la función de onda de Schrödinger y de la distribución estadística de Heisenberg en los años 1920, el electrón estabilizado en el estado fundamental del átomo de hidrógeno es considerado con 100 % de probabilidad de estar presente dentro de un volumen claramente definido de espacio alrededor del protón, dentro del cual la energía del electrón, sin estructura interna exactamente como en la mecánica clásica/relativista, es estimada estadísticamente ser más concentrada (o más a menudo presente) alrededor de esta distancia promedia de 5.29E-11 m del protón, es decir un volumen dentro del cual el electrón no puede ser visto como que se desplaza sobre una trayectoria claramente definida, contrariamente a la mecánica clásica/relativista, incluso si claramente es comprendido que puede encontrarse localizado axialmente dondequiera dentro de este volumen en el momento de toda reducción hipotética de la función de onda, y que su localización más probable tiende a coincidir con la representación por órbita clásica de Bohr, lo que es exprimido en forma de una probabilidad de densidad de energía del electrón dentro del volumen descrito por el método estadístico de Heisenberg.

Su energía total es definida en términos más generales con el hamiltoniano heredado de la mecánica clásica/relativista, combinando en un concepto conservativo único una suma ΔK de las energías cinética y *potencial* quién dan cuenta de su momento en la mecánica clásica/relativista, curiosamente siempre fundado sobre el mismo concepto conservativo del momento $p=mv$ ($p=\gamma mv$ desde la perspectiva relativista), lo que todavia hace depender la existencia de la cantidad de energía cinética ΔK de la velocidad, aunque ninguna velocidad puede ser asociada con la energía no localizada del electrón tal como actualmente representada por el volumen de resonancia de la función de onda.

Aunque estos dos paradigmas tradicionales toman en consideración la energía del momento ΔK de la Ecuación (2.11), no toman en consideración la energía que corresponde a su incremento de masa Δm_m de la Ecuación (2.2), a pesar de su existencia probada experimentalmente por los experimentos de Kaufmann [36], tal como medida por interacción transversal, lo que es por consiguiente la razón para la cual estos dos paradigmas no asignan ninguna función ni a los campos magnéticos de las partículas cargadas ni a sus incrementos de masa magnética al nivel submicroscópico.

Esto exactamente localiza donde la desconexión se sitúa entre las mecánicas clásica/relativista y cuántica de una parte, y la mecánica electromagnética por otra parte, y revela la importancia de la naturaleza adiabática de la inducción de energía ([43], [8] Capítulo 2) por interacción culombiana, tal como subrayado con la **Figura 2.1** y la Ecuación (2.20), que combina con la Ecuación (2.13) la cantidad total de energía inducida adiabáticamente en las partículas cargadas tal como calculado con la Ecuación (2.11) para la parte momento traslacional, y con la Ecuación (2.2) para el incremento de masa magnética.

La desconexión crítica precisamente reside en el hecho de que la mitad ΔK de energía cinética del momento del cuanto total de energía inducido es inducida adiabáticamente por la interacción de Coulomb (Ecuación (2.12)) de tal modo que puede sólo permanecer físicamente presente y activa vectorialmente en la dirección del protón, incluso si es probado experimentalmente que es incapaz de forzar el electrón a progresar hacia el protón, ni a lo largo de la trayectoria obligada por la clásica mecánica, ya que su orientación vectorial inmutablemente es fijada por estructura perpendicularmente a esta trayectoria clásica.

Esto llama la atención al hecho de que la energía del momento relativista ΔK de la Ecuación (2.6) y el incremento de masa relativista m_m de la Ecuación (2.2) tales como combinados en la Ecuación (2.13), que totalmente da cuenta de la velocidad relativista y del incremento de masa relativista confirmadas por los experimentos de Kaufmann [36], permanecen totalmente inducidas adiabáticamente incluso cuando la velocidad relativista asociada es impedida por *algo* de expresarse cuando el electrón es estabilizado en el estado fundamental del átomo de hidrógeno.

Esto conduce a su vez a la conclusión de que términos tales "*momento electromagnético*" y "*incremento magnético de masa*" serían más adaptados que los términos actuales "*momento relativisto*" y "*incremento de masa relativista*" para describir estas medio-cuantos de energía inducidos adiabáticamente, ya que puede ser demostrado que la energía cinética estrictamente es inducida adiabáticamente con arreglo a la distancia entre las cargas, con arreglo a la curva de crecimiento de inducción de energía electromagnética sometida al factor gamma y a la fuerza de Coulomb ([11], Ver también el Capítulo 3) [36] ([42], [8] Capítulo 5), y contrariamente al fundamento mismo de todas las teorías tradicionales que se refieren a la energía y la materia, exclusivamente elaboradas a partir de experimentos efectuados al nivel macroscópico, según las cuales la energía cinética puede existir sólo cuando un movimiento traslacional es posible, es observado que la energía cinética, según todos los experimentos que implican partículas elementales cargadas, puede sólo ser una *sustancia que existe físicamente* y cuya existencia no depende de la velocidad tal como axiomáticamente presumido actualmente, pero que es la velocidad que depende de la existencia previa de la energía cinética, una velocidad que puede expresarse solamente si un movimiento traslacional no es impedido por una contra-presión magnética traslacional local ([43], [8] Capítulo 2).

La última cuestión se revela pues ser: ¿Cómo opera esto "*algo*" que impida tan eficazmente y sistemáticamente el movimiento natural de la energía cinética del momento ΔK del electrón de tal modo que le es imposible estrellarse sobre el protón de acuerdo con su orientación vectorial natural?

Ni la mecánica clásica/relativista ni la Mecánica Cuántica ofrecen algún indicio que sea para resolver este problema. Pero la mecánica tresespacial permite observar que este impedimento puede resultar sólo de una interacción magnética a predominio repulsivo, sea una contra-presión magnética, resultando de una alternación constante paralela/antiparalela de las orientaciones de los espines entre la energía magnética "B" de la masa en reposo del electrón y la de las 3 fotones-portadores "N" de los quarks del protón, en función de sus frecuencias respectivas de oscilación ([43], [8] Capítulo 2) ([11], Ver también el Capítulo 3) ([49], [8] Capítulo 9), tal como representado simbólicamente con las **Figura 2.9** y **2.10**, que vamos a analizar ahora.

Debe claramente ser comprendido que es el movimiento de aumento/disminución de la presencia física de la *sustancia energía magnética* misma del electrón y de los 3 fotones-portadores de los quarks que debe ser visualizado durante este análisis, y no el de las representaciones por campos matemáticos E y B de las ecuaciones de Maxwell, como se podría intuitivamente ser intentado hacerlo.

Para comprender bien la trayectoria de resonancia axial en la cual el electrón es forzado por evolucionar, la cual determina el volumen definido por la función de onda de Schrödinger, las potencias relativas de las esferas magnéticas oscilantes implicadas deben ser puestas en perspectiva.

En este proceso, el medio-cuanto magnético Δm_m del fotón-portador "C" del electrón será ignorado para simplificar el análisis presente, porque está infinitesimal por la definición del volumen de resonancia del estado fundamental, comparado con el papel jugado por la masa magnética "B" del electrón, como lo revela su valor calculado con la Ecuación (2.27) y el ratio siguiente establecido con la masa magnética del electrón estabilizado en el orbital fundamental del átomo de hidrógeno, y es significativo solamente en relación con el movimiento de zitterbewegung transversal del electrón, tal como anteriormente analizado:

$$\frac{\Delta m_m}{m_e/2} = \frac{2.42533772\ 6E\text{-}35}{4.55469094\ E\text{-}31} = \frac{1}{1.87796152\ 7E4} \tag{2.65}$$

El medio-cuanto "F" del momento ΔK del electrón tiene sin embargo un papel que hay que jugar, porque cada vez que la esfera magnética "B" de la masa en reposo del electrón reduce su presencia a cero en el espacio-Z, toda contra-presión magnética cesa por estructura entre el electrón y la energía magnética que constituye las esferas magnéticas "N" centradas sobre el protón, lo que procura que la energía ΔK del momento "F" del electrón es de nuevo libre de propulsar el electrón hacia el protón, hasta que la sustancia de la energía magnética "B" de la masa en reposo del electrón empieza de nuevo a aumentar en el espacio-Z mientras que el ciclo que siga de su frecuencia comience.

En cuanto al protón, son las masas magnéticas "O" de los quarks arriba y abajo quiénes serán ignoradas para simplificar nuestro análisis, porque contrariamente a la insignificancia del medio-cuanto magnético Δm_m de la energía del fotón-portador "C" del electrón relativamente a la masa magnética del electrón tal como demostrado con la Ecuación (2.65), son las masas magnéticas "O" de los quarks arriba y abajo quiénes son infinitesimales cuando comparadas con los valores inmensamente más grandes de los medio-cuantos magnéticos Δm_m de sus fotones-portadores. En efecto, tal como calculado a la Referencia ([32], [8] Capítulo 14) el fotón-portador "N" de cada quark tendría una energía total promedia de cerca de 310.457837 MeV.

$$\text{Energia de un photón-portador de quark} = \Delta K + \Delta m_m = 4.974082389E-11\,\text{j} \qquad (2.66)$$

lo que ajusta sus frecuencia y longitud de onda a los valores siguientes:

$$v = \frac{E}{h} = 7.506837869\,\text{E22 Hz} \qquad \lambda = \frac{c}{v} = 3.99359175\,\text{2E}-15\,\text{m} \qquad (2.67)$$

Y incluso sin tomar en consideración la deriva magnética causada por la proximidad por muy grande y mutua de los 6 cuantos electromagnéticos internos del protón (Ref: Ecuación (2.62) y Referencias ([32], [8] Capítulo 14) ([49], [8] Capítulo 9), que aumenta considerablemente su energía magnética, para simplificar este análisis, cada uno de sus medio-cuantos magnéticos Δm_m habrá el valor mínimo siguiente:

$$\Delta m_m = \frac{E/2}{c^2} = 2.767206524\,\text{E}-20\,\text{kg} \qquad (2.68)$$

En relación con la masa del quark arriba disponible en el **Cuadro 2.2**, el ratio siguiente puede estar establecido:

$$\frac{\Delta m_m}{m_U/2} = \frac{2.76720652\ 4\text{E}-20}{1.02480546\ 2\text{E}-30} = \frac{2.700226166\ \text{E10}}{1} \qquad (2.69)$$

y para el quark abajo:

$$\frac{\Delta m_m}{m_D/2} = \frac{2.76720652\ 4\text{E}-20}{4.09922189\ \text{E}-30} = \frac{0.6750565347\ \text{E10}}{1} \qquad (2.70)$$

Por lo tanto, comparando estos dos últimos ratios con el ratio de las masas magnéticas del electrón calculado con la Ecuación (2.65), no sólo observamos que estos dos ratios son invertidos en relación al ratio entre la energía magnética del electrón versus la de su fotón-portador, pero observamos además que los fotones-portadores de los quarks son 10 órdenes de magnitud más enérgicos que los quarks que transportan, lo que justifica la utilización de solamente las esferas magnéticas "N" de los 3 fotones-portadores para explicar sumariamente el volumen de resonancia del electrón.

Finalmente, el ratio de la masa magnética $m_e/2$ del electrón "B" y de la masa magnética mínima Δm_m de incluso sólo uno de los fotones-portadores "N" de los quarks, da una visión de la facilidad y de la fuerza con la cual un electrón puede ser puesto en estado de resonancia como una pluma sacudido en un huracán mientras que es sacudido axialmente por la energía magnética de una magnitud 11 veces superior de incluso sólo uno fotón-portador de quark centrado sobre la posición del protón:

$$\frac{m_e/2}{\Delta m_m} = \frac{4.55469094\,E - 31}{2.767206524\,E - 20} = \frac{1.64595266\,E11}{1} \tag{2.71}$$

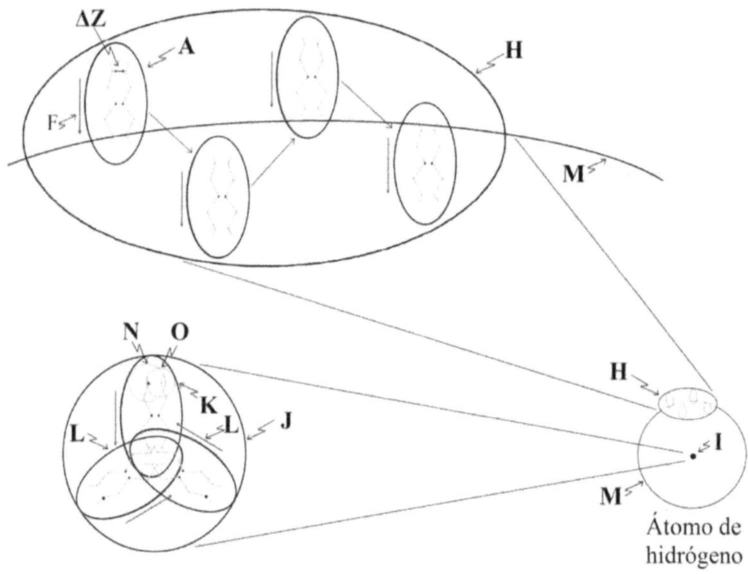

Figura 2.9: Los estados de resonancia del átomo de hidrógeno.

Leyendas adicionales para la **Figura 2.9**, en complemento a las de las **Figuras 2.7** et **2.8**:

H - Representación simbólica del volumen de resonancia de la energía del electrón cautivo en el orbital fundamental del átomo de hidrógeno.

I - Protón.

J - Representación simbólica del volumen de resonancia de la energía del protón, resultando de las interacciones entre los 6 componentes de la estructura interna del protón en consecuencia de las inversiones cíclicas de sus espines, sea 2 quarks arriba, 1 quark abajo y sus 3 fotones-portadores.

K - Representación simbólica del volumen de resonancia de zitterbewegung dentro del cual la junción tresespacial al comportamiento puntual del quark abajo y la de su fotón-portador implicados en interacción mutua de inversión cíclica de sus espines magnéticos en el espacio-Z permanecen cautivos, tal como representado con las **Figuras 2.7** y **2.8**, pero que implican frecuencias mucho más elevadas que en el caso del volumen de resonancia de zitterbewegung del electrón.

L - Representación simbólica del volumen de resonancia de zitterbewegung dentro del cual la junción tresespacial al comportamiento puntual del quark arriba y la de su fotón-portador permanecen cautivos, según la misma lógica de interacción cíclica que por el quark abajo descrita a la representación K que precede.

M - Distancia orbital promedio entre el electrón y el protón en el átomo de hidrógeno, correspondiendo al radio teórico de Bohr, a la cuál la energía del momento del electrón es exactamente igual a ΔK, más allá de la cuál distancia esta energía disminuye hasta $\Delta K - \Delta(\Delta K)$ cuando el electrón es rechazado más lejos, y aumenta hasta $\Delta K + \Delta(\Delta K)$ cuando es atraído más próximo, durante sus secuencias de movimiento axiales cíclicos de resonancia.

N - Representación simbólica del volumen esférico de la energía magnética en oscilación del fotón-portador de un quark en el espacio-Z. Ref. **Figura 2.5-c** tal como aplicada sobre la estructura interna oscilante del fotón-portador y la Ecuación (2.55). Este volumen corresponde a su campo magnético variando de cero presencia hasta una presencia máxima quién puede ser calculada con la Ecuación (2.23), utilizando la longitud de onda del fotón-portador obtenida con la Ecuación (2.67), y al incremento de masa magnética Δm_m del quark obtenido con la Ecuación (2.68).

O - Representación simbólica del volumen esférico de la energía magnética en oscilación de un quark arriba o abajo en el espacio-Z. Ref. **Figura 2.5-c** aplicada sobre la estructura interna oscilante de los quarks y sobre las Ecuaciones (2.63) y (2.64).

Ya que los tres fotones-portadores de los quarks tienen la misma frecuencia por estructura, permanecen sincronizados permanentemente en la una o la otra de ambas configuraciones posibles, que son "U ∥ U ≠ D" o "U ∥ D ≠ U". Ver **Figura 2.10**.

El resultado es que no importa en cual fase creciente o decreciente de presencia de su energía magnética oscilante "B" el electrón se encontrará, sea la esfera magnética más grande o la más pequeña centrada sobre el protón estará en alineación de espín paralela en relación a él y lo rechazará, y está lo que impide de manera permanente que el electrón naturalmente pueda rendirse hasta el protón, a menos que de haber sido inducido por casualidad o artificialmente por fuentes externas con un fotón-portador suficientemente enérgico para hacerle, como es usual de hacerle en los aceleradores a alta energía.

En oposición a la esfera magnética oscilante única del electrón "B", la energía magnética combinada de los componentes internos del protón se materializan en forma de dos esferas concéntricas en alineación antiparalela de volúmenes esféricos desiguales (**Figura 2.10**). La más grande está constituida por la suma en variación cíclica de la energía magnética de dos fotones-portadores de quarks (2 x " N ") en alineación mutua paralela permanente de sus espines mientras que aumenta y disminuye cíclicamente entre cero presencia y máxima presencia de energía en el espacio-Z, mientras que la esfera magnética más pequeña está constituida por la energía magnética "N" del tercer fotón-portador, que puede estar por estructura sólo en alineación antiparalela con la de uno de los dos otros, y cuya energía en oscilación constante se encuentra siempre en oposición a la suma del movimiento esférico de la energía de los dos otros, es decir, en fase de aumento de presencia de energía mientras que la presencia de energía de la otra esfera está en disminución, y en disminución de presencia de energía mientras que la energía de los dos otros está en aumento.

En la representación simbólica de la **Figura 2.9**, el volumen de resonancia de zitterbewegung "A" es orientado como si se desplace hacia el protón, para subrayar el hecho de que el medio-cuanto ΔK de 13.6 eV de energía del momento reinducido en el fotón-portador del electrón mientras que el electrón fue capturado permanecía constantemente orientado hacia el protón, aunque su movimiento es continuamente inhibido por el hecho de que no importa la fase de aumento o disminución de presencia de la energía de su esfera magnética en oscilación (Característica " B " en las **Figuras 2.7** y **2.10**), esta última será rechazada ya que la una o la otra de ambas esferas magnéticas en alineación mutuamente antiparalela centradas sobre la posición del protón (ver **Figura**

2.10), estará en alineación de espín magnético paralelo repulsivo en relación a la esfera de energía magnética del electrón "B".

Esta orientación paralela repulsiva relativa del espín de la esfera magnética del electrón en relación con lo menos una de ambas esferas magnéticas concéntricas del protón no es sin embargo lo que explica el estado de resonancia axial del electrón en el orbital fundamental definido por la función de onda de Schrödinger. Este punto será clarificado en breve, pero analicemos en primer lugar la estructura electromagnética del protón.

Puede parecer tener allí una desconexión entre la idea de que la energía de las esferas magnéticas oscilantes de los fotones-portadores de los quarks podría extenderse tan lejos en el espacio como el orbital fundamental situado a 5.29E-11 m del protón, y con bastante fuerza en este caso para establecer un estado de equilibrio electromagnético de mínima acción que guarda el electrón cautivo a esta distancia relativamente grande del volumen relativamente minúsculo de radio 1.2E-15 m dentro del cual sabemos que las 6 cuantos electromagnéticos que constituyen el protón son cautivas.

Esto es puesto más fácilmente en perspectiva cuando se considera que el campo magnético del Sol es conocido para alcanzar los confines más alejados del Sistema solar, presuntamente hasta la nube de Oort, aunque la materia del cual el Sol es hecho es contenida en una esfera cuyo radio es más corto de lejos que el radio de la órbita de Mercurio, su planeta más próximo. De hecho, el campo magnético inmenso del Sol puede estar constituido sólo por la suma de los campos magnéticos individuales de las partículas elementales innumerables y de sus fotones-portadores que constituyen la materia de la que el Sol es hecho. La misma conclusión puede ser sacada por supuesto para todos los cuerpos celestes, como puesto en perspectiva a la Referencia ([45], [8] Capítulo 16).

Pues no hay ninguna desconexión entre esta conclusión sacada al nivel submicroscópico y lo que es observado incluso a la escala astronómica, porque si un átomo de hidrógeno teóricamente sea engordado bastante para que el diámetro de su protón reúna en dimensión el del Sol, como a menudo se recuerda durante estos análisis, el electrón se estabilizaría tan lejos como la órbita de Neptuno, lo que hace que en términos relativos, el campo magnético del protón reuniría también el mismo orden de magnitud que el del sol.

Recordemos también que en la geometría tresespacial, esto no es en el espacio-X normal que esta energía magnética se extiende y se contrae, pero en el interior del espacio-Z magnetostático, y que son solamente los medio-cuantos

ΔK de energía del momento y las junciones tresespaciales $\otimes$ al comportamiento puntual de cada partícula elemental, de cada fotón y de cada fotón-portador, quiénes *viven* realmente, para decirlo así, dentro del espacio-X normal, es decir los solos dos aspectos de la energía electromagnética de las partículas elementales que son detectables por colisión longitudinal, es decir la suma total de la energía electromagnética que reside en los dos otros espacios ortogonales Y y Z, y cuya presencia física que podemos detectar sólo a través de estas junciones tresespaciales $\otimes$ cuyo comportamiento es casi-puntual en el espacio-X, y la energía ΔK de su momento traslacional; y el solo aspecto de la energía electromagnética que puede ser detectado por colisión o interacción transversal, es decir sólo la energía electromagnética que reside dentro de los dos otros espacios ortogonales y que detectamos a través de estas junciones tresespaciales $\otimes$ al comportamiento siempre puntual en el espacio-X, sea la energía de las masas en reposo m para el electrón, el positrón, el quark arriba y el quark abajo, y la energía del incremento de masa magnética Δm_m de los fotones-portadores, y finalmente los medio-cuantos de energía electromagnética Δm_m de los fotones electromagnéticos libres.

En efecto, no es la energía magnética de los 6 componentes internos del protón que son cautivos dentro de su volumen físicamente medido, pero las 6 junciones tresespaciales $\otimes$ al comportamiento puntual que son los puntos de anclaje individuales de esta energía magnética dentro del espacio-X normal, y a través de las cuales su energía electromagnética oscila de manera cíclica, que son cautivas por pares en estados de resonancia transversal de zitterbewegung, y también colectivamente en el volumen común de resonancia de mínima acción que resulta de sus interacciones electromagnéticas tresespaciales mutuales que resultan en el establecimiento de la estructura estable del protón.

El neutrón, que no es ilustrado en este documento, posee una estructura electromagnética que implica los mismo quarks arriba y abajo y sus fotones-portadores ligeramente más enérgicos, con única otra diferencia que en lugar de implicar 2 quark arriba y un quark abajo (uud), implica 2 quarks abajo y un quark arriba (udd). Los detalles de las estructuras tresespaciales de los dos nucleones están disponibles en la Referencia ([32], [8] Capítulo 14).

A propósito del volumen de resonancia del orbital fundamental, la **Figura 2.10** pone en perspectiva el hecho de que este volumen de resonancia es debido a la frecuencia de oscilación inmensamente más elevada de la energía de los fotones-portadores de los quarks del protón relativamente a la frecuencia de oscilación mucho más baja de la energía magnética de la masa en reposo del electrón.

Comparando la frecuencia del electrón de la Ecuación (2.15) y la de uno de los fotones-portadores de la Ecuación (2.67) permite determinar que mínimamente, la inversión de polaridad magnética de cada fotón-portador de los quarks se produce más de 600 veces durante cada caso de inversión de polaridad de la energía magnética del electrón, es decir, durante cada ciclo de presencia física de la energía magnética del electrón en el espacio-Z:

$$\frac{\nu_{quark\,phot\acute{o}n-portador}}{\nu_{electr\acute{o}n}} = \frac{7.506837869\,E22}{1.235589976E20} = \frac{607.5508878}{1} \qquad (2.72)$$

La interacción constante debida a esta diferencia de frecuencias entre las esferas magnéticas diversas que implican la ley de interacción inversa del cubo de la distancia, que opone la energía "F" del momento unidireccional ΔK que procura constantemente propulsar el electrón hacia el protón a una secuencia ininterrumpida de fases de atracción-repulsión magnética, puede entonces resultar sólo en el establecimiento del estado axial estable de resonancia que de Broglie identificó [58].

En la **Figura 2.10**, la secuencia central "B" representa simbólicamente una muestra arbitraria de 6 casos de variación de intensidad de presencia esférica de la energía magnética del electrón con arreglo a su frecuencia. De manera simplificada, cada uno de estos 6 casos simbólicamente está confrontado en la secuencia inferior por más de 600 casos de variación de intensidad de presencia esférica de la energía magnética de los 3 fotones-portadores de los quarks arriba y abajo del protón con arreglo a sus propias frecuencias.

El estado de equilibrio orbital de mínima acción está establecido por consiguiente por el hecho de que el medio-cuanto "F" de energía del momento ΔK del fotón-portador del electrón alternativamente es inhibido en su movimiento hacia el protón, cuando la interacción función de lo inverso del cubo se vuelve repulsiva – orientación de espines magnéticos paralela entre las esferas de energía magnética del electrón y una de las esferas de energía magnética del protón – y es liberada de esta contra-presión mientras que la interacción magnética se vuelve atractiva – orientación de espines magnéticos antiparalela entre las esferas de energía magnética implicadas.

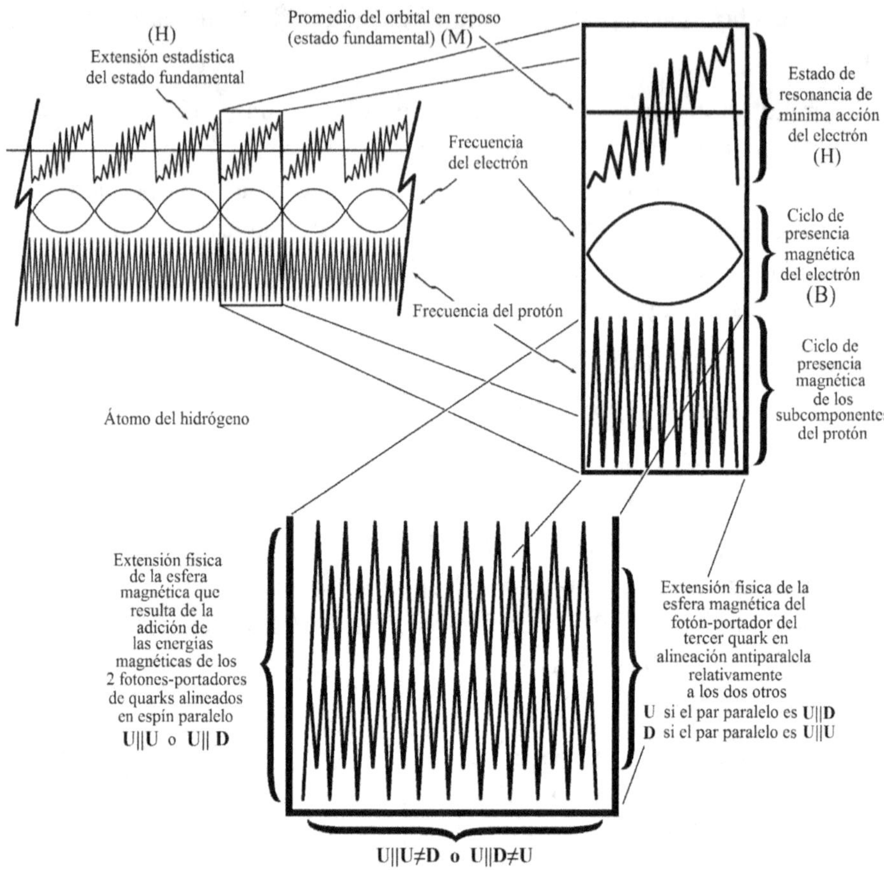

Figura 2.10: Establecimiento del estado de resonancia de mínima acción del electrón en el átomo de hidrógeno.

Tal como representado a la **Figura 2.10**, durante cada uno de los 600 ciclos magnéticos del fotón-portador "N" de uno de los quarks, la esfera magnética "B" del electrón será rechazada axialmente del protón de una distancia Δd durante la mitad del ciclo de presencia magnética "N" del fotón-portador del quark, durante la cuál la orientación de sus espines es paralela – pues repulsiva, y ya que el electrón estará situado más lejos del protón cuando sus relación se vuelve de nuevo antiparalela – pues atractiva – para la misma duración, habrá imposibilidad física que sea devuelto axialmente hasta la distancia $-\Delta d$, dado que la fuerza inversa del cubo será menos intensa a partir de esta distancia más alejada del protón al principio de la fase antiparalela.

Por consiguiente, y por estructura, dado la intensidad de la atracción inversa del cubo más débil al principio de la fase atractiva, el electrón puede ser devuelto sólo la distancia *-(Δd-Δ(Δd))*, quién procurará que se alejará axialmente progresivamente del protón a cada secuencia de inversión de polaridad de espines magnéticos relativos "B"/"N" hasta que la presencia de su propia energía magnética "B" caiga a cero, momento durante el cual solamente el medio-cuanto *ΔK* de energía del momento del fotón-portador del electrón será activo, haciendo progresar libremente el electrón hacia el protón tan próximo como la ley de lo inverso del cuadrado de la fuerza de Coulomb le permitirá ir, hasta que su ciclo de presencia magnética "B" empieza de nuevo y que la secuencia completa de repulsión magnética a predominio repulsivo "B"/"N" empieza de nuevo, tal como representado a la **Figura 2.10**.

Por supuesto, el estado real de resonancia del electrón en el orbital de mínima acción del átomo de hidrógeno o de cualquier otro átomo será mucho más complejo que descrito con este ejemplo limitado, quién pretendía solamente describir la mecánica fundamental propiamente dicha de la interacción entre la energía magnética "B" y la energía del momento *ΔK* del electrón de una parte y la energía magnética de los fotones-portadores de los quarks del protón por otra parte. Obviamente, el volumen exacto de resonancia dentro del cual cada partícula electromagnética masiva del átomo de hidrógeno será circunscrita, sea un electrón, dos quarks arriba y un quark abajo, podrá ser determinado sólo por un estudio cuidadoso de todas las interacciones electromagnéticas entre estas partículas y sus fotones-portadores.

Dado que la distancia de equilibrio promedia a la cual este proceso fuerza el electrón en movimiento de se estabilizar en el átomo de hidrógeno coincide con la zona de más densa probabilidad de distribución del método de Heisenberg, parece que la trayectoria axial del electrón alrededor de esta distancia promedia dentro del volumen que puede así visitar con arreglo a la inercia de su masa relativista variante en cualquier momento dado, debería corresponder con la probabilidad de distribución de Heisenberg para todas las localizaciones instantáneas en las cuales el electrón puede ser calculado encontrarse estocásticamente por reducción teórica repetida por la función de onda en su forma actual [36] [67], y cuya batimientos axial cuantificado puede ser asociado sin duda con las regularidades de la estructura fina del espectro del hidrógeno que Sommerfeld asoció inicialmente con una órbita elíptica que el electrón seguiría, en su tentativa para explicar el fraccionamiento muy fino de las rayas espectrales principales ([18], p.114).

Pues, el volumen muy limitado de resonancia en el espacio-X dentro el cuál la energía ΔK del momento y las junciones trispatiales $\otimes$ de un electrón en movimiento serán localizadas puede ser representado por:

$$\int_{-d}^{+d} |\psi|^2 \, dxdydz = 1 \tag{2.73}$$

mientras que el volumen de resonancia teórica en el espacio Z dentro del cual la esfera de energía magnética dinámicamente oscilante del mismo electrón en movimiento puede representarse que tiene repercusiones de resonancia, debido a los contactos mutuos entre ella y todas las demás esferas de energía magnética dinámicamente oscilante existentes en el universo, sería:

$$\int_{-\infty}^{+\infty} |\psi|^2 \, dxdydz = 1 \tag{2.74}$$

Parece también totalmente razonable de concluir que los quarks arriba y abajo elementales constituyendo la estructura interna colisionable de los protones y neutrones y sus fotones-portadores, que son conocidos para ser los solos subcomponentes electromagnéticos elementales de todos los núcleos de átomos, tal como analizado a la Referencia [36] ([32], [8] Capitulo 14), deberían ser sujetos a estados similares de resonancia en sus propios estados de equilibrio electromagnético de mínima acción, que podrían entonces ser descritos por los métodos diversos de la Mecánica Cuántica de manera más satisfactoria que la chromodinámica cuántica (QCD) permitió.

2.20.1. Interacción de los volúmenes de resonancia de los átomos y moléculas en el espacio z magnetostático

Se supone que son los orbitales de los electrones los que definen el volumen esférico real ocupado por los átomos en el espacio X normal, pero desde el punto de vista del espacio Z magnetostático, parece más bien que es el intenso campo magnético elástico en resonancia de los núcleos atómicos el que realmente define los volúmenes atómicos en este espacio, como puede deducirse de la mecánica de estabilización del electrón en su orbital en reposo en el átomo de hidrógeno que acaba de ser analizado, mientras que las dobles esferas magnéticas elásticas del electrón entran en un estado de resonancia estable con respecto a las seis esferas magnéticas elásticas del protón en los orbitales permitidos situados a determinadas distancias medias del centro de los campos magnéticos nucleares, de la misma manera que los planetas del sistema solar se estabilizan en las diversas órbitas estables permitidas en el campo magnético del Sol cuyo tamaño abarca todo el sistema solar.

Según esta perspectiva, todo el universo estaría así poblado, desde el nivel subatómico hasta el astronómico, por innumerables esferas magnéticas de partículas elementales que oscilan electromagnéticamente, interactúan elásticamente en una alineación magnética antiparalela para capturarse unas a otras, o se combinan en una alineación magnética paralela forzada para fundirse en campos magnéticos estáticos macroscópicos, cuyas interacciones establecen la jerarquía completa de los estados de equilibrio estacionario axial estable de resonancia que puede observarse, en conjunción con la contrapresión ejercida por la energía del momento cinético de los fotones-portadores de estas partículas, que siempre se orienta vectorialmente para contrarrestar la repulsión mutua por defecto resultante de las orientaciones de espín paralelo debido a sus diferentes frecuencias de oscilación. Véanse las secciones 3.19 a 3.21.

Por ejemplo, los electrones de dos átomos de hidrógeno se combinan naturalmente en un estado de espín magnético antiparalelo, ya que este es su estado de menor acción, para formar, gracias a este muy fuerte enlace covalente, una molécula de hidrógeno H2. El resultado es la asociación de las dos esferas magnéticas compuestas de los dos protones, que se repelen mutuamente a cada lado del enlace electrónico covalente debido tanto a sus cargas eléctricas mutuamente repelentes del mismo signo como a sus repulsivos estados de espín paralelo permanente por defecto, que son probablemente dominantes.

Quedan por analizar desde esta perspectiva las frecuencias de resonancia de un volumen de gas hidrógeno – compuesto por muchos átomos de H_2 que interactúan, o gas helio – compuesto por átomos de helio que interactúan, en el que los campos magnéticos nucleares están totalmente expuestos para interactuar con otros átomos o moléculas.

Lo mismo se aplica a todas las moléculas que comprenden átomos de hidrógeno, cuyo protón también está expuesto a otros átomos o moléculas, a diferencia de los átomos de mayor peso atómico y las moléculas cuyos escoltas electrónicos circundantes son principalmente los elementos que interactúan con los otros átomos o moléculas, como, por ejemplo, la molécula de agua, que combina tanto dos protones expuestos como una esfera expuesta principalmente electrónica.

2.21. Conclusión

Aunque el artículo [10] reproducido en este capítulo no ofrece una explicación mecánica progresiva de las transiciones entre los estados estacionarios que de Broglie y Schrödinger trataban de resolver y que las Secciones 1.28 y 1.29 analizan más a fondo, propone sin embargo una mecánica electromagnética de estabilización del electrón en el estado fundamental del átomo de hidrógeno, que, si se confirma, podría posiblemente permitirlo. Por otra parte, el Capítulo 1 de esta obra, que reproduce el artículo [9], propone en efecto una mecánica de emisión y absorción de los fotones electromagnéticos según la perspectiva tresespacial que puede ayudar a describirlos.

De manera inesperada, esta mecánica pone en evidencia también la posibilidad de utilizar los métodos diversos de la Mecánica Cuántica para establecer funciones de onda para las partículas elementales que constituyen la estructura interna collisionable de los protones y neutrones.

Esta mecánica de establecimiento del volumen de resonancia representable por una función de onda se basa sobre la identificación de los puntos de anclaje $\otimes$ dentro de este volumen de ambos cuantos electromagnéticos que constituyen una partícula electromagnética elemental, sea las junciones tresespaciales a través de las cuales los cuantos de energía cinética implicados oscilan armónicamente para establecer este volumen.

La geometría tresespacial revela que cada partícula electromagnética elemental estable está constituida de hecho por un par de cuantos electromagnéticos separados, sea un cuanto electromagnético elemental estable cargada y masiva que es intrínsecamente traslacionalmente inerte en el espacio-X – electrón, positrón, quark arriba, quark abajo – poseyendo una carga eléctrica medible y un campo magnético medible, acompañado por un fotón-portador, poseyendo un par de cargas eléctricas quiénes se anulan mutuamente y un campo magnético medible, y que contribuye el momento ΔK del cuanto inerte que lo acompañe en el espacio así como su incremento de masa electromagnética Δm_m.

Esta geometría revela además que el espín de las partículas elementales está una propiedad de alineación relativa de polaridad magnética entre las partículas electromagnéticas y no una propiedad intrínseca de momento angular de estas partículas, y qué el medio-cuanto de energía magnética de todo cuanto electromagnético oscile entre un estado de presencia máxima y un estado de cero presencia en el espacio-Z a la frecuencia de su energía.

Finalmente, la geometría tresespacial revela que son las diferencias de frecuencias de oscilación de los medio-cuantos de energía magnética de los cuantos elementales que explican la estabilidad de todas las orbitales de mínima acción en los átomos, así como todos sus estados de resonancia.

3. Gravitación, Mecánica Cuántica y los estados de equilibrio electromagnético de mínima acción

3.1. Introducción

Desde hace un siglo, el desafío de la física fundamental fue de reconciliar la Mecánica Cuántica (MC), que trata las interacciones submicroscópicas entre las partículas elementales desde la perspectiva de la cuantificación, con la mecánica relativista, que trata de la gravitación al nivel macroscópico desde la perspectiva infinitesimalmente progresiva, principalmente representada por la teoría de la Relatividad General (RG). La facilidad con la cual los movimientos infinitesimalmente progresivos pueden matemáticamente ser representados por un número indefinido de estados excitados momentáneos de la energía neutra de un campo cuántico subyacente del vacío, que constituye el fundamento de la teoría cuántica de campos (QFT por sus siglas en inglés), naturalmente privilegió esta perspectiva que implicaba la cuantificación en todas las tentativas pasadas para reconciliar la MC con la gravitación. Pero, ya que todas las partículas colisionables identificables en las estructuras atómicas tienen una carga eléctrica, y son por consiguiente de naturaleza electromagnética, este artículo explora la posibilidad de reconciliar la MC con la mecánica relativista a partir de la perspectiva electromagnética, reconciliando la función de onda con los estados electromagnéticos de resonancia de mínima acción en los cuales las partículas elementales cargadas se hacen cautivas en las estructuras atómicas y nucleares, y en última instancia, con la gravitación.

Este capítulo reproduce el artículo [11] que fue la última entrega de una serie de trabajos publicados en 2000, 2007, 2013, 2016 y 2017, describiendo los aspectos diversos de un paradigma totalmente nuevo de la física fundamental, que todos han sido sintetizados en una monografía publicada en español en 2017 por la Editorial académica española [8] sobre invitación de los editores.

La necesidad de deber referir a explicaciones claras y concisas de cada aspecto específico de esta nueva perspectiva resultó en la publicación progresiva de numerosos artículos separados, que todos han sido aprobados por examinadores y aceptados para publicación, cada uno de los cuales une de manera autónomo un aspecto específico del nuevo paradigma al paradigma tradicional.

El lector comprenderá ciertamente que el contenido de una monografía de cerca de 600 páginas sintetizando y completando los textos de cerca de 20 artículos separados ciertamente sería más fácil explorar vía una visión general simplificada, lo que el artículo presente está destinado a ofrecer.

Como se menciona en el Prefacio, el artículo [11], que se reproduce en este capítulo, ha sido seleccionado en 2020 para su reedición como Referencia [12], como capítulo del libro electrónico titulado "*Prime Archives in Space Research*" por el grupo *Vide Leaf Prime Archives*, cuyo objetivo es promover la investigación científica en todo el mundo reuniendo trabajos considerados de valor, a fin de permitir a los jóvenes investigadores de los campos en cuestión aplicar estos resultados a sus prácticas de investigación.

3.2. *Las ecuaciones de Maxwell y la inducción mutua de los campos eléctrico y magnético*

Este nuevo paradigma basarse totalmente en un aspecto de la teoría electromagnética que progresivamente ha sido ocultado por la perspectiva generalizadora proporcionada por la utilización del tensor electromagnético, que representa ambos campos eléctrico y magnético como que se hacen una sola entidad, sea *el campo electromagnético*.

El inconveniente del tratamiento por tensores a pesar de su utilidad es que oculta conceptualmente el hecho de que ambos campos E y B poseen propiedades, y representan aspectos diferentes, de la energía electromagnética; en particular el hecho de que en la realidad física, según la teoría de las ondas continuas de Maxwell, ambos campos pueden sólo inducirse mutuamente tal como revelado, entre otras características, por el hecho de que el vector de Poynting proporciona por estructura el valor promedio de la intensidad del producto de las intensidades de ambos campos que oscilan con arreglo al tiempo ([57], p. 989). El vector de Poynting revela en efecto que el producto de ambos campos cuyas intensidades varían con arreglo al tiempo puede sólo ser constante:

$$S = \frac{\mathbf{EB}}{2\,\mu_0} \tag{3.1}$$

Tal como claramente explicado en las obras de consulta tradicionales, tal "*University Physics*" por Sears, Zemansky y Young [17], o "*Physics*" por Halliday y Resnick [57], la ley de Faraday impone que un campo magnético que vario en el tiempo actúa como una fuente de campo eléctrico. Este proceso es puesto en práctica en la inducción de fuerza electromotriz (f.e.m) en los procesos de inducción y los transformadores. Similarmente, la ley de Ampère, que es utilizada para cargar condensadores y establecer una corriente en conductores, demuestra que los campos eléctricos que varían en el tiempo son una fuente de campos magnéticos.

"Thus, when either field is changing with time, a field of the other kind is induced in adjacent regions of space. We are thus led naturally to consider the possibility of an electromagnetic disturbance, consisting of time-varying electric and magnetic fields, which can propagate through space from one region to another, even when there is no matter in the intervening region." ([17], p. 696).

Traducción:

"Pues, cuando el uno o el otro campo varía en el tiempo, un campo del otro tipo es inducido en las regiones adyacentes del espacio. Somos pues conducidos naturalmente a considerar la posibilidad de una perturbación electromagnética, consistiendo en campos eléctricos y magnéticos variando en el tiempo, que pueden propagarse a través del espacio de una región a otra, hasta cuando no hay ninguna materia en la región intermediaria."

Desgraciadamente, tales obras de consulta generales y completas que fueron utilizadas para dar a estudiantes un conocimiento general de todos los aspectos de la física fundamental, particularmente para prepararlas para transitar con suavidad desde los procesos continuos clásicos hasta la física cuántica y relativista, están progresivamente pasadas de moda para ser reemplazados por obras de consulta que rozan superficialmente los conceptos clásicos que fueron directamente extrapolados a partir de ecuaciones clásicas, ellas mismas establecidas por los grandes descubridores del pasado a partir de experimentos físicas que ellos mismos ejecutaron, y que constituyen el conjunto de las conclusiones mutuamente convergentes a propósito de la energía electromagnética de la que la negligencia puede sólo conducir a una disminución de nuestra comprensión de la realidad física.

3.3. *La energía cinética y la ley de Coulomb*

En las obras tradicionales de referencia, tal "*Physics*" de Halliday y Resnick, la relación entra la energía cinética asociada con el momento y la interacción entre las cargas debida a la fuerza de Coulomb está establecida de la manera siguiente.

A partir de la ecuación electromagnética de Coulomb aplicada sobre el cálculo de la fuerza entre las cargas del electrón y del protón en el átomo de hidrógeno, tomado como ejemplo tradicional, y la fuerza calculada a partir de la segunda ley de Newton para el movimiento aplicada sobre la masa del electrón en movimiento ([57], p. 1192) et ([44], [8] Capítulo 7):

$$F = \frac{e^2}{4\pi\,\varepsilon_0 r^2} \quad y \quad F = ma = m\frac{v^2}{r} \tag{3.2}$$

la relación siguiente está establecida en Halliday y Resnick:

$$\frac{e^2}{4\pi\varepsilon_0 r^2} = m\frac{v^2}{r} \tag{3.3}$$

que permite calcular la energía cinética asociada con el momento del electrón tan bueno con la ecuación cinética de Newton que con la ecuación de Coulomb (ref: Ecuación 47-19 en la Referencia [57]):

$$K = \frac{1}{2}mv^2 = \frac{e^2}{8\pi\,\varepsilon_0 r} \tag{3.4}$$

que es el medio por el cual la energía cinética sosteniendo el momento de las partículas cargadas es asociado con la fuerza de Coulomb con arreglo a la distancia que separa pares de cargas, porque la sola variable en la ecuación de Coulomb es r, sea la distancia promedia que separa el electrón, estabilizado en el orbital fundamental, del protón en el átomo de hidrógeno, lo que tiene por resultado que toda cantidad de energía cinética asociada con el momento que una carga puede poseer únicamente depende de las distancias que la separa de otras cargas. Por consiguiente, lo más las cargas se acercan las unas de otras, lo más grandes serán las cantidades de energía cinética asociadas con el momento que serán inducidas en ellas, dado que la fuerza actúa con arreglo a *lo inverso* del cuadrado de la distancia.

El caso de la energía potencial es discutido más lejos en la Sección 3.23 que trata del momento, del lagrangiano y del hamiltoniano y es completamente analizada en correlación con la conservación de la energía en los sistemas cerrados en la Referencia [43].

¡ Pero hay más! En 1903, Walter Kaufmann fue el primero experimentador que asoció el factor gamma con la inducción de energía durante los experimentos que efectuó con electrones que se desplazaban a velocidades relativistas en un cámara de burbujas, acelerándolos y desviando sus trayectorias con la ayuda de campos eléctricos y magnéticos [36], demostrando que sus masas transversales variaban con la velocidad conforme a la ecuación relativista [74]; que son experimentos que ejecutaba en colaboración con los teóricos Max Abraham [39] y Woldemar Voigt, es decir el físico que concibió inicialmente el factor gamma [72], mejor conocido bajo el nombre de factor de Lorentz.

Parece pues que el factor gamma inicialmente fue unido experimentalmente estrictamente con la inducción de energía y de masa con arreglo a la velocidad, sea una comprobación con la cual Henri Poincaré estaba de acuerdo:

"Les calculs d'Abraham et les expériences de Kaufmann ont alors montré que la masse mécanique proprement dite est nulle et que la masse des électrons est d'origine exclusivement électrodynamique. Voilà qui nous force à changer la définition de la masse; nous ne pouvons plus distinguer la masse mécanique et la masse électrodynamique, parce qu'alors la première s'évanouirait; il n'y a pas d'autre masse que l'inertie électrodynamique; mais dans ce cas, la masse ne peut plus être constante, elle augmente avec la vitesse, et un corps animé d'une vitesse notable n'opposera pas la même inertie aux forces qui tendent à le dévier de sa route, et à celles qui tendent à accélérer ou à retarder sa marche."

Henri Poincaré ([75], p. 137).

Traducción:

"Los cálculos de Abraham y los experimentos de Kaufmann entonces mostraron que la masa mecánica propiamente dicha era ninguna y que la masa de los electrones es de origen exclusivamente electrodinámico. He aquí que nos fuerza por cambiar la definición de la masa; no podemos más distinguir la masa mecánica y la masa electrodinámica, porque entonces la primera se desvanecería; no hay otra masa que la inercia electrodinámica; pero en este caso, la masa no puede más ser constante, aumenta con la velocidad, y un cuerpo animado de una

velocidad notable no opondrá la misma inercia a las fuerzas que tienden a derivarlo de su camino, y a las que tienden a acelerar o a retrasar su marcha."

Es un hecho histórico que estos físicos que trabajaban estrechamente con el descubridor del método jamás aceptaron la interpretación hecha más tarde de que el factor gamma sería axiomáticamente asociado con la dilatación del tiempo y la contracción de las longitudes de los cuerpos con arreglo a sus velocidades.

Esto significa que no sólo la energía cinética asociada con el momento es inducida por la fuerza de Coulomb, sino también que la energía que sirve para aumentar la masa de un electrón en movimiento es también inducida por lo menos uno de los campos ambientes eléctricos o magnético, sea presuntamente en contexto el campo eléctrico, dado su relación con la fuerza de Coulomb, lo que significa que el complemento total de energía inducida en una partícula cargada por el campo eléctrico asociado con la fuerza de Coulomb puede ser calculado con la ecuación siguiente directamente sacada de la Ecuación (3.3):

$$K_{Total} = mv^2 = \frac{e^2}{4\pi\, \varepsilon_0 r} \tag{3.5}$$

lo que constituye la cantidad total de energía inducida que Leibnitz ya consideraba en la época de Newton como la que era el efecto real de la aplicación de una fuerza ([57], p. 222).

3.4. La Relatividad Especial y el factor gamma

Tal como ya mencionado, el factor gamma por su parte inicialmente estuvo establecido por Woldemar Voigt en 1887 [72], para el cual existen en los anales lazos epistolares con Larmor, Lorentz y Poincaré, que también son reconocidos como habiendo descubierto el método. Este método claramente es descrito en un artículo muy bien hecho que fue publicado en 2003 por Richard E. Haskell [71]. En efecto, es claro según esta descripción, que el factor gamma estrictamente ha sido establecido a partir de consideraciones geométricas y trigonométricas que no tienen ningún lazo con el electromagnetismo.

En la página 10 de la Referencia [71], el primer postulado de la Relatividad Especial (RE) es resumido de la manera siguiente *"El movimiento uniforme absoluto no puede ser detectado de ningún modo."* Y el segundo postulado es formulado como siendo "*La luz se propaga en el espacio vacío a la velocidad c que es independiente del movimiento de la fuente.*".

Hay que anotar aquí que estos postulados son presentados como siendo axiomáticos de naturaleza, ya que no son presentados como siendo derivados de causas físicas subyacentes experimentalmente establecidas.

Es útil también observar que estos postulados fueron propuestos de esa manera axiomática por Einstein en 1905 sin ninguna mención del hecho de que la velocidad constante de la luz en el vacío y su velocidad exacta de $c=299792458$ m/s había sido establecida 40 años antes por Maxwell a partir de derivadas segundas parciales de las ecuaciones de Gauss y Ampere, que asociaban ambos campos eléctrico y magnético como se induciendo mutuamente de una manera que podía sólo producir esta velocidad de manera estable para la energía electromagnética en el vacío.

El primer postulado fue demostrado matemáticamente por Poincaré, basado en la transformación de Lorentz, en una nota de 4 páginas publicada en junio de 1905 [76], seguida poco después por una demostración completa publicada en enero de 1906, titulado "*Sur la dynamique de l'électron*" ("*Sobre la dinámica del electrón*") [77], concluyendo que la teoría de Lorentz explicaría completamente la imposibilidad de demostrar el movimiento absoluto, si todas las fuerzas fueran de origen electromagnético. Parece, por lo tanto, que había un consenso general en la comunidad de la época sobre el hecho de que estos dos postulados eran válidos incluso antes de que Einstein basara su teoría de la Relatividad Especial en ellos, lo que explica por qué sus dos teorías se hicieron tan rápidamente populares a principios del siglo pasado.

Debe ser realizado también que las comprobaciones experimentales totalmente concluyentes de la velocidad de la energía electromagnética en el vacío efectuadas por maneras múltiples en el curso del último siglo efectivamente validan primero y ante todo los cálculos de Maxwell, que fueron efectuados no axiomáticamente, pero fueron derivados de ecuaciones experimentalmente establecidas por Gauss y Ampere. En efecto, la constancia de la velocidad de la luz es tan bien establecida experimentalmente que en 1983, el metro del sistema SI fue vuelto a ser definido como siendo la distancia fija experimentalmente confirmada que la luz recorra en un segundo dividida por 299792458.

Por su parte, la supuesta imposibilidad de demostrar el movimiento absoluto de la tierra, como se demostró matemáticamente por el análisis de la transformación de Lorentz por Henri Poincaré [76] [77], se ve ahora fuertemente cuestionada por el descubrimiento de que la energía del momento de cada partícula elemental de la que la Tierra está constituida físicamente existe y que es estrictamente el nivel fácilmente mensurable en cualquier momento dado de esta energía adiabática lo que determina su estado de movimiento absoluto. Esto se discutirá en la sección 3.5.1.

Para asociar la constancia de la velocidad de la luz con la teoría de la RE, el procedimiento tradicional utiliza la relación famosa entre dos marcos de referencia que se desplazan inercialmente a velocidades constantes diferentes, cada uno que alberga a un observador inmóvil en su propio marco de referencia, ambos que tienen para tarea de medir que la velocidad de un impulso luminoso es la misma para ambos observadores.

Tal como descrito también en la página 10, la colocación tradicional implica que uno de los marcos de referencia inercial sería un tren que se desplaza a velocidad fija, y que si una señal luminosa es emitida por la trasera del tren adelante, entonces ambos observadores, sea uno en el tren y uno inmóvil sobre la tierra, deberían ser capaces de medir la velocidad de la luz como que sería c.

Se describe luego una estructura geométrica lógicamente bien fundada quién permite asociar con la Ecuación (5) de la Referencia [71] el ratio de velocidades al cuadrado v^2/c^2 al componente *sin* de la función trigonométrica bien conocida $sin^2\ \theta + cos^2\ \theta = 1$, para establecer entonces a un precursor del factor gamma como que fue asociado con el tiempo (pero también axiomáticamente al concepto de dilatación del tiempo) con la Ecuación (6) de la Referencia [71]. Es muy interesante anotar a este punto que esta función trigonométrica particular también es utilizada para describir la inducción mutua de los campos eléctrico y magnético de cuantos electromagnéticos localizados tales los fotones electromagnéticos ([15], [8] Capítulo 6), tal como lo veremos más lejos.

Hay que anotar aquí también que c es axiomáticamente introducido en esta relación sin referencia a su establecimiento previo por Maxwell a partir de ecuaciones electromagnéticas experimentalmente definidas. El mismo procedimiento es utilizado para asociar el mismo ratio de velocidades al cuadrado al componente *cos* de la misma función trigonométrica para asociarle con la longitud del tren (pero también axiomáticamente al concepto de contracción de la longitud) a este otro precursor del factor gamma con la Ecuación (8) de la Referencia [71].

El factor gamma luego está establecido formalmente con la Ecuación (14) de la Referencia [71] como siendo asociado con la dilatación del tiempo y con la contracción de las longitudes de los cuerpos en movimiento. El resto de las Partes II e III describen la transformación de Lorentz y la dinámica relativista según la perspectiva de la Relatividad Especial.

3.5. Desconexión entre la inducción de energía función de la distancia y el concepto de contracción de las longitudes en la RE

Es en este punto que hay que recordar la inducción de energía función de la distancia por la fuerza de Coulomb entre las partículas cargadas tal como establecida con la Ecuación (47-19) de la Referencia [57] anteriormente reproducida como la Ecuación (3.4), porque hay una desconexión clara entre esta propiedad de la fuerza de Coulomb en acción permanente entre las partículas cargadas y el concepto de contracción de las longitudes tal como aplicado en la RE sobre los cuerpos macroscópicos en movimiento.

Para poner correctamente este problema en perspectiva, es importante darse cuenta de las distancias físicas que separan las escoltas electrónicas de los núcleos dentro de los átomos. ¡Si por ejemplo un átomo de hidrógeno sea engordado de modo que el protón se vuelva tan grande como el Sol, el electrón se estabilizaría tan lejos como la órbita de Neptunio, lo que haría que el átomo de hidrógeno volvería tan grande como el sistema solar entero! Esto significa que en términos relativos, las distancias que separan las escoltas electrónicas de los núcleos dentro de los átomos son relativamente astronómicas relativamente a las dimensiones de las partículas elementales.

Dado que todos los cuerpos macroscópicos son hechos con tales estructuras prácticamente *vacías*, el concepto mismo de *longitud* se hace sin significado relativamente a su composición interna, y lo que sería implicado cuando una contracción posible de longitud de un cuerpo macroscópico es considerada, sería en realidad una contracción de las *distancias* entre las escoltas electrónicas y los núcleos de los átomos constituyentes, lo que constituye la sola manera posible para que la longitud física de un cuerpo macroscópico rígido sea disminuida sin deformación.

Dicho eso, tal contracción de las distancias se aplicaría por estructura no sólo a la longitud de los cuerpos macroscópicos, sino también a sus otras dimensiones, sea su anchura y su espesor, y tales disminuciones de distancias entre los electrones cargadas de las escoltas electrónicas y sus núcleos atómicos cargados dentro de estos cuerpos sometidos a una *contracción de las longitudes* implicaría entonces por estructura un aumento correspondiente de energía dentro de la masa de los cuerpos debido a la fuerza de Coulomb que se vuelta más intensa a estas distancias más cortas entre las cargas.

Pero, ningún tal aumento de energía está incluso considerado en la RE en relación con la *contracción de las longitudes* de los cuerpos macroscópicos en movimiento, lo que significa que a pesar de una presunción general que la RE está conforme con el electromagnetismo, no lo es en realidad, porque la ley de Coulomb está en el corazón de la ecuación de Gauss para el campo eléctrico, lo que es de hecho la primera ecuación de Maxwell, de la que la Ecuación (3.2) de Coulomb puede fácilmente ser derivada ([32], [8] Capítulo 14).

Otro problema importante puede también ser subrayado respecto a la relación entre el factor gamma axiomáticamente establecido a partir de consideraciones estrictamente geométricas y trigonométricas que le une a la dilatación del tiempo y a la contracción de las longitudes, y su utilización para concluir que las ecuaciones de Maxwell y la ecuación de fuerza de Lorentz pueden ser derivadas de la RE tal como se describe en la Parte IV de la Referencia [71]. Ya que el factor gamma parece jamás que fue derivado de una ecuación electromagnética, tal asociación de la dilatación del tiempo y de la contracción de las longitudes con el electromagnetismo es en el mejor de los casos axiomática.

Efectivamente, a pesar de una investigación larga e infructuosa en la literatura formal para tal derivación, la evidencia parece revelar que la primera derivación del factor gamma a partir de una ecuación electromagnética efectivamente hubiera sido efectuada y publicada solamente en 2013, como la Ecuación (66) de la Referencia ([42], [8] Capítulo 5), derivada de la Ecuación (51) de la misma referencia, ella misma una conversión de la Ecuación (34) estrictamente de origen electromagnético de la misma referencia, y de la cual todas las ecuaciones relativistas pueden ser derivadas ([42], [8] Capítulo 5).

La Ecuación (34) de la Referencia ([42], [8] Capítulo 5) es derivada en efecto en línea directa de la ecuación de Biot-Savart vía una derivación sin falla realizada por Paul Marmet que une directamente el aumento de masa relativista de un electrón en movimiento con al aumento simultáneo de su campo magnético con la velocidad ([42], [8] Capítulo 5) [29].

Y aunque una derivación previa del factor gamma a partir de una ecuación electromagnética efectuada antes había escapado a la atención de este autor, el resultado sería lo mismo, porque puede efectivamente ser verificado que a partir de la perspectiva electromagnética, el *factor gamma* derivado en la Referencia ([42], [8] Capítulo 5) no implica de ninguna manera una dilatación cualquiera del tiempo o una contracción de las longitudes, sino estrictamente el aumento de la energía cinética asociada con el momento función de la velocidad y de la proximidad entre las partículas cargadas función de la ley de Coulomb, de acuerdo con la Ecuación (3.5) y conforme a las conclusiones de Voigt, Abraham y Poincaré respecto a los experimentos de Kaufmann [36] [39] [72] [75].

Pues, cualesquiera que sean las dimensiones asociadas con el ratio variable del factor gamma, m/s, julios o kg, estas dimensiones se simplifican siempre a ningunas dimensiones poca importa el cálculo en el cual el factor gamma puede ser implicado, lo que significa que el factor de Lorentz es únicamente un caso particular de una función matemática intrínsecamente sin dimensiones, utilizable de manera general para introducir el denominador del ratio en forma del límite asintótico de una curva de crecimiento que obedece a la potencia del ratio, en este caso, el ratio al cuadrado y el limite asintótico derivados de una ecuación electromagnética.

Por consiguiente, parece que hay razones amplias para volver a discutir de la conformidad de la RE con las ecuaciones de Maxwell, y que hay también razones para volver a discutir de la realidad de la dilatación del tiempo y de la contracción de las longitudes axiomáticamente asociadas con el factor gamma a partir de consideraciones geométricas y trigonométricas estrictas cuando puesto en perspectiva que una derivación directa del factor gamma de una ecuación electromagnética estrictamente lo une a la variación de energía inducida por la fuerza de Coulomb función de las distancias que separan las partículas cargadas.

Va sin decir que tal vuelta a discutir de la realidad de la dilatación del tiempo y de la contracción de las longitudes axiomáticamente establecidas como fundamento de la RE vuelve a discutir también la curvatura del espacio tiempo de la RG, y de todas las conclusiones por consiguiente también axiomáticas quiénes resultan de eso. Hay que subrayar aquí que Einstein mismo había adquirido la convicción hacia el fin de su vida que la gravitación sigue los esquemas del electromagnetismo ([7], p. 391), lo que significa que había venido también para dudar de la validez de sus propias teorías de la RE y de la RG. Ver también la Sección 1.7.1 y el Prólogo sobre este tema.

Estas consideraciones están en el corazón del desarrollo de la solución alternativa presente que es totalmente derivada del conjunto de las ecuaciones electromagnéticas convergentes establecidas experimentalmente por Coulomb, Ampere, Gauss, Faraday, Maxwell, Lorentz, Biot y Savart, sin ninguna suposición axiomática.

Uno de sus objetivos era intentar resolver uno de los obstáculos mayores de la física fundamental que es resumida en esta observación de Feynman mencionada en sus famosos *"Feynman Lectures on Physics"* [26]:

> *"There are difficulties associated with the ideas of Maxwell's theory which are not solved by and not directly associated with quantum mechanics...when electromagnetism is joined to quantum mechanics, the difficulties remain"*

Traducción:

> *"Hay unas dificultades asociadas con las ideas de la teoría de Maxwell que no son resueltos por y directamente asociados con la Mecánica Cuántica... cuando el electromagnetismo es asociado con la Mecánica Cuántica, dificultades quedan."*

Este autor está convencido que definiendo claramente la inducción mutua auto-sostenida de los campos eléctrico y magnético de los cuantos de energías que constituyen las partículas electromagnéticas elementales localizadas como el fotón electromagnético y el electrón, estas dificultades pueden ser resueltas.

La localización permanente del electrón cuando está en movimiento es asegurada en este nuevo paradigma por la definición de una trayectoria de resonancia clara del electrón en movimiento dentro del volumen de espacio definido por la función de onda.

3.5.1. Marcos de referencia relativos y movimiento absoluto

Este análisis de los fundamentos de la RE plantea ahora la antigua cuestión del papel que desempeña el uso de marcos de referencia relativos para sacar conclusiones en la física fundamental, una costumbre que se ha popularizado por el famoso experimento de pensamiento de Einstein mencionado anteriormente, que implica dos marcos de referencia diferentes que se mueven inercialmente a diferentes velocidades constantes, uno materializado como un tren en el que un observador se está moviendo a la misma velocidad que el tren, y el otro materializado como un observador estacionario que está de pie en el suelo mientras que el tren pasa.

Las conclusiones extraídas de este experimento de pensamiento sustentan plenamente el concepto tradicional de relatividad, que condujo al desarrollo de la teoría de la Relatividad Especial, es decir, la definición del *movimiento relativo* propuesto por Poincaré [76] tal como lo perciben unos *observadores*, pero no en relación con datos recogidos en experimentos realizados físicamente, como fue el caso en el establecimiento del conjunto de las ecuaciones electromagnéticas mutuamente convergentes que subyacen con éxito a todos los logros tecnológicos de los que disfrutamos actualmente.

No es necesario decir que tales marcos inerciales de referencia que se mueven a velocidades fijas sólo pueden ser conceptos matemáticos idealizados, ya que es imposible que tales velocidades fijas ocurran naturalmente en la realidad física, de ahí la dificultad de hacer coincidir las conclusiones extraídas de estos experimentos de pensamiento idealizados con los procesos físicos reales.

La transposición del uso del factor gamma como un concepto matemático idealizado, tal como lo definió Voigt, que lleva a la desconexión observada entre el concepto idealizado de *contracción de longitudes* de masas y las *distancias físicamente existentes* entre las partículas elementales dentro de los átomos de los que están hechas estas masas macroscópicas reales, que se ha analizado en la sección 3.5, y utilizándolo como derivado de una ecuación electromagnética ([42], [8] Capítulo 5), a su vez derivada de una cadena de ecuaciones establecidas inicialmente a partir del análisis de datos recogidos durante experimentos realizados físicamente, que más bien lo relaciono con la forma en que la energía es inducida adiabáticamente en las partículas elementales cargadas por la interacción de Coulomb, pone de relieve definitivamente las ventajas de basar las teorías en ecuaciones que surgen del análisis de datos reproducibles recogidos en experimentos realizados físicamente en lugar de en premisas axiomáticas idealizadas.

Este hábito de formular hipótesis a partir de marcos de referencia inerciales en otros innumerables intentos de dar sentido a los datos obtenidos experimentalmente se ha arraigado profundamente en la comunidad desde los principios del siglo XX. La pregunta fundamental que este método se supone que debe responder es la siguiente:

¿Con respecto a qué, es el movimiento de las masas relativo, en la realidad física?

¿Está relativa al medio ambiente? ¿Hasta el punto de partida? ¿Hasta el punto de llegada? ¿Al observador? ¿A un sistema de referencia específica, a varios sistemas de referencia, inercial, no-inercial, galilean, en movimiento o no? etc.?

La centenaria línea de investigación y desarrollo de conceptos de *movimiento relativos a los observadores* con todas sus complejidades tiene sus raíces en la certeza establecida de que es imposible demostrar el *movimiento absoluto* en el universo.

Pero la forma en que el presente análisis revela que la energía cinética es inducida adiabáticamente en todas las partículas cargadas lleva a la observación de que todas ellas sólo pueden ser autopropulsadas de acuerdo con la cantidad de energía de momento ΔK que poseen físicamente. Por lo tanto, su movimiento, es decir su velocidad, sólo puede depender de un criterio, a saber, la presencia real de su componente de energía de momento traslacional ΔK. Como se analizó en la Referencia ([15], [8] Capítulo 6), si el estado de equilibrio electromagnético local lo permite, habrá necesariamente una velocidad de partículas expresada en el vacío, independientemente de cualquier marco de referencia hipotético.

Por consiguiente, el movimiento en el universo es relativo sólo a la cantidad constantemente mensurable de energía de momento que cada partícula cargada posee localmente (en su propio marco de referencia) en un instante dado.

Tradicionalmente, se ha supuesto que en su propio marco de referencia, una partícula elemental como un electrón o un fotón no tiene velocidad, lo que implicaría según los conceptos clásicos que su momento caería a cero. Pero los análisis actuales confirman que, desde el punto de vista electromagnético, los componentes de *energía portadora* ΔK y Δm_m de la partícula tienen una existencia permanente como una *sustancia físicamente existente*, lo que significa que a partir de la estructura misma de la partícula y de la cantidad continuamente variable de sus componentes de energía ΔK y Δm_m, el estado de movimiento absoluto de la partícula puede determinarse continuamente dentro de su propio marco de referencia inercial, utilizando la ecuación tresespacial de energía-momento (1.50) (Véase el Apéndice A) tanto para una partícula elemental masiva, como un electrón, por ejemplo, y poniendo a cero m_o en la ecuación, también para un fotón en movimiento libre:

$$E_e = \Delta K + \Delta m_m c^2 + m_0 c^2 \tag{1.50}$$

A partir de estos valores de energía, su velocidad puede ser calculada usando una de las dos Ecuaciones (1.33), y esto, estrictamente a partir de la información disponible en el propio marco de referencia de la partícula:

$$v = c \frac{\sqrt{\lambda_C (4\lambda + \lambda_C)}}{(2\lambda + \lambda_C)} \quad \text{o} \quad v = c \frac{\sqrt{4EK + K^2}}{2E + K} \tag{1.33}$$

Además, a partir del marco de referencia de la partícula, la variación en el tiempo de la cantidad total de energía que transporta un electrón *revelará su estado de movimiento absoluto* en relación con su entorno, *y por lo tanto su estado de movimiento absoluto en el universo.* Los rápidos aumentos y disminuciones de su cantidad total de energía revelan que está estabilizada en un estado de resonancia de acción estacionaria. Los aumentos y disminuciones lentos de su cantidad máxima de energía portadora durante períodos de tiempo más largos revelarán que pertenece a un átomo que forma parte de una masa macroscópica estabilizada en una órbita elíptica macroscópica en un sistema planetario, etc.

El límite inferior absoluto de velocidad, desde esta perspectiva, consistiría en un electrón con cero energía cinética de traslación además de la energía de la que está compuesta su masa en reposo. Por supuesto, tal electrón que estaría totalmente privado de energía de traslación sólo puede ser hipotético, ya que todas las partículas cargadas están sujetas a aceleración electrodinámica desde el momento mismo en que empiezan a existir, y por lo tanto no es físicamente posible que una cierta cantidad de energía portadora no les sea inducida por la interacción coulombiana ambiental.

El límite superior absoluto de velocidad que implica una oscilación electromagnética se alcanza cuando una cantidad de energía cinética de traslación ΔK impulsa una cantidad igual de energía cinética Δm_m cautiva en la oscilación electromagnética transversal, es decir, un fotón electromagnético en movimiento libre. Su conocida velocidad c es la velocidad de la luz, calculada con la segunda ecuación (1.33), si E, la energía de la que se compone la masa invariable en reposo de la partícula cargada transportada, se pone a cero. Véanse las Ecuaciones (2.43) y (2.44).

El único otro caso posible entre estos dos límites que implica una oscilación electromagnética, se aplica a una cantidad de energía cinética cautiva en oscilación electromagnética transversal que es impulsada por una cantidad menor de energía cinética de traslación; como la energía cinética que constituye la masa en reposo $m_o c^2$ de un electrón, más la mitad Δm_m de oscilación transversal del cuanto de energía cinética de su fotón portador, y que ambas cantidades son impulsadas por la mitad unidireccional ΔK del cuanto de energía cinética del fotón portador. La velocidad de un tal sistema estará necesariamente entre cero y asintóticamente cercana a la velocidad de la luz, un proceso cuya mecánica se describe en la Referencia ([42], [8] Capítulo 5), y se puede calcular con ambas ecuaciones (1.33).

Por último, el último caso de energía cinética cuyo movimiento no parece implicar ninguna oscilación electromagnética transversal y para la que tampoco parece haber un factor limitador de la velocidad es el caso de la energía emitida en forma de neutrinos, cuya mecánica de liberación en el modelo tresespacial se describe en la Referencia ([33], [8] Capítulo 12).

3.6. Establecimiento de las ecuaciones fundamentales a partir de datos físicamente recogidos

Una de las dificultades mayores en física fundamental es la potencia misma de las matemáticas como lenguaje descriptivo. Si un cuidado insuficiente es aportado a evitar el más posible los postulados axiomáticos, un número indefinido de teorías puede ser elaborado con soporte matemático completo que puede siempre volverse totalmente auto-consistente relativamente al conjunto de las premisas sobre las cuales cada teoría es fundada. Pero la autoconsistencia misma de toda teoría bien elaborada es tan atractiva para nuestros mentes racionales que esto hace muy difícil la vuelta a discutir los fundamentos de estructuras tan bellas y intelectualmente satisfactorias, y por consiguiente la identificación de premisas axiomáticas posiblemente inapropiadas.

Pero hay que existe una sola realidad física, parecería que una sola explicación podría correctamente dar cuenta de cada uno de sus aspectos, y que las teorías asociadas conseguirían describirlos mejor si postulados axiomáticos sean evitados al máximo posible para fundar sus elaboración.

Antes de poder sacar conclusiones a propósito de la realidad física, hay que primero ensamblar datos experimentales a propósito de esta realidad física, que permiten luego extrapolar hipótesis que podrían explicar estos datos. Aunque sea relativamente fácil confirmar la validez de estos datos, obteniendo de manera repetitiva los mismos resultados por medios experimentales diversos, la misma cosa no puede ser afirmada a propósito de las teorías establecidas a partir de la interpretación de estos datos.

Por ejemplo, la carga unitaria del electrón ha sido medida de manera concluyente fuera de todo duda posible en el curso del último siglo, como siendo invariante de manera absoluta. Por consiguiente, esta característica del electrón está considerada como un elemento objetivamente válido de todo conjunto de premisas que puede ser utilizado para sacar conclusiones sobre su naturaleza. Sin embargo, la conclusión que hay que saber si el electrón permanece localizado cuando está en movimiento, tal como tratado según la perspectiva de la mecánica relativista, o si su *sustancia* se extiende en un volumen difuso cuando está en movimiento, como representado por la función de onda, tal como tratado según la perspectiva de la Mecánica Cuántica, depende totalmente de los otros elementos del conjunto de las premisas sobre las cuales cada teoría está basada.

Otras características confirmadas de manera concluyente del electrón son la invariabilidad de su masa en reposo, el hecho de que se comporta sistemáticamente de manera puntual durante toda colisión con otras partículas y que posee una vida útil presunta indefinida, a menos que convertirse en energía durante interacciones accidentales muy específicas con otras partículas, lo que permite considerarlo como que fue *estable*.

Ya que toda la materia que existe es hecha de átomos masivos, la gravitación debe lógicamente salir de las propiedades de estos átomos. A su vez, todos los átomos siendo en última instancia constituidos por un conjunto muy limitado de partículas elementales estables, cargadas y masivas, atrapadas en sus interacciones mutuas, esto implica lógicamente que las propiedades de los átomos deben in última instancia salir de las propiedades de estos subcomponentes elementales.

El último conjunto de estas partículas elementales estables, cargadas y masivas constituyendo la estructura interna de todos los átomos está muy limitado y su existencia ha sido confirmada fuera de todo duda por medio de colisiones no destructivas. Son en total de 3, es decir el electrón, que establece las escoltas electrónicas alrededor de los núcleos de los átomos y determinan los volúmenes atómicos; y los quarks arriba y abajo, que se revelan ser los últimos subcomponentes cargados y masivos de todo los nucleones en los núcleos atómicos, que determinan sus volúmenes, y que fueron detectados por primera vez vía colisiones no destructivas a alta energía durante los primeros años de operación del gran acelerador lineal de Stanford (SLAC) del año 1966 al año 1968 [21].

Estas tres partículas cargadas están consideradas como elementales porque ninguna colisión experimental jamás reveló la existencia de un límite infranqueable a una distancia cierta de su centro puntual que habría podido asociarles un volumen, como fue el caso para los protones y los neutrones en el momento de colisiones que implicaban una energía insuficiente, lo que era un indicio ineludible de que los nucleones no eran elementales, y tenían una estructura interna que implicaba partículas más pequeñas, sea los quarks arriba y abajo ya mencionados, observados como interactuaban en tríadas de ambos tipos, sea uud para el protón y udd para el neutrón.

Estas tres partículas estando elementales, sus masas deben lógicamente ser hechas con una sustancia no diferenciada, que ha sido identificada, en el caso del electrón, como que es de la energía electromagnética, dado sus propiedades eléctricas y magnéticas, y la misma conclusión puede ser sacada por similitud para los quarks arriba y abajo por la misma razón. Véanse las Secciones 1.23 y 2.16.

Sabemos también que la energía electromagnética íntimamente es vinculada con la energía cinética asociada con el momento, porque tenemos pruebas indiscutibles que las cantidades exactas de energía cinética acumuladas por los electrones que aceleran entre los electrodos de un tubo de Coolidge, por ejemplo, que son debidos a la fuerza de Coulomb que está en acción entre los electrones negativos en curso de aceleración y los átomos ionizados positivamente del ánodo, son liberadas en forma de fotones electromagnéticos en las frecuencias de los rayos X, cuando repentinamente son parados en sus movimiento traslacional, cuando son momentáneamente capturados por los átomos ionizados positivamente del ánodo (o anticátodo).

Observamos pues que del punto de vista del electromagnetismo, la fuerza de Coulomb, que es conocida para estar en acción continua entre todas las partículas cargadas en existencia, pertenece a la capa más profunda de la realidad física en cuanto a la inducción de energía cinética en las partículas elementales cargadas en curso de aceleración. Por consiguiente, esta fuerza puede ser identificada como siendo la última causa de la propia existencia de la energía cinética al nivel submicroscópico. Sabemos también por la evidencia experimental proporcionada por la operación de los tubos de Coolidge, que cuando esta energía cinética se escapa en forma de fotones de bremsstrahlung, posee las mismas características electromagnéticas ya asociadas con el conjunto limitado de las 3 partículas elementales electromagnéticas cargadas y masivas que son los únicos componentes internos colisionables de todos los átomos en existencia.

3.7. Procedimiento

Este artículo pondrá primero en perspectiva un aspecto de la energía electromagnética que no ha sido clarificado en ninguna de las teorías físicas útiles actuales, es decir el hecho de que ninguna de estas teorías proporciona una descripción mecánica de la inducción mutua auto-sostenida de los campos eléctrico y magnético de la energía que constituye la masa en reposo de las partículas elementales que sería coherente con su localización puntual observada durante sus colisiones mutuas, es decir la inducción mutua de los campos eléctrico y magnético que justifica la propia existencia de la energía electromagnética en la teoría de Maxwell.

Una descripción posible de esta inducción mutua en el marco de una geometría ortogonal aumentada del espacio será propuesta quién pone en evidencia un conjunto de propiedades que permite explicar mecánicamente la estabilidad de los orbitales electrónicos y nucleónicos en los átomos. Tal mecanismo se propone en la Sección 2.20.

El papel jugado por la fuerza de Coulomb en la inducción de energía electromagnética será analizado, y un análisis que emana de eso seguirá de la incoherencia que esta nueva perspectiva revela entre el concepto actual de momento / lagrangiano / hamiltoniano fundado sobre el principio de conservación de la energía, y la energía cinética adiabática cuyo movimiento es inhibido, pero que es inducida permanentemente en las tres partículas elementales cautivas en estados diversos de resonancia en las estructuras atómicas y nucleónicas, pero que no es tomada en consideración en la definición de este concepto.

La relación entre estos estados de resonancia electromagnética de mínima acción y la función de onda y la gravitación será finalmente puesta en perspectiva, así como la posibilidad puesta en evidencia que los métodos de la Mecánica Cuántica podrían ser directamente aplicados sobre las estructuras internas de los nucleones.

3.8. *La estructura electromagnética interna de los electrones*

Otra característica del electrón, que todavía no ha sido mencionada, fue sospechada por Louis de Broglie en los años 1920, y experimentalmente confirmada en los años 1930. Se trata del hecho de que la propia sustancia de la que su masa en reposo es hecha es en realidad energía electromagnética, tal como establecido por el hecho, inicialmente descubierto por Blackett y Occhialini [78], que fotones electromagnéticos sin masa de 1.022 MeV o más pueden ser desestabilizados para convertirse en pares de electrones-positrones masivos, y que las masas de un par electrón-positrón que se meta-estabiliza en configuración positronio se reconvierta al estado de fotones electromagnéticos sin masa en la etapa final del proceso de degradación del positronio, que también fue confirmado por Blackett y Occhialini en la misma época. Una confirmación suplementaria de la naturaleza electromagnética de la masa de estas dos partículas es por supuesto que eléctricamente son cargadas y conocidas de manera concluyente para poseer un momento magnético.

Sin embargo, estas propiedades electromagnéticas intrínsecas de la energía que constituye la masa en reposo del electrón no son integradas claramente ni en su representación por la función de onda, ni en el concepto de masa localizada tal como tratado por la mecánica relativista.

3.9. *Ninguna descripción de la estructura electromagnética interna del electrón en las mecánicas clásica y relativista*

La mecánica relativista trata todos los cuerpos masivos, incluyendo los electrones, come si no tenían una estructura interna, lo que algunas veces conduce a resultados difícil de asociar con leyes por otro lado bien establecidas.

Por ejemplo, en las mecánicas clásica y relativista, esta dificultad se vuelve particularmente evidente respecto a los movimientos de rotación de cuerpos masivos, cuyo momento angular está considerado como conservativo; conclusión que está contraria al hecho de que en la realidad física, todas las masas macroscópicas en rotación pueden estar constituidas sólo por la suma de las masas de una cantidad de partículas elementales masivas en movimiento de traslación sobre órbitas circulares alrededor del eje de rotación, porque todo ellas están individualmente sometidas al 2o principio de la termodinámica, que impone que el cambio constante de dirección que es impuesto a estos subcomponentes masivos implica *de facto* un gasto de energía en forma de trabajo, lo que viene en contradicción con la definición de todo movimiento de rotación de un cuerpo macroscópico como que sería conservativo, porque es imposible según el 2o principio de la termodinámica que el estado de movimiento de tales cuerpos masivos como estas partículas elementales masivas puedan constantemente cambiar sin un gasto de energía.

¿Acaso esta omisión podría ser relacionada a la ralentización de la rotación observada para todos los cuerpos puestos en rotación para períodos prolongados en el vacío profundo, después de haber sido puesto en rotación por un impulso inicial, tales ambos sondas espacial Pioneer 10 y 11 ([79], p. 23)? ¿O la bola de acero del experimento de J.C. Keith en 1963 [80]? quién fue puesto en rotación sin fricción a alta velocidad en un vacío profundo, suspendido por campos magnéticos? ¿O la bola de acero de un experimento concordante efectuada por J.K. Fremerey en 1973 [81]? ¿O hasta electrones individuales lanzados en traslación sobre órbita perfectamente circular en el Betatron durante los experimentos de J.P. Blewett en 1946 ([82], p. 87)?

Desgraciadamente, el caso siempre inexplicado de la desaceleración traslacional de los electrones observada por Blewett no ha sido estudiado más antes y queda sin respuesta hasta ahora, tras la puesta fuera de servicio del G.E. 100 MeV Betatron antes de que hubiera podido empujar su investigación más antes. Racionalizaciones diversas que no forzaban una reconsideración de la naturaleza supuestamente *conservadora* de los movimientos de rotación han sido aplicadas sobre todos los demás casos de desaceleración.

En la Referencia del CERN [83], el caso del exceso de energía que debía ser suministrado constantemente al G.E. Betatrón para mantener a los electrones en su supuestamente *conservadora* trayectoria perfectamente circular, sin que se detectara ninguna radiación que explicara el exceso de energía requerido, se racionalizó de la siguiente manera:

> *"Then in 1946 Blewett measured the energy loss due to SR in the G.E. 100 MeV Betatron and found agreement with theory, but failed to detect the radiation after searching in the microwave region of the spectrum [4]. It was later pointed out by Schwinger however that the spectrum peaks at a much higher harmonic of the orbit frequency and that the power in the microwave region is negligible [5]."* ([83], p. 463)

Traducción:

"Luego, en 1946, Blewett midió la pérdida de energía debida al RE en el Betatron G.E. de 100 MeV y encontró que estaba de acuerdo con la teoría, pero no detectó la radiación después de buscar en la región de microondas del espectro [4]. Sin embargo, más tarde, Schwinger señaló que el espectro alcanza su punto máximo en una armónica mucho más alta de la frecuencia orbital y que la potencia en la región de las microondas es insignificante [5]."

El caso de la energía perdida medida por Blewett se consideró entonces resuelto por la primera observación de la *radiación sincrotrón* en el sincrotrón G.E. de 70 MeV que entró en funcionamiento en 1947:

"The first direct observation of the radiation as a "small spot of brilliant white light" occurred by chance in the following year at the G.E. 70 MeV synchrotron, when a technician was looking into the transparent vacuum chamber [6]." ([83], p. 463)

Traducción:

"La primera observación directa de la radiación en forma de "pequeño punto de luz blanca brillante" tuvo lugar por casualidad al año siguiente en el sincrotrón G.E. de 70 MeV, mientras un técnico miraba en la cámara de vacío transparente [6]."

Sin embargo, se puede argumentar enérgicamente que el caso no está resuelto, porque los sincrotrones, por su propio diseño, son incapaces de reproducir exactamente una órbita circular perfecta con respecto a la cual Blewett hizo sus mediciones y que sólo se puede lograr en un acelerador de tipo Betatrón, porque la más mínima oscilación transversal fuera de la órbita circular perfecta obviamente generará radiación transversal de bremsstrahlung en un sincrotrón, tan *cerca* de la órbita circular perfecta como se pueden restringir los electrones en un sincrotrón. El argumento de Schwinger puede ser válido, por supuesto, pero una prueba verdaderamente concluyente sólo puede realizarse en un Betatrón, que es el único tipo de acelerador existente que, por estructura, es capaz de forzar a electrones aislados a fluir en *órbitas circulares perfectas* en las que se ha observado una pérdida de energía *sin detección de emisión de energía.*

Por lo tanto, queda por realizar un experimento que proporcione una confirmación real de un *gasto de energía sin radiación durante un movimiento perfectamente circular no compensado naturalmente* ([52], [10] Capítulo 10) de partículas electromagnéticas elementales según la medición de Blewett.

Puede ser observado sin embargo que todas las partículas elementales masivas cautivadas dentro de los cuerpos macroscópicos en rotación están en movimiento de traslación sobre órbitas macroscópicas perfectamente circulares idénticas a la de los electrones aislados observados por Blewett durante sus experimentos con el Betatron, que es el solo tipo de acelerador que permite tales órbitas perfectamente circulares para electrones aislados. Sería altamente interesante que la ralentización observada todavía inexplicada de los electrones del Betatron sea finalmente estudiada en profundidad y puesta en correlación con la desaceleración de los cuerpos en rotación, tomando en consideración la identidad de las órbitas circulares en las cuales las partículas elementales cargadas y masivas son forzadas dentro de los cuerpos macroscópicos.

Con toda evidencia, jamás se ocurriría de alguien que de considerar el sistema solar como que sería un cuerpo masivo sin estructura interna, puesto que directamente observamos que se trata de un sistema estabilizado por cuerpos masivos más pequeños, y que es la suma de las masas individuales de estos cuerpos masivos que constituyen su masa total. Es sin embargo lo que es hecho entonces cuando ninguna estructura interna es asumida para los cuerpos masivos macroscópicos, porque no son los propios cuerpos macroscópicos que son masivos, pero bien las partículas elementales submicroscópicas masivas individuales cuya suma de las masas constituye la masa total de los cuerpos macroscópicos.

Presumiendo ninguna estructura interna en las masas macroscópicas, las mecánicas clásica y relativista no presumen tale estructura tampoco para la masa en reposo de las partículas elementales masivas tales el electrón, lo que conduce a la conclusión presunta que el electrón posee tal *volumen* del hecho simple de no ver nada anacrónico con el concepto del espín magnético como correspondiendo a un momento angular, ya que el propio concepto de *rotación* exige la presencia de tal volumen, lo que está contrario, como ya mencionado, al hecho confirmado por todas los experimentos de colisiones, que ningún límite infranqueable a una cierta distancia del centro puntual de los electrones jamás ha sido detectado, que habría revelado un tal volumen medible, como fue el caso para los protones y los neutrones.

De hecho, el único proceso cíclico lógico que podría animar un objeto sin volumen medible tal el electrón al comportamiento puntual en el momento de todo acontecimiento de colisión parece poder resumirse en una sola posibilidad de movimiento, es decir un movimiento alternativo cíclico, sea una hipótesis que será sostenida por la manera con la cual la inducción mutua auto-sostenida de los campos eléctrico y magnético de la cantidad de energía que constituye la masa en reposo del electrón puede ser representada en una geometría ortogonal aumentada del espacio, que será presentada más lejos.

3.10. Ninguna descripción de la estructura electromagnética interna del electrón en la Mecánica Cuántica

La Mecánica Cuántica por su parte ofrece tres diferentes descripciones del electrón en movimiento, descripciones que comprenden la energía que constituye su masa en reposo más la energía de su momento, pero no ofrece representaciones separadas de estas dos cantidades.

La primera representación nos viene de la función de onda de Schrödinger, que establece para representar los estados de resonancia de los cuales de Broglie previamente había concluido que dentro los cuales los electrones debían ser cautivos cuando estabilizados alrededor de los núcleos de los átomos [4]. En términos generales, esta representación describe la energía del electrón como que es distribuida dentro de los volúmenes definibles por la función de onda.

La segunda representación fue desarrollada simultáneamente y independientemente por Heisenberg, sea una representación que reparte la energía del electrón dentro de un volumen por otro lado descrito por la función de onda, según probabilidades estadísticas de densidad de presencia de la energía cuya el electrón está constituido, lo que permite, por ejemplo, de definir la zona de densidad probable más grande de la "sustancia" del electrón en el orbital del estado fundamental del átomo de hidrógeno como correspondiendo a la órbita en reposo del átomo clásico de Bohr.

La tercera representación es la integral de caminos subsiguientemente desarrollada por Feynman, que reemplaza la trayectoria teórica de mínima acción del electrón en movimiento por la infinidad de todas las trayectorias posibles que el electrón podría seguir dentro del volumen definido por la función de onda.

Puede también ser observado además que ya que la MC no separa la energía de la masa en reposo del electrón de su energía portadora, estas representaciones actuales de la MC no ofrecen tampoco una descripción de la inducción mutua auto-sostenida de los campos eléctrico y magnético de la energía del cuanto que constituye su masa invariante en reposo.

Veremos más lejos cómo una cuarta representación posible, que utiliza una tal descripción, podría permitir describir la trayectoria de resonancia de un electrón permanentemente localizado dentro del volumen definido por la función de onda del orbital fundamental del átomo de hidrógeno, proponiendo así un método general posible que permitiría la representación de las trayectorias de resonancia de las partículas elementales cargadas dentro de todos los orbitales atómicos y nucleónicos, sea dentro de los volúmenes definibles por la función de onda. Esta cuarta representación se analiza completamente en las Secciones 2.17 a 2.20.

3.11. Ninguna descripción de la estructura electromagnética interna de las partículas elementales en la teoría cuántica de campos

La teoría cuántica más general de los campos (QFT pour sus siglas en inglés) presume que las partículas electromagnéticas elementales tal como el electrón emergen como *estados locales excitados* de un campo cuántico de energía neutra subyacente del vacío, introduciendo el concepto de cuantificación de la energía, que dio origen a la electrodinámica cuántica (QED), que permite describir las interacciones entre las partículas elementales como siendo un *intercambio de fotones virtuales* cuantificados.

Pero puede ser también observado que la QFT, aunque fundada sobre el electromagnetismo, no proporciona tampoco una descripción de la inducción mutua interna de ambos campos eléctrico y magnético de estos estados excitados individuales.

3.11.1 El progreso también se está reanudando desde la perspectiva de la QFT

Como se mencionó al principio del Capítulo 1, la Teoría Cuántica de Campos (QFT) surge de la interpretación de Ludwig Lorenz de cómo los campos eléctrico y magnético de la energía electromagnética en movimiento libre deben asociarse entre sí para explicar la velocidad de la luz.

Como ya se ha puesto en perspectiva, Lorenz consideró que los campos E y B de la energía electromagnética deben alcanzar su máximo al mismo tiempo de forma sincronizada para que se mantenga esta velocidad, mientras que Maxwell consideró que los dos campos deben inducirse mutuamente de forma cíclica para que se mantenga la velocidad de la luz, siendo ambas interpretaciones igualmente coherentes con el conjunto de ecuaciones electromagnéticas.

Aunque la interpretación de Maxwell conduce a una mecánica electromagnética que puede describir la secuencia completa de interacciones entre las partículas electromagnéticas elementales como secuencias continuamente progresivas, no hay duda de que también puede desarrollarse una mecánica electromagnética equivalente que describiría estas secuencias como discontinuamente progresivas, que también tendría en cuenta el componente magnético transversal de los cuantos electromagnéticos, dado el éxito ya alcanzado por la electrodinámica cuántica (QED), que ya está emergiendo de la QFT, y que actualmente está poniendo más énfasis en los aspectos eléctricos de estas interacciones.

Sucede que los ingenieros eléctricos con profundos conocimientos de electromagnetismo, Riccardo Storti y Todd Desiato, ya han recientemente aclarado más ampliamente el QFT [84]. Considerándolo todo, no es sorprendente que sean ingenieros los que hoy en día estén empujando los límites de la física fundamental, considerando que la competencia matemática rigurosa no es una opción en este campo, y que el verdadero depósito del conocimiento aplicado y aplicable de la humanidad en todos los aspectos de la mecánica y del electromagnetismo es precisamente el conjunto de obras de referencia de la ingeniería, como se pone en perspectiva en la Sección 27 de la Referencia [25], como las Referencias [85] [86] [87] [88] [89] [90] para dar sólo algunos ejemplos, los depósitos de datos experimentales como las Referencias [35] [51] y [73], y los manuales introductorios notablemente bien hechos como las Referencias [17] [18] [57] [62] [63].

3.12. Ninguna descripción de la estructura electromagnética interna del electrón en el electromagnetismo

Hecho sorprendente, incluso en electromagnetismo tal como actualmente formulado, aunque el propio fundamento de la teoría de Maxwell exige que los campos eléctrico y magnético de la energía electromagnética en movimiento deben inducirse cíclicamente mutuamente para que esta energía pueda aún existir, no se reveló posible hasta la fecha de representar de manera coherente este proceso auto-sostenido de inducción mutua en el interior de los fotones electromagnéticos localizados, ni dentro de las partículas electromagnéticas elementales localizadas tal el electrón.

De hecho, es la observación que una descripción mecánica de esta inducción mutua de los campos eléctrico y magnético estaba ausente de todas estas teorías generalmente útiles cuando aplicadas a la materia y la energía que puso en evidencia la posibilidad que de resolver este problema particular podía clarificar ciertos aspectos de la energía electromagnética que permitirían posiblemente reconciliar estas teorías unas con otras y con la realidad objetiva.

Cuando la Mecánica Cuántica estuvo establecida en los años 1920, era ya evidente por supuesto que el electromagnetismo debía ser incorporado a la función de onda recientemente establecida, dado el descubrimiento previo por H. A. Lorentz de la revolucionaria primera ecuación de la mecánica electromagnética, sea $F = q (E + v \times B)$, que permitía controlar el movimiento de los electrones sobre trayectorias precisas variando la densidad relativa de los campos eléctricos y magnéticos ambientes, densidades igualas proporcionando un movimiento rectilíneo de la partícula cargada.

Muy temprano pues después del desarrollo de la función de onda de Schrödinger y del método estadístico de Heisenberg, la desconexión entre la MC y el electromagnetismo dio lugar al desarrollo de la teoría cuántica de campos (QFT), que condujo a la introducción de la perspectiva de la cuantificación.

Louis de Broglie por su parte, permanecía íntimamente convencido que el fotón electromagnético y el electrón permanecen constantemente localizados y siguen siempre trayectorias precisas en el momento de sus movimientos. Se propuso establecer esta estructura interna de inducción mutua de los campos eléctrico y magnético del fotón electromagnético localizado [91] [92] [93] [94], pero su tentativa durante una decena de años en los años 1930 para coordinar esta inducción mutua in armonía con la función de onda, lo convenció que era imposible representar exactamente las partículas elementales en el marco de la geometría a 4 dimensiones del espacio tiempo, añadiendo que tal representación podría eventualmente volverse posible escapando de este marco de espacio tiempo supuestamente demasiado restrictivo ([27], p. 273).

Hasta la fecha, sabemos que la luz puede ser polarizada, pero no tenemos ninguna descripción mecánica que explica por qué la energía electromagnética puede ser polarizada.

Aunque sabemos que la energía electromagnética implica un proceso de inducción mutua de sus campos eléctrico y magnético, no tenemos todavía una descripción mecánica que explica por qué la cantidad electromagnética que constituye la masa en reposo de una partícula electromagnética elemental como el electrón puede permanecer localizada mientras que sus campos eléctrico y magnético internos se inducen mutuamente de manera auto-sostenida que podemos observar.

Sabemos que solamente tres partículas electromagnéticas elementales estables, cargadas y masivas son los únicos componentes de todos los átomos del universo (el electrón, el quark arriba y el quark abajo), pero todavía no tenemos ninguna descripción mecánica que explica por qué sus cuantos de energía electromagnética, hechos de campos eléctrico y magnético auto-sostenidos que se inducen mutuamente, permanecen localizadas de la manera casi-puntual que podemos observar cuando chocan las unas con otras.

Ya que la gravitación es aparentemente vinculada a la masa, puede sólo ser vinculada a las tres solas partículas electromagnéticas elementales auto-sostenidas que poseen una masa medible y quienes son de manera evidente los únicos últimos componentes masivos de todos los átomos del universo.

3.13. Establecimiento de la estructura interna de los fotones electromagnéticos

En respuesta a la intuición de de Broglie que la geometría del espacio tiempo a 4 dimensiones parecía demasiado restrictiva para establecer esta mecánica, una nueva geometría más extendida del espacio eventualmente fue desarrollada y propuesta en 2000 [28], que asocia la relación triplemente ortogonal de la energía electromagnética, revelada por el tratamiento por onda plana, con la ortogonalidad del espacio misma, lo que efectivamente permite una representación mecánica por la Ecuación (3.6) de la inducción mutua de los aspectos eléctrico y magnético de la energía electromagnética de un fotón localizado tal como de Broglie lo hacía la hipótesis, conforme a las ecuaciones de Maxwell, de una manera que puede explicar la polarización ([15], [8] Capítulo 6). Esta nueva geometría más extendida del espacio es puesta en perspectiva en relación a otras tentativas multidimensionales para resolver los problemas que se quedan en la física fundamental en la Referencia ([34], [8]

Capítulo 19), y es completamente descrita en la Referencia ([15], [8] Capítulo 6).

Resumido en algunas palabras, esta geometría extendida del espacio directamente se deriva de la relación vectorial triplemente ortogonal bien conocida correspondiendo a cada punto de la frente de onda de la onda electromagnética continua de Maxwell en forma de un producto vectorial del campo magnético por el campo eléctrico, ellos mismos siendo perpendiculares a la dirección de movimiento de todo punto de la frente de onda en el tratamiento por onda plana. La nueva geometría resulta de *la explosión*, para decirlo así, de cada uno de los tres vectores asociados mutuamente ortogonales *ijk* para que se hagan unos espacios vectoriales 3D plenamente abiertos mutuamente ortogonales entre ellos, mientras que el centro de junción de todos los vectores unitarios de tales complejos vectoriales permanecen localizados en el centro de cada cuanto electromagnético localizado.

Por ejemplo, la Ecuación LC (3.6) tresespacial siguiente para el fotón electromagnético localizado autopropulsado describe claramente, en esta geometría más extendida del espacio, cómo la mitad de su energía oscila transversalmente entre un estado de doble componentes eléctricos, lo que permite explicar la polarización conforme a la hipótesis de de Broglie, y un estado magnético único, que asegura la localización permanente del cuanto, en conformidad completa con las ecuaciones de Maxwell; mientras que la otra mitad permanece unidireccional y queda asociada con el momento, perpendicularmente con la mitad en proceso de oscilación transversal, sosteniendo la velocidad de la luz del cuanto completo en el vacío, sin ninguna necesidad del soporte de un éter subyacente, mientras que sus campos eléctrico y magnético, de densidades iguales por defecto, aseguran su auto guiado en línea recta cuando ningún campo electromagnético ambiente externo viene para modificar este ratio de densidades iguales de una manera que haría desviar su trayectoria ([15], [8] Capítulo 6):

$$E \, \vec{I} \, \vec{i} = \left(\frac{hc}{2\lambda}\right)_X \vec{I} \, \vec{i} + \left[\begin{array}{l} 2\left(\dfrac{e^2}{4C}\right)_Y (\, \vec{J}\,\vec{j}, \vec{J}\,\overleftarrow{j}\,)\cos^2(\omega t) \\[2ex] + \left(\dfrac{L\,i^2}{2}\right)_Z \overleftrightarrow{K} \, \sin^2(\omega t) \end{array} \right] \tag{3.6}$$

donde

$$C = 2\varepsilon_0 \alpha\lambda \qquad L = \frac{\mu_0 \alpha\lambda}{8\pi^2} \qquad i = \frac{2\pi\,ec}{\alpha\lambda} \qquad \omega = \frac{2\pi\,c}{\alpha\lambda} \tag{3.7}$$

3.14. Establecimiento de la estructura electromagnética interna de la energía portadora de las partículas elementales masivas

En cuanto a una representación posible de la estructura electromagnética interna de la energía de la masa en reposo del electrón relativamente a la mecánica relativista, un gran avance fue hecha por Paul Marmet en 2003, cuando consigue derivar desde la ecuación de Biot-Savart una relación que directamente asocia el aumento de masa relativista de un electrón en curso de aceleración con el aumento simultáneo de su campo magnético [29], que condujo a la observación de que el campo magnético del electrón en reposo exactamente corresponde a la mitad de su masa en reposo invariante, lo que a su vez condujo a concluir que la otra mitad de esta masa invariante debía corresponder a su campo eléctrico.

Esto significa que por estructura, el incremento de masa magnética relativista asociado con la velocidad medible del electrón puede implicar únicamente su energía portadora como que sería distinta de la energía que constituye la cantidad invariante de energía que constituye su masa en reposo, de una manera que le hace adquirir las mismas características de masa magnética que las de la masa invariante en reposo del electrón ([30], [8] Capítulo 4), es decir una propiedad de inercia omnidireccional en el espacio normal correspondiendo al concepto establecido de masa electromagnética.

De hecho, ya que la energía cinética asociada con el momento tradicional que propulsa el electrón puede sólo ser unidireccional por estructura, propulsando traslacionalmente el electrón, y para que de acuerdo con la necesidad vectorial fundamental conforme con las ecuaciones de Maxwell de que un campo magnético por estructura sea orientado perpendicularmente a la dirección de movimiento de la energía electromagnética, entonces el campo magnético del incremento de masa contribuido por la energía en exceso de la masa en reposo invariante del electrón, puede sólo ser un componente orientado transversalmente diferente de la energía orientada traslacionalmente asociada con el momento de la energía portadora, que existe también por separado por estructura de la cantidad de energía que constituye la masa en reposo invariante de la partícula:

$$E_{\text{energía portadora total}} = E_{\text{traslacional}} + E_{\text{componente magnético orientado transversalmente}} \qquad (3.8)$$

Dado que un campo magnético no puede ser disociado de una contrapartida eléctrica en la teoría de Maxwell, y dado que ambos aspectos obligatoriamente deben inducirse mutuamente para que la energía electromagnética pueda existir, la única manera por la cual este aspecto eléctrico puede ser introducido sería que el componente transversal de la energía portadora que constituye el incremento de masa magnética sea implicado en un movimiento alternativo, para decirlo así, que lo haría alternar entre este estado magnético y un estado eléctrico correspondiente:

$$E_{total} = E_{tras.} + \left[E_{elec.} \cos^2 (\omega t) + E_{mag.} \sin^2 (\omega t) \right]$$ (3.9)

Esta forma de la relación conduce con toda evidencia a la representación LC siguiente:

$$E = \frac{hc}{2\lambda} + \left[\frac{e^2}{2C_\lambda} \cos^2 (\omega t) + \frac{L_\lambda i_\lambda^2}{2} \sin^2 (\omega t) \right]$$ (3.10)

donde

$$E_{E(\max)} = \frac{e^2}{2C} \quad \text{y} \quad E_{B(\max)} = \frac{L i^2}{2}$$ (3.11)

La similitud entre la Ecuación (3.10) emergiendo de la ecuación de Biot-Savart y la Ecuación (3.6) correspondiendo a la representación electromagnética del fotón localizado en la geometría tresespacial era evidente, lo que condujo a la conclusión de que la energía portadora de un electrón en movimiento obligatoriamente posee la misma estructura electromagnética interna que la de un fotón electromagnético localizado; permitiendo así reestructurar la Ecuación (3.10) para incorporar los campos locales eléctrico y magnético de la energía portadora del electrón para acabar la Ecuación (3.14) mencionada más lejos, que puede indiferentemente ser aplicada sobre la energía portadora de las partículas elementales masivas y sobre los fotones electromagnéticos que se desplazan libremente, en sustitución de la Ecuación (3.6).

Un análisis subsecuente permitió luego demostrar matemáticamente que la razón para la cual la velocidad del *fotón-portador* del electrón fue limitada a velocidades más débiles que la de la luz fue únicamente debida al hecho de que la mitad unidireccional de la energía del fotón-portador, correspondiendo a su momento, es forzada por propulsar la masa en reposo electromagnética invariante traslacionalmente inerte del electrón además de deber propulsar simultáneamente su otra propia mitad electromagnética traslacionalmente inerte, lo que puede sólo disminuir la velocidad de la partícula en proporción, ya que la velocidad de la luz de un fotón electromagnético es mantenida en el vacío, en esta geometría del espacio, solamente debido al hecho de que puede estar constituido por estructura sólo de dos mitades iguales, la una permaneciendo unidireccional, propulsando la otra, que permanece traslacionalmente inerte durante su oscilación electromagnética transversal con respecto a la dirección de movimiento, tal como analizado en la Referencia ([42], [8] Capítulo 5).

Finalmente, el hecho de que el incremento de masa relativista del electrón en movimiento exactamente corresponde a la mitad en proceso de oscilación electromagnética transversal de su energía portadora, tal como representado por la Ecuación (3.10), y que este incremento de masa relativista posee una inercia omnidireccional exactamente como la masa en reposo invariante del electrón, permite asociar la misma inercia omnidireccional con la mitad en la oscilación transversal de la cantidad de energía de todo fotón electromagnético en movimiento, tal como representado por las Ecuaciones (3.6) y (3.14), lo que proporciona una explicación directa del ángulo de deflexión observado para la luz que roza con una masa estelar, sin ninguna necesidad de recurrir a la solución del espacio tiempo curvo de la teoría de Relatividad General ([15], [8] Capítulo 6) ([45], [8] Capítulo 16).

3.15. Establecimiento de la estructura electromagnética interna de la masa en reposo de las partículas elementales localizadas

A partir del método utilizado por Marmet para derivar su conclusión desde la ecuación de Biot-Savart, la nueva ecuación general siguiente para el cálculo de la energía de las cantidades electromagnéticas equivalente a $E=hv$ entonces fue derivada, que no implica la constante de Planck. Ella es obtenida integrando esféricamente su energía a partir del infinito hasta un límite inferior que asocia su longitud de onda longitudinal con la constante de estructura fina; sea un límite inferior que corresponde a la amplitud transversal $(\lambda\alpha/2\pi)$ de la oscilación electromagnética del cuanto de energía de un fotón localizado en la geometría tresespacial ([30], [8] Capítulo 4), Ecuación (11):

$$E=hv=\frac{e^2}{2\varepsilon_0\alpha\lambda} \tag{3.12}$$

Esta definición permite incidentemente observar que el cuanto elemental de acción de Planck pertenece a un conjunto de constantes electromagnéticas que se definen inextricablemente las unas a otras: $h=(e^2/2\varepsilon_o\alpha c)=(e^2\mu_o c/2\alpha)$. Así como en los casos de la identidad de Euler ($e^{i\pi}+1=0$) y de la derivación de la velocidad de la luz en el vacío a partir de las ecuaciones de Maxwell ($\varepsilon_o\mu_o c^2=1$), puede ser observado que la misma regla lógica, al efecto de que todo valor que únicamente es definido por un conjunto de constantes puede sólo ser una constante, garantiza ahora el manteniendo de la invariancia de la constante de Planck.

En el caso presente, el cuanto de acción de Planck puede ser confirmada ser una constante electromagnética confirmando en primer lugar la invariancia de la constante de estructura fina ([34], [8] Capítulo 19, Ecuación (1)) relativamente a tres otras constantes electromagnéticas previamente establecidas (e, ε_o, y también H, que es una constante de intensidad electromagnética recientemente definida ([53], [8] Capítulo 6, Ecuación (17)), para confirmar luego la invariancia del cuanto de acción de Planck h ([34], [8] Capítulo 19, Ecuación (4)) relativamente a tres constantes electromagnéticas previamente establecidas (e, ε_o, y α ya confirmada como siendo invariante).

Esta nueva definición de la energía permite a su vez de definir los campos eléctrico y magnético de todo fotón localizado, o de la energía portadora de partículas elementales masivas, a partir de su longitud de onda y de un conjunto específico de constantes electromagnéticas conocidas ([30], [8] Capítulo 4):

$$\mathbf{B} = \frac{\mu_0 \pi e c}{\alpha^3 \lambda^2} \qquad y \qquad \mathbf{E} = \frac{\pi e}{\varepsilon_0 \alpha^3 \lambda^2} \tag{3.13}$$

Las Ecuaciones (3.13) se aplicando tanto al cuanto de energía de un fotón libre como a él de la energía portadora de partículas elementales masivas, entonces permitieron adaptar la Ecuación (3.6) para utilizar estas definiciones de los campos más bien que las definiciones por inductancia y capacitancia menos familiar y prácticas de las Ecuaciones (3.7) para representar la estructura electromagnética interna de los fotones localizados y también la de la energía portadora de las partículas elementales masivas:

$$E\vec{I}\,\vec{i} = \left(\frac{hc}{2\lambda}\right)_X \vec{I}\,\vec{i} + \left[2\left(\frac{\varepsilon_0 \mathbf{E}^2}{4}\right)_Y (\vec{J}\,\vec{j}, \vec{J}\,\overleftarrow{j})\cos^2(\omega t) + \left(\frac{\mathbf{B}^2}{2\mu_0}\right)_Z \overleftrightarrow{K}\,\sin^2(\omega t) \right] V \tag{3.14}$$

donde

$$V = \frac{\alpha^5}{2\pi^2}\lambda^3 \tag{3.15}$$

La Ecuación (3.15) determinando el volumen que debe ser asociado con las definiciones de los campos de las Ecuaciones (3.13) para implementar la Ecuación (3.14) es sacada de un análisis profundo efectuado en la Referencia ([30], [8] Capítulo 4) de la ecuación que proporciona la densidad de energía del campo eléctrico asociado con la Ecuación (3.13) de campo cuando las densidades de ambos campos E y B son iguales en contexto de un movimiento en línea recta de una partícula electromagnética elemental cargada:

$$U = \varepsilon_0 E^2 = \varepsilon_0 \left(\frac{\pi e}{\varepsilon_0 \alpha^3 \lambda^2} \right)^2 = \frac{\pi^2 e^2}{\varepsilon_0 \alpha^6 \lambda^4}$$

$$= \frac{e^2}{2\varepsilon_0 \alpha \lambda} \times \frac{2\pi^2}{\alpha^5 \lambda^3} = E \times \frac{1}{V} = \frac{e^2}{2\varepsilon_0 \alpha \lambda} \times \frac{1}{\left(\dfrac{\alpha^5 \lambda^3}{2\pi^2} \right)} \tag{3.16}$$

Es importante anotar aquí que este volumen no representa de ningún modo un volumen cualquiera que tendría la partícula. Es por estructura el *volumen isótropo estacionario teórico* que la energía cinética incompresible en oscilación de un cuanto ocuparía si sea inmovilizado en forma de una esfera de densidad isótropa. Metafóricamente hablando, equivale a acumular todas las hojas de un árbol en la esfera más pequeña posible y uniformemente isótropa para calcular más fácilmente el volumen y la densidad máxima del material el de que son hechas las hojas, lo que permite en contexto, de determinar los parámetros límites absolutos de densidad de la energía de las partículas electromagnéticas, más allá de las cuales no pueden ser aumentados.

A su vez, las definiciones de las Ecuaciones (3.13) permitieron definir en la Referencia ([30], [8] Capítulo 4) los campos eléctrico y magnético correspondiendo a la masa en reposo invariante del electrón por separado de los de su energía portadora, aplicando la longitud de onda de Compton para el electrón sobre las definiciones de campos de las Ecuaciones (3.13):

$$\mathbf{B} = \frac{\mu_0 \pi e c}{\alpha^3 \lambda_C^{\,2}} \qquad y \qquad \mathbf{E} = \frac{\pi e}{\varepsilon_0 \alpha^3 \lambda_C^{\,2}} \tag{3.17}$$

La Ecuación LC (3.6) permitió entonces poner al nivel completamente relativista la ecuación cinética no relativista de Newton $K = mv^2/2$ después de haberla convertida en primer lugar en su equivalente electromagnético en la Referencia ([42], [8] Capítulo 5). Se volvió entonces posible corregirla de acuerdo con la estructura electromagnética de la Ecuación (3.6) para obtener dos nuevas ecuaciones relativistas derivadas del electromagnetismo, presentadas como las Ecuaciones (3.18) más lejos; la primera de las cuales permite calcular todos los estados de velocidades posibles para toda las partículas electromagnéticas elementales localizadas, a partir de la velocidad igual a cero para un electrón al reposo completo, pasando por el abanico completo de las velocidades relativistas para toda partícula elemental masiva, hasta la velocidad c para los fotones electromagnéticos que se desplazan libremente ([42], [8] Capítulo 5, Ecuación (33a)), y la segunda ecuación que permite calcular la velocidad de toda partícula elemental masiva localizada a partir de las longitudes de onda separadas de la energía de su masa invariante en reposo más la de su energía portadora ([42], [8] Capítulo 5, Ecuación (49)); esta última ecuación más restrictiva siendo idéntica a la Ecuación (55) de la misma referencia derivada de la ecuación $E=\gamma m_o c^2$ de la teoría de la Relatividad Especial en la Referencia ([30], [8] Capítulo 4):

$$v = c\frac{\sqrt{4EK + K^2}}{2E + K} \qquad y \qquad v = c\frac{\sqrt{4\lambda\lambda_C + \lambda_C{}^2}}{2\lambda + \lambda_C} \tag{3.18}$$

Sumando las ecuaciones para campos magnéticos (3.13) y (3.17) para la masa en reposo del electrón y para su energía portadora, la ecuación siguiente es obtenida como Ecuación (49) en la Referencia ([30], [8] Capítulo 4) para obtener la ecuación del campo magnético de un electrón en movimiento:

$$\mathbf{B} = \frac{\pi\mu_0 ec}{\alpha^3}\frac{\left(\lambda^2 + \lambda_C{}^2\right)}{\lambda^2\lambda_C{}^2} \tag{3.19}$$

que exactamente corresponde incidentemente al campo magnético asociado con la ecuación de Marmet ([29], Ecuación (M-23)) derivada de la ecuación de Biot-Savart.

A partir del producto de la Ecuación (3.19) para el electrón en movimiento, y de la Ecuación (3.18) para calcular las velocidades relativistas a partir de las longitudes de onda, la Ecuación (3.20) entonces estuvo establecida para el campo eléctrico de un electrón en movimiento en línea recta a toda velocidad. La relación conocida $\mu_o c^2 = 1/\varepsilon_o$ permite establecer esta ecuación por sustitución simple, ya que el producto de las Ecuaciones (3.18) y (3.19) exactamente corresponde al lado derecho de la ecuación para calcular el movimiento en línea recta de una partícula cargada $E=vB$ sacada de la ecuación de Lorentz:

$$\mathbf{E} = \frac{\pi e}{\varepsilon_0\alpha^3}\frac{\left(\lambda^2 + \lambda_C{}^2\right)\sqrt{\lambda_C(4\lambda + \lambda_C)}}{\lambda^2\lambda_C{}^2 \quad (2\lambda + \lambda_C)} \tag{3.20}$$

El establecimiento formal de la Ecuación (3.20) implica en realidad un producto vectorial complejo en la geometría tresespacial, que es descrito en la Referencia ([34], [8] Capítulo 19) y que aún queda por determinar.

3.16. Explicación mecánica de la producción de pares e^+e^- a partir del desacoplamiento de fotones electromagnéticos de 1.022 MeV o más en la geometría tresespacial

El análisis de la Ecuación (3.6) a la luz de las posibilidades geométricas ortogonales mucho aumentadas en la geometría tresespacial más amplia del espacio permite también establecer una explicación mecánica de la conversión de fotones electromagnéticos sin masa en pares de electrones-positrones masivos, preservando la oscilación cíclica del aspecto magnético de la energía de su masa en reposo entre un crecimiento esférico a partir de cero presencia hasta una presencia esférica máxima, seguido por una disminución de presencia esférica hasta cero presencia, a la frecuencia de la energía de la masa en reposo invariante del electrón, que corresponde a un proceso de inversión cíclica del espín de las partículas electromagnéticas elementales que es una característica de importancia crítica revelada por la geometría tresespacial ([31], [8] Capítulo 11), que será puesta en perspectiva más lejos.

Ya que la totalidad de la energía que constituye las masas en reposo invariantes de ambas partículas generadas de 0.511 MeV/c^2 posee la característica de inercia omnidireccional (masa electromagnética) después la conversión de un fotón electromagnético de 1.022 MeV, esto significa también que el proceso natural de conversión procura que la mitad unidireccional de la energía del fotón adquiera mecánicamente esta propiedad de inercia omnidireccional. La manera por la cual esta propiedad de inercia omnidireccional es adquirida mecánicamente por la mitad unidireccional de la energía del fotón-madre durante el proceso de conversión en la geometría tresespacial, así que como los signos opuestos de las cargas de ambas partículas son adquiridos, son analizadas en la Referencia ([31], [8] Capítulo 11).

La ecuación tresespacial LC para el electrón en reposo puede ser formulada como sigue:

$$\vec{E}\,\vec{0} = m_e c^2 \,\vec{0} = \left[\frac{hc}{2\lambda_C}\right]_Y \vec{J}\,\overleftarrow{i} + \left(\begin{array}{l} 2\left[\dfrac{(e')^2}{4C_C}\right]_X (\,\vec{I}\,\vec{j},\vec{I}\,\overleftarrow{j}\,)\cos^2(\omega t) \\[2ex] + \left[\dfrac{L_C i_C^{\,2}}{2}\right]_Z \overleftrightarrow{K}\ \sin^2(\omega t) \end{array}\right) \tag{3.21}$$

dónde λ_c es la longitud de onda de Compton del electrón. En la geometría tresespacial, la ecuación para la masa en reposo del positrón es idéntica a la Ecuación (3.21) para el electrón, excepto por una inversión de orientación de 180° del sub-vector-unitario (*i*) en la expresión (*J-i*) dentro del espacio-Y electrostático, que refiere a la inversión del signo de su carga unitaria en relación a la del electrón ([31], [8] Capítulo 11).

3.17. *La fuerza de Coulomb*

Un examen del origen posible de la energía cinética traslacional asociada con el momento, que propulsa las partículas elementales cargadas tal el electrón, condujo a observar que al nivel submicroscópico, la energía cinética es inducida en estas partículas únicamente con arreglo a la distancia entre estas partículas cargadas. Es bien verificado también que la única fuerza conocida capaz de inducir energía cinética en partículas cargadas en movimiento es la fuerza bien conocida de Coulomb.

Aunque habiendo sido establecido hace más de 200 años por C.A. Coulomb, la ley exhaustivamente confirmada de Coulomb que está en acción entre las partículas cargadas con arreglo a lo inverso de la distancia que las separa parece progresivamente haberse vuelto invisible en el fondo de la electrodinámica cuántica (QED), aunque la ecuación de Coulomb forma parte integrante de la primera ecuación de Maxwell, es decir la ecuación de Gauss para el campo eléctrico, de la que puede fácilmente ser derivada por otra parte ([32], [8] Capítulo 14).

La fuerza de Coulomb es a decir verdad un componente críticamente importante de cada *fotón virtual* en la QED, pero metafóricamente es recortada en tantas pequeñas piezas que ahora llama la atención muy poco. Metafóricamente hablando, la QED nos hace prestar atención a cada píxel individual de un metafórico pantalla 4K que representaría el nivel submicroscópico, pero si tomamos un retroceso suficiente, su acción infinitesimalmente progresiva puede ser observada de nuevo.

A partir de las observaciones hechas a nuestro nivel macroscópico, la definición tradicional del concepto de "fuerza" históricamente estuvo establecida por Newton como que consistía en una acción mutua entre dos cuerpos masivos, en el sentido de que *"cuando un cuerpo ejerce una fuerza sobre el segundo cuerpo, el segundo cuerpo ejerce siempre una fuerza sobre el primero"* ([57], p. 87). Newton estableció esta conclusión como su tercera ley del movimiento, proclamando que las acciones mutuas de dos cuerpos masivos uno al otro siempre son igualas.

Considerando cada uno de estos cuerpos por separado, la fuerza entonces fue definida como siendo la interacción que modifica el momento de un cuerpo con arreglo al tiempo durante el cual esta interacción es aplicada sobre él. Esto condujo a definir la fuerza como que era el producto de la masa de un cuerpo por su aceleración, es decir, su cambio de velocidad ($F=ma$); y a definir su momento en cualquier momento dado como el producto de su masa por su velocidad instantánea ($p=mv$).

Esta *"atracción aparente"* observada, función de lo inverso del cuadrado de la distancia entre los cuerpos masivos que no están en contacto unos con otros, condujo a que la *fuerza* sea asociada directamente con un aumento natural del momento traslacional del cuerpo, sin ninguna necesidad inmediata de referir la simultaneidad del aumento de su energía cinética traslacional, función de la distancia en disminución entre los cuerpos implicados, que es obtenida multiplicando la fuerza por la distancia entre los cuerpos en cualquier momento dado, ya que la aceleración es representada por el cuadrado de la velocidad momentánea dividido por la distancia instantánea correspondiente ($a=v^2/r$), que da la cantidad total de energía momentáneamente inducida en el cuerpo a esta distancia específica, como correspondiendo a ($E=mv^2$), es decir una cantidad total de energía cinética inducida que Leibnitz consideraba el efecto real de la aplicación de una fuerza ([57], p. 222), una cantidad que incidentemente es dos veces más grande que la cantidad asociada al momento traslacional (p), que por su parte es tradicionalmente calculada reemplazando (v) por (p/m) en la ecuación clásica para calcular la energía cinética ($K=mv^2/2$), dando ($K=p^2/2m$) ([8], p. 134).

Desde la perspectiva relativista, la razón de la diferencia entre estos dos métodos de medida de energía es que ($E=\gamma m_o v^2$) incluya también la energía que se convierte en el incremento relativista de masa que fue medido transversalmente por Walter Kaufmann desviando las trayectorias de electrones que se desplazaban a velocidades relativistas en una cámara de burbujas al principio del siglo 20 [64], y que estuvo establecido por Paul Marmet como correspondiendo al incremento de masa magnética representado a la Ecuación (3.8); mientras que ($K=\gamma m_o v^2/2$) proporciona únicamente la cantidad correcta de energía cinética traslacional asociada con el momento que sostiene la velocidad de la masa relativista total, sea una cantidad de energía cinética unidireccional que se revela corresponder por estructura exactamente a la mitad de la energía cinética total que debe ser inducida en un electrón además de la cantidad de energía invariante de su masa en reposo para que se desplace a la velocidad relativista correspondiente, tal como analizado en la Referencia ([42], [8] Capítulo 5), y que es representado en la Ecuación (3.8).

Debe ser puesto en perspectiva que estas definiciones, completamente útiles al nivel macroscópico para aplicación a cuerpos masivos macroscópicos, estuvieron establecidas antes del descubrimiento de que la fuerza en acción entre las partículas elementales cargadas realmente induce energía cinética en estas partículas, debido al hecho de que son cargadas eléctricamente, entonces en ausencia de esta información descubierta más tarde, las mismas definiciones de fuerza y de momento fueron aplicadas sobre la fuerza de Coulomb, y fueron aplicadas por defecto sobre estos subcomponentes elementales masivos de los átomos, sin tener en cuenta del hecho de que además de sus masas, poseen también una carga eléctrica, que precisamente es la característica vinculada a la inducción de energía en electromagnetismo.

La fuerza de Coulomb pues fue definida de la manera siguiente:

> *"The force of attraction or repulsion between two point charges is directly proportional to the product of the charges and inversely proportional to the square of the distance between them."* ([17], p.462).

Traducción:

> *"La fuerza de atracción o repulsión entre dos cargas puntuales es directamente proporcional al producto de las cargas y inversamente proporcional al cuadrado de la distancia que las separa."*

Pero un análisis profundo de la fuerza de Coulomb a la luz de la estructura electromagnética de las cantidades de energía portadora inducidas en las partículas cargadas tales los electrones y los positrones revelada en la geometría tresespacial, y de la variación de estas cantidades con arreglo a la distancia entre las partículas cargadas, revela que la fuerza propiamente dicha ni atrae ni repele de la manera en la que actualmente es definida, sino que únicamente induce adiabáticamente unas energía cinética en las partículas elementales cargadas eléctricamente, y que es el componente unidireccional asociado con el momento de la energía cinética adiabática que se orienta vectorialmente para que las partículas cargadas de signos de carga eléctrica opuestos procuren desplazarse una hacia la otra, o que se aleja una de la otra en caso de signos de carga eléctrica idénticos, cuando las partículas no son cautivas en los estados diversos de equilibrio de resonancia electromagnética estables permitidos en las estructuras atómicas, estados en los cuales sus movimientos traslacional son inhibidos aunque la energía cinética asociada con el momento permanece adiabáticamente mantenida, tal como analizado en la Referencia ([45], [8] Capítulo 16). La presencia adiabáticamente mantenida de esta energía cinética será analizada más lejos.

Esto pone en evidencia que la fuerza de Coulomb no sería en realidad una *fuerza de atracción o repulsión* tal que actualmente es definida, pero más bien una *fuerza de inducción adiabática de energía cinética* que induciría la energía cinética en las partículas elementales cargadas adiabáticamente y continuamente, que estén o no en movimiento, lo que haría esta fuerza a un *agente-activo-que-aún-debe-entenderse-correctamente* que sería universalmente ambiente en el fondo, para decirlo así, y que no necesitaría desplazarse a alguna velocidad que sea para actuar simultáneamente sobre todas las partículas cargadas que existen en el universo, sino aumentaría o disminuiría solamente las cantidades de esta energía cinética adiabáticamente inducida de manera infinitesimalmente progresiva únicamente con arreglo a las variaciones de las distancias entre las partículas elementales cargadas, que estén en movimiento o no unas en relación a otras.

Además, el descubrimiento de Marmet y la observación confirmada por el experimento de Kaufmann, que la mitad de la cantidad de energía portadora inducida en los electrones se convierte en masa, revelan que no sólo la fuerza de Coulomb induce la energía traslacional de las partículas elementales cargadas, sino que induce también de la masa, constituida por la otra mitad en proceso de oscilación electromagnética de la energía portadora inducida, tal como representado con las Ecuaciones (3.8) - (3.10) y establecido en las Referencias ([42], [8] Capítulo 5) ([30], [8] Capítulo 4).

Considerado desde esta perspectiva, y ya que esta energía cinética debe ser inducida en las partículas cargadas *antes* de que todo movimiento asociado se vuelva posible, esto significa que ningún movimiento de las partículas cargadas es necesario para que la fuerza de Coulomb induzca adiabáticamente de la energía cinética con arreglo a la distancia, y que esta energía permanezca inducida aunque la velocidad asociada no puede expresarse si las partículas son cautivas en estado de resonancia orbital estacionaria, que son unos estados de inducción de energía cinética del momento que el concepto clásico de momento, pues también los del lagrangiano y del hamiltoniano, claramente no pueden dar cuenta, ya que la velocidad traslacional asociada entonces es forzada a cero, o se equilibra a cero para electrones cautivos en tales estados de resonancia axiales.

También, el concepto aún aceptado hoy en día es que la fuerza de Coulomb estaría en acción en el átomo de hidrógeno entre el electrón y el *protón*. Este concepto no tiene en cuenta el hecho de que el protón no es una partícula elemental cargada, pero un sistema de partículas elementales cargadas, exactamente como el sistema solar no es un cuerpo único, sino un sistema de cuerpos masivos astronómicos más pequeños.

Desgraciadamente, 50 años después de que este mayor descubrimiento fue confirmado experimentalmente al acelerador lineal de Stanford en 1968 [21], parece que muy poco obras de consulta de introducción a la física de las partículas mencionan claramente este descubrimiento con referencia apropiada, pero continúan refiriendo a los protones y los neutrones como que fueran partículas elementales, lo que induce un alto nivel de confusión en la comunidad a este respecto.

Obviamente, el sistema solar es un sistema cuya estructura interna es definida por planetas estabilizados sobre órbitas alrededor de una estrella central, y de manera también evidente desde los años 1960, es conocido que el protón es un sistema cuya estructura interna es definida por partículas elementales en interacción que son cargadas, masivas, colisionables y al comportamiento casi-puntual exactamente como el electrón, que fueron nombradas quark arriba y quark abajo, que son estabilizadas electromagnéticamente en estados de equilibrio de resonancia de mínima acción. Véase también la sección 1.23 sobre este tema.

Pues, ya que la fuerza de Coulomb puede estar en acción únicamente entre partículas cargadas eléctricamente, puede obviamente estar en interacción únicamente entre los electrones y los quarks arriba y abajo que están cautivo dentro de la estructura del protón. Estas tres partículas son pues las tres solas partículas elementales estables, cargadas y masivas que pueden ser identificadas como siendo los solos componentes elementales constitutivos de todos los átomos del universo, más bien que los tres que son todavía a menudo enseñadas de manera errónea como constituyendo el conjunto de las tres partículas elementales que definen la estructura interna átomos, es decir el electrón, el protón y el neutrón.

Por consiguiente, del punto de vista del electromagnetismo, el átomo de hidrógeno *no es un sistema a dos cuerpos masivos en interacción* tal que aún hoy en día es considerado, pero más bien *un sistema a cuatro partículas electromagnéticas cargadas* estabilizadas en estados de resonancia electromagnética de mínima acción.

A la luz de estas consideraciones, una definición provisionalmente más precisa de la fuerza de Coulomb podría ser formulada de la manera siguiente, por ejemplo:

> *"La fuerza de Coulomb induce adiabáticamente y continuamente unas energía cinética en las partículas elementales cargadas con arreglo a lo inverso del cuadrado de la distancia que las separa, induciendo así en cada partícula cargada una cantidad acompañante de energía cinética cuya mitad unidireccional se orienta vectorialmente de modo que las partículas cargadas tienden a acercarse las unas hacia otras cuando tienen signos opuestos de carga, y a alejarse las unas de otras cuando tienen signos idénticos de carga, cuando no son cautivas de los estados diversos de resonancia permitidos en los átomos, y a aplicar una presión en estas direcciones vectoriales cuando sus movimientos son inhibidos por los estados de equilibrio electromagnéticos locales."* ([45], [8] Capítulo 16).

Así pues, desde la perspectiva submicroscópica, parecería que no son los cuerpos macroscópicos mismos que estarían sometidos a una fuerza, pero las partículas electromagnéticas elementales individuales cargadas y masivas al comportamiento casi-puntual cuya suma de las masas constituye la masa total de los cuerpos macroscópicos, y que la sola fuerza que puede actuarles estaría por estructura la así llamada *fuerza de Coulomb*, que no sería verdaderamente atractiva y repulsiva tal como inicialmente definida por similitud con la fuerza aparente de atracción función de lo inverso del cuadrado de la distancia entre las masas macroscópicas que era la sola interpretación posible en la época de Newton, pero sería más bien un *agente-activo-que-aún-debe-entenderse-correctamente-y-que-adiabáticamente-induce-la-energía-cinética*, que nombramos *fuerza de*

Coulomb, y quien podría estar permanentemente presente por naturaleza de manera estática en el universo y en que sería en acción entre todas las partículas elementales cargadas que existen.

Esto significa que la energía cinética inducida en todo par de partículas cargadas es proporcional a la inversa de la distancia que las separa no importa el tiempo transcurrido si son mantenidas a distancias fijas las unas de otras, y que varía adiabáticamente en ambas partículas si están en movimiento relativamente una en relación a la otra, no importa sus velocidades relativas y no importa el tiempo transcurrido durante la secuencia correspondiente de movimiento.

En la geometría tresespacial, ambas cargas de un fotón electromagnético adquirirían lógicamente signos vectoriales de carga opuestos sobre el plano Y-y/Y-z, pero parecerían neutras a lo largo del eje Y-x orientado perpendicularmente, a lo largo del cual no se desplazan, este último estado aparentemente neutro siendo el que sería observable a partir nuestra perspectiva de observación desde el espacio-X normal en el caso de los fotones electromagnéticos.

Esta definición temporalmente reformulada permitirá ahora describir el proceso de inducción adiabática de energía cinética que está en acción dentro de los átomos, entre las partículas elementales masivas y cargadas de las que son hechas.

Sin embargo, para simplificar la descripción, los términos tradicionales de *atracción* y de *repulsión* continuarán siendo utilizados en este texto, pero guardando siempre a la mente que *atracción* se refiere a la energía portadora unidireccional orientado vectorialmente hacia una partícula de signo de carga opuesto, y que *repulsión* se refiere a la inhibición del movimiento traslacional de una cantidad de energía portadora unidireccional.

3.17.1. El concepto de la onda gravitatoria

Las ideas de *la imposibilidad de demostrar el movimiento absoluto* y de definir *el movimiento relativo* en su lugar no son las únicas ideas que Einstein parece haber tomado prestadas de este pequeño artículo publicado por Poincaré el 9 de junio de 1905 [76] (Véase la Sección 3.4 y la Subsección 3.5.1). El concepto de la *onda gravitatoria que se propaga a la velocidad de la luz* que propuso en 1916 también se propone en este artículo, en el que Poincaré lo propuso bajo el nombre de *onda gravítica* (*"onde gravifique"*):

> *"J'ai été d'abord conduit à supposer que la propagation de la gravitation n'est pas instantanée, mais se fait avec la vitesse de la lumière... Quand nous parlerons donc de la position ou de la vitesse du corps attirant, il s'agira de cette position ou de cette vitesse à l'instant où l'onde gravifique est partie de ce corps; quand nous parlerons de la position ou de la vitesse du corps attiré, il s'agira de cette position ou de cette vitesse à l'instant où ce corps attiré a été atteint par l'onde gravifique émanée de l'autre corps; il est clair que le premier instant est antérieur au second."* ([76], p. 492).

Traducción:

> *"Primero me llevaron a suponer que la propagación de la gravitación no es instantánea, sino que se hace con la velocidad de la luz... Así que cuando hablamos de la posición o velocidad del cuerpo que atrae, será esta posición o velocidad en el instante en que la onda gravítica abandone este cuerpo; cuando hablamos de la posición o velocidad del cuerpo atraído, será esa posición o velocidad en el instante en que ese cuerpo atraído fue alcanzado por la onda gravítica que emana del otro cuerpo; es evidente que el primer instante es anterior al segundo."*

Sin embargo, el análisis del concepto de la llamada fuerza de Coulomb que acaba de completarse revela que la energía adiabática del momento ΔK que propulsa un cuerpo a otro en el universo no se transmite de un cuerpo a otro según el concepto concebido por Poincaré, sino que está inmediata y permanentemente presente por estructura en cada cuerpo y que varía localmente con la inversa de la distancia entre ellos, lo que significa que la instantaneidad de la interacción entre los cuerpos se realiza por estructura contrariamente a la expectativa de Poincare, como se describe en las Secciones 1.26 y 1.27, y que *el movimiento absoluto es la verdadera ley general de la naturaleza*, como se analiza en la Subsección 3.5.1, lo que también es contrario a su conclusión, también declarada en su nota de 1905:

> *"Il semble que cette impossibilité de démontrer le mouvement absolu soit une loi générale de la nature."* ([76], p. 489)

Traducción:

"Parece que esta imposibilidad de demostrar un movimiento absoluto es una ley general de la naturaleza."

Pero para ser equitativo con Poincaré, no le fue más posible concebir la idea de que el momento, así como la energía de la masa transversal, fuera inducida adiabáticamente en forma de *una sustancia físicamente existente* en todas las partículas elementales, que lo que le fue posible a Newton concebir la idea de que la masa de los cuerpos aumenta con la velocidad, ya que no se disponía de pistas en estas direcciones en la medida más limitada de los conocimientos acumulados en sus respectivas épocas.

3.18. La inducción de energía cinética adiabática en las estructuras atómicas y nucleares

Un análisis de la manera con la cual la temperatura aumenta adiabáticamente con el aumento de profundidad en la masa de la Tierra [62] conduce a concluir que este aumento puede ser asociado sólo con un aumento progresivo, a medida que la profundidad aumenta, de la compresión de los orbitales electrónicos alrededor de los núcleos de los átomos que constituyen la masa de la Tierra, lo que acortaría las distancias promedias entre los electrones y los quarks arriba y abajo que son los solos subcomponentes elementales cargados en los nucleones que constituyen estos núcleos, lo que puede sólo aumentar las cantidades de energía cinética inducidas por la fuerza de Coulomb con arreglo a lo inverso del cuadrado de estas distancias más cortas.

A su vez, esta constatación conduce a observar que para los electrones estabilizados en tales estados de mínima acción, esta energía cinética puede ser inducida sólo de manera adiabática, ya que esta energía progresivamente varía a medida que las distancias varían entre estas partículas cargadas sin que ninguna energía sea emitida en el entorno o contribuida por el entorno durante este proceso natural de variación de distancia debida a la compresión ([43], [8] Capítulo 2). Véase también la Sección 1.27 sobre este tema.

Ya que las tres solas partículas elementales masivas que pueden ser detectadas vía colisiones no destructivas dentro de todos los átomos en existencia (electrón, quark arriba y quark abajo) son cargadas ([34], [8] Capítulo 19), esto significa por supuesto que la energía cinética es inducida continuamente en cada una de ellas, cuyas cantidades son claramente medibles a las distancias axiales de resonancia quiénes las separan, y quiénes necesariamente corresponden a los orbitales electrónicos para los electrones, y a los orbitales nucleónicos para los quarks arriba y abajo dentro de los nucleones.

Un caso extensivamente documentado de tal nivel de inducción adiabática de energía portadora por la fuerza de Coulomb es el del orbital en reposo del átomo de hidrógeno:

$$E = \int_{a_0}^{\infty} \frac{1}{4\pi\varepsilon_o} \frac{e^2}{r^2} \cdot dr = 0 - \frac{1}{4\pi\varepsilon_o} \frac{e^2}{r_o} = -4.359743805\,\mathrm{E}\text{-}18\,\mathrm{J}\,(27.2\,\mathrm{eV}) \tag{3.22}$$

donde (r_o) está el radio de Bohr, que exactamente corresponde a la distancia promedia que separa el electrón, estabilizado en estado de resonancia axial en el orbital en reposo, de los quarks arriba y abajo cargados cautivos en el protón central del átomo de hidrógeno.

La estructura electromagnética interna anteriormente establecida de la energía portadora del electrón descrita por la Ecuación (3.14) revela ahora que la mitad de esta energía adiabática se convierte sistemáticamente en un incremento de masa, que posee una inercia omnidireccional exactamente como la masa en reposo invariante del electrón, que aumenta la masa momentánea del electrón, que el electrón sea traslacionalmente inmovilizado de esa manera, o en movimiento libre a la velocidad que corresponde a esta cantidad de energía portadora, tal como confirmado por las medidas de masa transversal efectuadas por Kaufmann para electrones que se desplacen a velocidades relativistas [64].

Este estado medible puede ahora ser directamente asociado con la diferencia entre la cantidad total de energía portadora medida con la ecuación $(E=\gamma m_o v^2)$ emergiendo de la ecuación que mide la fuerza asociada con la aceleración $(F=\gamma m_o a)$, y la mitad de esta cantidad calculada con la ecuación $(K=\gamma m_o v^2/2)$, que proporciona solamente la energía cinética traslacional asociada con el momento que propulsa la masa relativista total de la partícula.

Ya que la misma fuerza de Coulomb que induce adiabáticamente unas energía cinética estructuralmente está en acción entre los quarks arriba y abajo dentro del protón, los incrementos de masa adiabática debidos a sus niveles de energía portadora inmensamente más elevados deben ser mucho más importantes que en las más enérgicas orbitales electrónicas, dado las distancias extremadamente cortas que les separan dentro de las estructuras de los nucleones.

Un estudio cuidadoso de las estructuras de los nucleones en el marco de la geometría tresespacial, a la luz de la presencia inevitable de esta energía adiabática inducida continuamente que contribuye aumentando la masa de las partículas elementales con arreglo a estas distancias axiales muy cortas entre los quarks arriba y abajo, condujo entonces a la elaboración de ecuaciones LC tresespacial para las masas en reposo y los niveles de energía portadora de estas partículas elementales cargadas y masivas que constituyen la estructura interna de los nucleones que están conforme con la observación ([43], [8] Capítulo 2) ([32], [8] Capítulo 14) ([49], [8] Capítulo 9).

Estas ecuaciones revelan que el nivel de energía portadora alcanzado para cada quark arriba y abajo dentro de la estructura del protón está cerca de 600 veces más elevado que la energía contenida en la masa en reposo del electrón estabilizado en el orbital fundamental del átomo de hidrógeno ([32], [8] Capítulo 14).

3.19. *La inversión cíclica de polaridad de los campos magnéticos de las partículas elementales*

La naturaleza oscilante del componente magnético de la energía de la masa en reposo invariante de las partículas elementales así como la de su energía portadora tal como revelada por las ecuaciones LC (3.14) y (3.21), hace evidente que en la geometría tresespacial, la presencia física de este componente magnético puede sólo oscilar entre cero presencia y una presencia esférica máxima en el espacio, seguido de un retorno a cero presencia a la frecuencia y hasta la extensión esférica física asociada con la cantidad de energía contenida en sus cuantos.

En la geometría tresespacial, una *junción casi-puntual* o *zona casi-puntual de pasaje* está situada en el centro de cada cantidad electromagnética localizada, que permite a su energía circular libremente entre los tres espacios que son interconectados de esa manera, como si fueran vasos comunicantes, y así estabilizarse localmente en un estado de equilibrio dinámico auto-mantenido entre los tres espacios ortogonales tridimensionales que constituyen el complejo geométrico tresespacial dentro del cual cada cantidad de energía electromagnética existe (**Figura 3.1**), que es completamente descrita en las Referencias ([15], [8] Capítulo 6) ([34], [8] Capítulo 19), y que permite que la energía del cuanto pueda ser descrita como una mitad unidireccional sosteniendo el momento traslacional en el espacio-X normal para el fotón, mientras que su otra mitad oscila electromagnéticamente transversalmente entre dos espacios tridimensionales separados mutuamente perpendiculares entre ellos y con el espacio-X normal, del que uno es identificado como el espacio-Y, que permite la manifestación de las propiedades representadas por el campo eléctrico E, mientras que el otro es identificado como el espacio-Z, que permite la manifestación de las propiedades representadas por el campo magnético B. Esta segunda mitad de la energía de la partícula que es longitudinalmente inerte por estructura, posee pues una propiedad de inercia omnidireccional por definición en el espacio-X normal, es decir, una *masa electromagnética*.

En la geometría tresespacial, esta junción casi-puntual es sensata representar el *comportamiento casi-puntual* observado y medido por las partículas elementales cargadas tales el fotón o el electrón durante las colisiones entre estas partículas en el espacio normal.

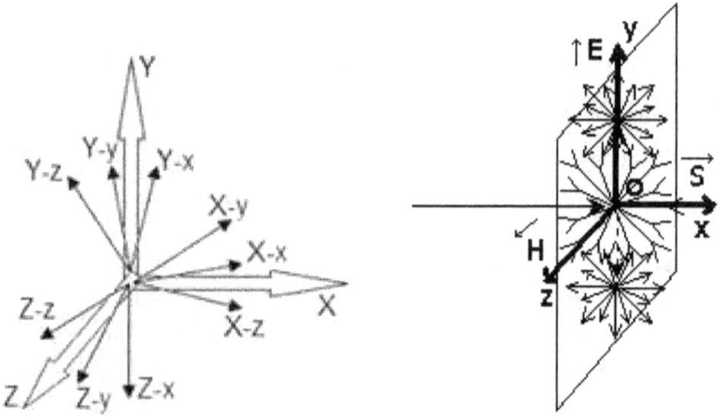

Figura 3.1: Estructura ortogonal del complejo geométrico tresespacial, y representación por onda plana aplicada sobre el fotón localizado permanentemente.

En esta geometría del espacio, la energía que constituye el componente magnético de la masa en reposo del electrón está por estructura en movimiento interno constante, sucesivamente en dos orientaciones esféricas opuestas, a partir de un estado inicial de cero presencia dentro del espacio-Z magnetostático al principio de cada ciclo, después de haber trasladado completamente en uno de los otros espacios del complejo, este movimiento de la energía consistirá en dos fases distintas, la primera que será una fase de expansión esférica mientras que penetra omnidireccionalmente en el espacio-Z a través de la junción tresespacial, hasta que una expansión radial máxima hubiera alcanzada. La segunda fase consistirá en un movimiento inverso a través de la junción tresespacial en forma de una regresión esférica omnidireccional hasta que la energía completamente hubiera evacuada el espacio-Z. Este proceso de oscilación vuelve a definir el espín de las partículas electromagnéticas elementales como que se hacen una propiedad relativa al estado de los ciclos de expansión y regresión de presencia de la energía magnética de todas las demás partículas electromagnéticas elementales.

Este comportamiento implica también que ambos polos de los campos magnéticos de una partícula electromagnética elemental pueden sólo coincidir por estructura con la junción tresespacial casi-puntual situada en su centro. Esto significa que una alineación en orientación paralela relativa entre dos electrones se producirá, por ejemplo, cuando la presencia magnética de la energía de ambas partículas estará en expansión y regresión al mismo tiempo de manera sincrónica, lo que equivale a una repulsión esférica función de lo inverso del cubo de la distancia entre ambas esferas magnéticas, ya que las energías magnéticas de ambas partículas permanecen vectorialmente opuestas una a otra durante toda la secuencia; mientras que una alineación en orientación antiparalela relativa se producirá cuando la presencia de la energía magnética de uno de los electrones estará en fase de expansión de presencia esférica mientras que la del otro electrón estará en su fase de regresión de su presencia esférica, lo que equivale a una atracción esférica función de lo inverso del cubo de la distancia que separa ambas partículas, ya que las energías de ambas esferas magnéticas permanecen vectorialmente orientadas en direcciones convergentes durante toda la secuencia.

Punto de mayor interés, la interacción magnética función de lo inverso del cubo entre dos electrones forzados por interactuar en orientación repulsiva de espín paralelo recientemente ha sido medida experimentalmente por Kotler y al. en 2014 [64].

Además, la fuerza que puede ser medida entre ambos electrones a partir de los datos recogidos, de la que el análisis resulta en el establecimiento de la Ecuación (3.23), exactamente corresponde a la mitad de la fuerza que puede ser calculada a partir de la interacción magnética entre dos barras imantadas, de la que ambos polos norte y sur son separados por estructura por una distancia medible dentro de cada barra imantada, y cuya fuerza entre los dos pares de polos en interacción simultánea se calcula con la Ecuación (3.24), que es la ecuación estándar establecida para este cálculo con barras magnéticas ([57], p 93).

$$F = \frac{3\mu_0\mu^2}{4\pi d^4} \tag{3.23}$$

$$F = \frac{3\mu_0 \mu^2}{2\pi d^4} \tag{3.24}$$

Esta diferencia de intensidad de la fuerza calculada con estas dos ecuaciones directamente parece asociada con el hecho de que en las partículas electromagnéticas al comportamiento casi-puntual, dentro de las cuales la distancia entre ambos polos se reduce a cero por estructura, ambos polos pueden existir sólo alternativamente el uno a la vez en sucesión, lo que directamente asocia ambos polos, así como el espín relativo de las partículas, con ambas fases de expansión y regresión de la presencia de la energía magnética del ciclo de oscilación electromagnética de la cantidad de energía descrita por las ecuaciones LC tresespacial.

Punto de interés particular, la presencia alternativa de ambos polos de los campos magnéticos para los cuales ambos polos coinciden como los observados para los electrones al comportamiento casi-puntual del experimento de Kotler y al. puede ser confirmada muy fácilmente a nuestro nivel macroscópico con imanes circulares magnetizados paralelamente a su espesor, tales imanes de altavoces ([49], [8] Capítulo 9).

Dada la necesidad para que la bobina del altavoz tienda constantemente a conservar una alineación axial perpendicular perfecto en el orificio central de estos imanes, esta orientación del campo magnético durante el proceso de magnetización fuerza ambos polos del campo magnético macroscópico que se establece alrededor de ellos que coinciden geométricamente por estructura en su centro geométrico, la prueba que es que a partir de los datos recogidos de la interacción mutua de tales imanes, la fuerza que puede ser calculada sistemáticamente obedece a la Ecuación (3.23) exactamente como para los electrones del experimento de Kotler y al., y no conformarse jamás con la Ecuación (3.24) en ninguna circunstancia, tal como analizado en la Referencia ([49], [8] Capítulo 9), demostrando así que como durante la interacción entre dos tales imanes, para los cuales ambos polos magnéticos coinciden por estructura dentro del campo magnético de cada imán, o en contexto, entre ambos electrones al comportamiento casi-puntual del experimento de Kotler et al., solamente dos polos a la vez están en interacción simultáneamente, y jamás 4 polos como con las barras imantadas.

Una conclusión sorprendente de este comportamiento observado y medido es que los campos magnéticos dentro de los cuales ambos polos coinciden pueden sólo ser monopolares por estructura en cualquier momento dado, lo que significa que el campo magnético de la masa en reposo invariante de los electrones, tal como descrito en la geometría tresespacial, y tal como medido durante el experimento de Kotler et al., es un monopolo magnético por estructura en cualquier momento dado.

De hecho, el experimento de Kotler et al. y el experimento con los imanes circulares demuestran fuera de todo duda posible que solamente 2 polos a la vez pueden estar simultáneamente en interacción durante las interacciones magnéticas entre campos magnéticos tales los de los electrones, es decir, solamente un polo a la vez que pertenece a cada partícula, lo que parece completamente validar el proceso de inversión cíclica del espín magnético autorizado por la estructura interna de las partículas electromagnéticas en la geometría tresespacial.

3.19.1 Prueba experimental de la separación física de los polos en las barras magnéticas

Por último, los recientes experimentos con la nueva técnica de los ferrolens desarrollada por Emmanouil Markoulakis [95] revelan una clara separación física entre los dos polos en una barra magnetizada.

Desde el punto de vista electromagnético, lo que parece ocurrir cuando los electrones no apareados en el material paramagnético de la barra magnetizada son forzados a estabilizarse en la orientación paralela del espín magnético, sus contribuciones individuales de energía magnética que oscilan normalmente en el tiempo parecen fundirse en un conjunto estático común en el espacio, que se extiende perpendicularmente a la dimensión temporal de manera no esférica debido a la amplia distribución espacial de los electrones involucrados, de modo que el campo magnético macroscópico así establecido se estabiliza en el espacio como *un dipolo magnético estático*, del que este experimento muestra que los dos polos permanecen físicamente separados, cada uno de los cuales puede considerarse como un *monopolo magnético estático macroscópico*.

3.20. *Interacción de campos magnéticos función de frecuencias idénticas de oscilación*

Este estado de inversión cíclica de polaridad magnética del componente magnético del electrón echa una luz totalmente nueva sobre la razón para la cual dos electrones pueden asociarse en alineación de espín antiparalelo para completar orbitales electrónicos o asociarse en enlaces covalentes entre los átomos, a pesar de su repulsión eléctrica función de lo inverso del cuadrado de la distancia que las separa, dado sus signos idénticos de carga, lo que a primera vista debería lógicamente impedir una asociación tan cerca de dos electrones.

La respuesta evidente se debe al hecho que sus campos magnéticos interactúan con arreglo a una ley de interacción de orden superior a la de la interacción eléctrica inversa del cuadrado (**Figura 3.2**), lo que significa que cuando son forzados por las circunstancias electromagnéticas locales de acercarse bastante uno del otro para que la interacción magnética función de lo inverso del cubo comience a superar la interacción inversa del cuadrado, pivotarán fácilmente hacia la alineación atractiva de espín antiparalelo, que es un estado de mínima acción relativamente a la alineación magnética paralela de los espines. Este proceso es analizado en la Referencia ([43], [8] Capítulo 2).

El mismo proceso explica también por qué un par de electrón y positrón que se capturan mutuamente en configuración de positronio metaestable consigue siempre acercarse eventualmente en espiral hasta que se encuentren y se conviertan al estado de fotones electromagnéticos como etapa final sistemática del proceso de degradación del positronio, que goza de la circunstancia favorable adicional que contrariamente a un par de electrones en interacción mutua, ambas partículas se atraen también con arreglo a la ley de lo inverso del cuadrado, lo que los hechos acercarse fácilmente hasta el punto de equilibrio donde la ley de interacción función de lo inverso del cubo dominará ([43], [8] Capítulo 2). Sus cantidades respectivas de energía portadora que son por estructura iguales entre ellas, sus campos magnéticos tampoco oscilarán a una frecuencia común y perjudicarán de ningún modo el proceso.

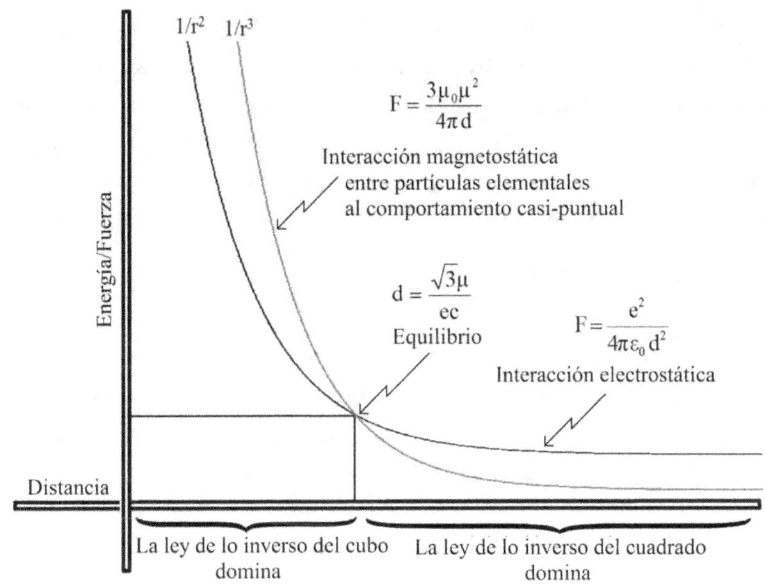

Figura 3.2: Intersección de las curvas de interacción inverso del cuadrado e inverso del cubo.

El éxito del proceso de acoplamiento antiparalelo de los espines de pares de electrones en lazo covalente y en relleno de orbitales por pares, así como el éxito del estado final de la degradación del positronio a procurar que el electrón y el positrón se reúnen físicamente para convertirse en el estado de fotones electromagnéticos, íntimamente es vinculado al hecho de que en la geometría tresespacial, la frecuencia de oscilación de los campos magnéticos de ambas partículas es idéntica, lo que les permite ajustarse fácilmente en oscilación magnética antiparalela de mínima acción perfectamente sincronizada.

3.21. Interacción de campos magnéticos función de frecuencias diferentes de oscilación

La situación es muy diferente sin embargo cuando un electrón y un protón están en interacción para formar un átomo de hidrógeno, aunque demuestran signos opuestos de cargas de igual intensidad similares a los de un par electrón-positrón que se metaestabiliza en configuración positronio.

La diferencia se sitúa al nivel de la carga positiva *aparentemente* unitaria del protón, que recordémoslo, es un sistema de partículas elementales cargadas eléctricamente, y que no sí mismo es una partícula cargada. La particularidad de la carga unitaria aparente del protón que es a menudo descuidada es que su carga unitaria presunta es el resultado de la adición de las cargas fraccionarias de sus tres subcomponentes elementales, sea, +2/3 +2/3 -1/3 = +1. Esto significa que el electrón verdaderamente no está en interacción electromagnética con protón como tal, sino más bien con sus tres subcomponentes electromagnéticos elementales cargados (uud).

Así pues, contrariamente al caso del positronio, en el cual las energías magnéticas de ambas partículas exactamente oscilan a la misma frecuencia en la geometría tresespacial, el átomo de hidrógeno implica las frecuencias de ambos campos magnéticos del electrón y de su energía portadora de una parte, que están ahora en interacción con las frecuencias mucho más elevadas de oscilación de los campos magnéticos de los subcomponentes cargados del protón y de sus energías portadoras inmensamente más enérgica por otra parte ([43], [8] Capítulo 2) ([32], [8] Capítulo 14). Véase también la Sección 2.20.

En el mejor caso, la inversión de polaridad de la presencia magnética de los componentes internos más enérgicos del protón se produce más de 600 veces durante cada ciclo de presencia magnética de la energía magnética del electrón (**Figura 3.3**), lo que, debido al hecho de que la intensidad de la fuerza de interacción magnética inversa del cubo se debilita rápidamente con la distancia creciente, resulta en la interacción magnética entre el electrón y los componentes internos del protón que se hace repulsiva de manera predominante cada vez que el electrón se acerca más cerca al protón que la distancia promedia del orbital en reposo, lo que corresponde con la distancia a la cual el equilibro se establece entre la fuerza de atracción eléctrica y de la interacción magnética (**Figura 3.2**).

La interacción recíproca constante debida a las diferencias de las frecuencias de oscilación de los campos magnéticos diversos implicados en interacción función de lo inverso del cubo que se oponen a la energía unidireccional sosteniendo el momento del electrón que tiende a hacerlo constantemente acercarse al protón, puede sólo resultar en el establecimiento de un estado de resonancia axial estable (**Figura 3.3**) que puede ciertamente ser asociado con la intuición inicial de de Broglie que orbitales electrónicas debían ser tales estados de resonancias que corresponden, en la geometría tresespacial, a los estados diversos de equilibrio electromagnético de mínima acción en los cuales las partículas elementales cargadas se hacen cautivas en las estructuras atómicas y nucleónicas ([43], [8] Capítulo 2).

El fundamento mecánico detallado de este estado de resonancia es analizado en las Referencias ([43], [8] Capítulo 2) ([32], [8] Capítulo 14), y puede ser resumido como sigue. Considerando la **Figura 3.3**, la secuencia central representa una muestra arbitraria de 6 casos de la variación de intensidad de la presencia esférica de la energía magnética del electrón con arreglo a su frecuencia. De manera simplificada, cada uno de estos 6 casos simbólicamente está confrontado en la secuencia de bajo por más de 600 casos de variación de intensidad esférica de la presencia de la energía magnética de una única de las cantidades de energía portadora de uno de los quarks arriba y abajo del protón con arreglo a su propia frecuencia. Véase también la Sección 2.20.

La **Figura 3.3** representa el hecho de que mientras que el electrón invierte la polaridad de su espín una vez, este componente interna del protón invierte la polaridad de su propio espín más de 600 veces, lo que significa que durante cada ciclo de presencia magnética esférica de la energía del electrón, el campo magnético de este componente interno del protón alternará más de 600 veces entre un estado de alineación paralela de espín relativamente a la orientación del espín del electrón, pues lo rechazará, y un estado de alineación de espín antiparalelo, y pues lo atraerá.

El estado de equilibrio orbital de mínima acción es por consiguiente establecido por el hecho de que el componente permanentemente inducido de energía unidireccional del momento traslacional del electrón, que tiende a propulsar constantemente el electrón hacia el protón, alternativamente es inhibido en su movimiento cada vez que la interacción magnética función de lo inverso del cubo se vuelve repulsiva, induciendo una repulsión entre las esferas magnéticas implicadas, y luego es liberada de esta contra presión mientras que la interacción magnética se vuelve atractiva.

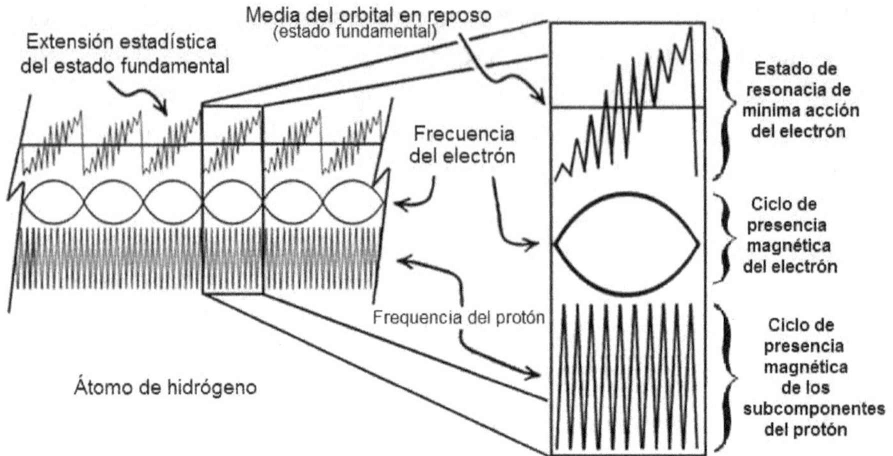

Figura 3.3: Establecimiento del estado de resonancia de mínima acción del electrón en el átomo de hidrógeno.

Tal como representado en la **Figura 3.3**, durante cada uno de los 600 ciclos magnéticos del componente interno del protón, el electrón será axialmente rechazado por el protón de una distancia $+d$ durante la mitad del ciclo de presencia magnética del subcomponente del protón durante el cual la alineación de los espines es paralela, y ya que el electrón será más lejos del protón cuando la relación se vuelve antiparalela para la misma duración, habrá una imposibilidad física que sea devuelto completamente hasta la distancia $-d$, ya que la fuerza de interacción magnética inversa del cubo será más débil a esta distancia más lejana del protón a principios de la fase antiparalela.

Por estructura pues, debido a la atracción inversa del cubo más débil al principio de la fase atractiva, el electrón será devuelto hacia el protón solamente por la distancia $-(d-\Delta d)$, lo que procurará que progresivamente se alejará del protón a cada secuencia de inversión de polaridad hasta que su propia presencia de energía magnética cae a cero, momento durante el cual la energía unidireccional del momento traslacional de su energía portadora dejará de ser inhibida, propulsando de nuevo el electrón hacia el protón tan lejos como la ley de lo inverso del cuadrado se lo permitirá, hasta el principio del ciclo próximo de presencia magnética de la energía del electrón, y que la secuencia a predominio repulsivo de la interacción magnética sea reinicializada así, tal como representado a la **Figura 3.3**.

Por supuesto, el estado de resonancia de mínima acción de un electrón en el átomo de hidrógeno o en otro átomo será mucho más complejo que sugerido con este ejemplo sencillo, que es solamente destinado a describir la mecánica fundamental del proceso, y obligatoriamente implicará todas las interacciones electromagnéticas entre el campo magnético del electrón y los de todos los demás componentes electromagnéticos cautivos en las estructuras atómicas y nucleares próximas.

Puesto que la distancia promedia de equilibrio alrededor de la cual este proceso fuerza el electrón a estabilizarse en el átomo de hidrógeno, se vuelve también evidente que la probabilidad de distribución de todas las localizaciones instantáneas posibles que el electrón visitará estocásticamente alrededor de esta distancia axial promedia será similar a la distribución estadística de Heisenberg, y será restringida dentro de límites axiales coherentes con el hecho de que la amplitud axial del volumen que el electrón podrá así visitar es dependiente de la inercia de su masa relativista variable en cualquier momento dado ([43], [8] Capítulo 2) ([32], [8] Capítulo 14):

$$\int_{-d}^{+d} |\psi|^2 \, dxdydz = 1 \tag{3.25}$$

Parece también totalmente razonable de concluir que los quarks arriba y abajo cargados constituyendo la estructura interna de los protones y neutrones, así como sus energías portadoras, que son los subcomponentes únicos de todos los núcleos atómicos en la geometría tresespacial, tal como analizado en la Referencia ([32], [8] Capítulo 14), serían sujetos a estados similares de resonancia dentro de sus estados electromagnéticos de equilibrio de mínima acción locales, que podrían entonces ser descritos potencialmente también por diversos métodos de la Mecánica Cuántica.

3.22. Los estados de resonancia en la Mecánica Cuántica y en el electromagnetismo

Puede ser observado que la Mecánica Cuántica y el electromagnetismo tratan de los estados de resonancia a partir de perspectivas totalmente diferentes, la primera al nivel general por medio de la función de onda, que establece volúmenes de resonancia, exactamente como de manera más simple en la mecánica clásica para calcular el volumen de espacio visitado por una cuerda de guitarra en estado de vibración; y la segunda más directamente a partir de la inducción mutua de campos eléctrico y magnético tal como se demuestra por la resonancia LRC por ejemplo. Es por eso que parece totalmente lógico que unas estructuras electromagnéticas LC internas tales que la geometría tresespacial permite asociar con las partículas electromagnéticas elementales, que permite asociar una localización permanente con los electrones asociando al punto de junción tresespacial interno del comportamiento LC de la energía de su cantidad con su comportamiento sistemáticamente casi-puntual en el momento de colisiones, pueda permitir describir directamente la mecánica de la trayectoria del movimiento axial de resonancia del electrón dentro de los volúmenes definidos al nivel general por la función de onda, que, cuando correctamente será matematizada, podría proporcionar una cuarta representación mecánica de la Mecánica Cuántica que reconciliará la localización permanente del electrón con la función de onda.

Otros estudios pueden también ser localizados que intentan asociar directamente la MC con el electromagnetismo a partir de la perspectiva de los fenómenos de resonancia. Un ejemplo es este interesante estudio de V.A. Golovko [68] a propósito de las interacciones de resonancia entre los estados estacionarios de la MC y la emisión y la absorción de ondas electromagnéticas.

90 años después de la identificación por Louis de Broglie que las orbitales electrónicas debían ser unos estados de resonancia [4], las investigaciones a propósito de los estados de resonancia parecen empezar de nuevo en nuevas direcciones. Otro ejemplo es este estudio fascinante a propósito de los estados de resonancia en la corona solar por Antony Soosaleon que implica las interacciones entre los campos eléctrico y magnético [96], que propone una solución a las temperaturas extremas todavía que no son explicadas en la corona solar, que es diferente de la que naturalmente emana de la geometría tresespacial, tal como propuesta en la Referencia ([61], [8] Capítulo 15).

3.23. *El momento, el hamiltoniano y el lagrangiano*

Tal como mencionado anteriormente, un análisis según la perspectiva electromagnética que el aumento adiabático progresivo de calor con el aumento de profundidad en la masa de la Tierra puede ser asociado únicamente con un gradiente de compresión adiabática de los orbitales electrónicos hacia los núcleos de los átomos a medida que la profundidad aumenta en la masa de la Tierra ([43], [8] Capítulo 2). Este proceso obligatoriamente implica un aumento adiabático de la energía cinética inducida por la fuerza de Coulomb en los electrones estabilizados en diversas orbitales, debido a la disminución de las distancias axiales que resulta de eso entre ellos y los núcleos de los átomos a los cuales pertenecen.

Volviendo al principio del concepto del momento, puede ser observado que este concepto íntimamente fue asociado con el movimiento antes de que la existencia de las partículas elementales masivas y cargadas eléctricamente sean descubiertas y que la fuerza de Coulomb sea identificada como siendo la última causa de la inducción de energía cinética en estas partículas, tal como ya puesto en perspectiva.

Aunque los procesos adiabáticos fueron ya estudiados en la época, la idea de que la energía cinética traslacional asociada con el momento podía permanecer inducida en los cuerpos estabilizados en estados naturales de mínima acción en equilibrio dinámico estable podía ser asociada con tales procesos adiabáticos no atrajo con toda evidencia la atención, tal la energía del momento estabilizada por las partículas elementales que constituían la masa de la Tierra sobre su órbita alrededor del Sol.

El concepto inicial de presencia de energía cinética como dependiendo del movimiento entonces no fue vuelto a visitar y fue integrado no cambiado a las representaciones por el lagrangiano y luego el hamiltoniano para aplicación al mismo nivel submicroscópico después de la incorporación de los conceptos de los campos electromagnéticos, lo que perpetuó la presunción de que un movimiento traslacional debía producirse para que unas energía cinética pueda ya existir y qué los campos eléctrico y magnético asociados puedan emerger al nivel submicroscópico, en lugar de concluir que la energía cinética obligatoriamente debía existir inicialmente antes de que el movimiento y los campos eléctrico y magnético asociados puedan emerger de su presencia.

Esto condujo a la percepción todavía actual de que la energía cinética asociada con el momento debe convertirse en *energía potencial* para que el proceso permanezca conservativo cuando el movimiento traslacional de los electrones es inhibido cuando son capturados en las estructuras atómicas, lo que prescinde del hecho de que en realidad, esta energía cinética asociada con el momento permanece inducida adiabáticamente en estos electrones aunque su movimiento traslacional es inhibido.

Parece que en realidad, esta energía cinética adiabáticamente mantenida vinculada al momento pero traslacionalmente inhibida continuamente *lucha* contra esta inhibición, una lucha constante que se manifiesta en forma de una *presión* axial constantemente mantenida en la dirección vectorial del núcleo *contra la presión* generada por la interacción magnética predominantemente repulsiva entre la energía magnética de los electrones y la de los componentes internos de los nucleones de los cuales los núcleos atómicos son hechos.

Por consiguiente, contrariamente a las esperas que proceden del concepto actual del momento conservativo, parecería que esta energía cinética asociada con el momento sería en realidad una *sustancia real* que tendría una existencia física efectiva y que se comportaría en consecuencia. Lo que significa que no se metamorfosearía *milagrosamente* en una forma de energía potencial inactiva indefinible sin características cuando su movimiento es inhibido, para también *milagrosamente* re-metamorfosearse en energía cinética unidireccional activa cuando su movimiento deja de ser inhibido tal como actualmente representada, pero permanecería constantemente presente y activa incluso cuando su movimiento es inhibido, pero de una manera en la que el concepto actual de momento / lagrangiano / hamiltoniano es incapaz de dar cuenta.

La consecuencia del hecho de que el concepto del momento conservativo hubiera sido integrado en el lagrangiano y el hamiltoniano sin haber sido adaptado para tener en cuenta este hecho, es que relativamente a los conceptos de fuerza, de movimiento y de materia, las mecánicas clásica y relativista (MC y MR) continúan tratar esta *energía cinética real* casi como un efecto secundario, debido al hecho de que en MC y MR el solo parámetro que determina el momento aparte de la masa es la velocidad. Ya que la masa es definida como permaneciendo constante en MC y MR, esto deja ver la energía cinética como que es una cantidad emergente que depende de la presencia previa de una velocidad, y no como una cantidad primordial preexistente que puede causar la velocidad cuando su movimiento no es inhibido por las circunstancias electromagnéticas locales.

En realidad, la naturaleza adiabática de la energía cinética inducida en las partículas cargadas impone que en realidad, la velocidad, la presión, la carga y la masa pueden ser solamente unas propiedades emergentes de la presencia mantenida adiabáticamente de esta energía cinética. De estas cuatro propiedades de la energía cinética, la presión y el signo de las cargas son asociados en la geometría tresespacial a la inhibición forzada de la velocidad traslacional de la semi-cantidad de energía cinética unidireccional de las partículas elementales y de su energía portadora, que fuerza esta energía cinética unidireccional en configuraciones que inducen estas propiedades; mientras que la masa, más precisamente definida como siendo una *inercia omnidireccional*, es asociada con el hecho de que la semi-cantidad en oscilación electromagnética transversal de todo fotón o energía portadora de una partícula elemental masiva, así como la cantidad entera de una partícula elemental masiva, son traslacionalmente inertes en el espacio normal ([34], [8] Capítulo 19)].

Podría revelarse bien que el hecho que la energía cinética de un cuerpo es considerada derribar a cero cuando este cuerpo es traslacionalmente inmovilizado, en el concepto conservativo tradicional del momento / lagrangiano / hamiltoniano, que hizo difícil hasta ahora la identificación clara de la naturaleza de estas tres últimas propiedades de la energía cinética, ya que parecen vinculadas a la presencia adiabáticamente mantenida, acompañando la masa en reposo invariante de todas las partículas elementales masivas y cargadas cuyos todos los cuerpos masivos macroscópicos están constituidos, de cantidades de energía cinéticas no liberable y no sujetas al principio de conservación de la energía ([43], [8] Capítulo 2), y de las que el lagrangiano y el hamiltoniano, tales como actualmente definidos, son incapaces de dar cuenta cuando las velocidades asociadas caen a cero, o se equilibran a cero durante los estados de movimiento de resonancia axial.

3.24. *La desconexión del momento submicroscópico*

Puede ser observado así que hay una mayor diferencia entre la definición del momento aplicada sobre las mecánicas clásica y relativista de una parte, y la aplicada sobre el electromagnetismo, la QED y la MC por otra parte. Esta diferencia es vinculada al hecho de que ambas primeras fueron desarrolladas para dar cuenta de los procesos físicos al nivel macroscópico sin tomar en consideración las propiedades electromagnéticas de las partículas elementales, mientras que las tres otras fueron desarrolladas para dar cuenta de los procesos físicos al nivel submicroscópico de la realidad física, el nivel al cual no hay otra elección que de tomar en consideración estas propiedades, a pesar de algún grado de superposición de ambos niveles por la mecánica relativista y el electromagnetismo.

Lo que caracteriza el primer grupo es que estrictamente trata masas y sus interacciones observables, principalmente al nivel macroscópico, sin tener en cuenta el hecho de que sus masas medibles al nivel macroscópico son sólo la adición de las masas en reposo invariantes de las partículas elementales cargadas de las que son hechas y del componente masivo de su energía portadora que realmente existen al nivel submicroscópico. El segundo grupo por su parte, directamente trata las partículas electromagnéticas elementales cargadas eléctricamente y su energía portadora sin tomar en consideración que la energía electromagnética de la que son hechas puede existir sólo en forma de estados localizados auto-sostenidos de inducción mutua de sus aspectos eléctrico y magnético, lo que es la condición fundamental para que la energía electromagnética pudiera existir en la teoría electromagnética.

En este nivel submicroscópico, claramente estuvo establecido que la sola manera para que el movimiento de un electrón puede ser parado en la naturaleza respeto a su entorno, es que sea capturado por un átomo en uno de los estados de resonancia electromagnética permitidos en este átomo; lo que implica, además de perder su semi-cantidad de energía cinética traslacional en forma de un fotón electromagnético de bremsstrahlung, que es sujeto al principio de conservación de la energía, que está simultáneamente y adiabáticamente inducido con exactamente de la misma cantidad de energía cinética traslacional de momento de sustitución prescrita por la fuerza de Coulomb a esta distancia del núcleo, y que debería también ser asociada con el momento / lagrangiano / hamiltoniano, tal que puesto en perspectiva en la Referencia ([43], [8] Capítulo 2), que reemplaza inmediatamente y de manera sincrónica la energía emitida, aunque su velocidad traslacional hacia el núcleo ahora es inhibida, porque esta energía permanecerá inducida tanto tiempo como la partícula permanecerá cautiva de este estado de resonancia de mínima acción.

En todos estos casos, en lugar de convertirse en una *energía potencial* virtual tal como actualmente presumido con la concepción corriente del momento / lagrangiano / hamiltoniano, cuando la velocidad traslacional de las partículas elementales cargadas es inhibida, la energía cinética inducida puede sólo permanecer activa, ejerciendo una *presión* continua en la misma dirección vectorial.

La consecuencia de la definición del momento como que es conservativo es que en todas las esferas de la física convencional, es decir la mecánica clásica, la mecánica relativista, el electromagnetismo, la electrodinámica y la física cuántica, la energía cinética es presunta existir solamente si hay movimiento traslacional de una masa al nivel macroscópico o de una partícula masiva cargada al nivel submicroscópico, y es visto por estructura como no existente cuando la velocidad traslacional es reducida a cero. Es aquí donde existe una desconexión irreconciliable entra el concepto tradicional del momento /

lagrangiano / hamiltoniano y el estado real de la inducción adiabática de energía cinética en todas las partículas elementales cargadas eléctricamente cautivas en estados electromagnéticos de equilibrio de mínima acción al nivel submicroscópico.

3.25. *Procesos diabáticos y adiabáticos*

Pocos estudios han sido hechos en cuanto a los procesos adiabáticos al nivel submicroscópico que podrían ser asociados con el hamiltoniano, y todos implican los cambios de estados debidos a cambios de condiciones ambientes función del tiempo. Estos cambios función del tiempo son cubiertos por el teorema adiabático establecido por Max Born y Vladimir Fock en 1928 [97]. Es necesario anotar que estas conclusiones no han sido vueltas a visitar después, y que ningún estudio parece haber sido conducido a este sujeto después del descubrimiento confirmado de que los nucleones no son unas partículas elementales, pero son sistemas complejos hechos por partículas elementales cargadas y masivas también estabilizadas en estados de equilibrio electromagnético de mínima acción exactamente como los electrones en sus orbitales.

El análisis Born-Fock concluyó que cambios rápidos de las condiciones ambientes (campos magnéticos ambientes cambiantes, por ejemplo) impedían que los sistemas adaptar sus configuraciones, lo que procura que permanecen no cambiadas, sea procesos nombrados *procesos diabáticos*, dejando el hamiltoniano en un estado equivalente a su estado inicial.

Alternativamente, concluyeron que cambios graduales de las condiciones ambientes permitían a los sistemas adaptar sus configuraciones, lo que permite que sus probabilidades de densidad modificarse durante estos procesos, nombrados *procesos adiabáticos*, permitiendo que su hamiltoniano final se estabilice en un estado diferente de su hamiltoniano inicial.

Una comparación atenta de estas conclusiones con las conclusiones sacadas en las Referencias ([43], [8] Capítulo 2) ([49], [8] Capítulo 9), en el caso de la estabilidad del orbital en reposo del átomo de hidrógeno, revela que los sistemas a los cuales se referían son los volúmenes de resonancia de mínima acción cuyas formas y amplitudes pueden ser determinadas por la función de onda, cada uno de los cuales que corresponde a uno de los estados de resonancia electromagnética de mínima acción en los cuales los electrones se encuentran cautivos en los átomos.

La conclusión en cuestión, sacada en la Referencia ([43], [8] Capítulo 2), es que la función de onda describe la forma de los volúmenes ocupados por la extensión estadística de las posiciones que un electrón puede posiblemente ocupar en las configuraciones diversas de los orbitales con arreglo a las circunstancias locales, tal como definido originalmente, mientras que la mecánica de resonancia descrita anteriormente explica la existencia de estos volúmenes y su elaboración con arreglo al tiempo, implicando que los electrones localizados son forzados en movimientos constantes de resonancia axial en reacción a las fluctuaciones constantes de las interacciones magnéticas locales; su localización permanente durante el proceso de resonancia que está establecido por correlación de su presencia física casi-puntual en el espacio con la junción tresespacial casi-puntual situada en su centro en la geometría tresespacial. Véase Sección 2.20.

Por consiguiente, puede ser observado que el hamiltoniano tal como actualmente definido trata al nivel general de la manera con la cual el volumen ocupado por la extensión estadística de un estado puede ser forzado a evolucionar para convertirse desde uno a un otro volumen autorizado, pero no trata de ninguna manera de la presencia continuamente mantenida por la mitad unidireccional traslacionalmente inhibida de la energía cinética adiabática que constituye la energía portadora del electrón, que principalmente actúa ahora axialmente hacia el núcleo, cautiva sobre una trayectoria axial de resonancia claramente definible de una y otra parte de la distancia promedia del volumen de resonancia respecto al núcleo, mientras que alterna entre secuencias de aumento y disminución de cantidad adiabática inducida, a medida que el electrón es rechazado y dejado libre de volver hacia el núcleo dentro de los volúmenes determinados por la función de onda ([43], [8] Capítulo 2).

3.26. *Reparación de la desconexión del momento submicroscópico*

Es claro a partir del análisis efectuado en las Referencias ([43], [8] Capítulo 2) ([52], [8] Capítulo 10) que la mitad en oscilación electromagnética transversal de la energía portadora de las partículas elementales cargadas, que proporciona a la partícula su incremento de masa omnidireccionalmente inerte asociado, no se ve afectado aunque su otra mitad unidireccional es impedida expresarse en forma de una velocidad traslacional de la partícula, mientras que es estabilizada en uno de los estados de resonancia orbitales posibles en los átomos.

Por su parte, el movimiento natural de la mitad unidireccional de la energía inducida puede ser contrarrestado traslacionalmente por el equilibrio electromagnético local de una manera que puede sólo conducir a que la velocidad inhibida se expresa en forma de una *presión* de sustitución constantemente ejercida hacia el núcleo, ya que los signos opuestos de las cargas del electrón y la de la suma de las cargas de los componentes internos cargados de los nucleones del núcleo determinan la dirección vectorial de aplicación de esta *presión*.

La interacción magnética predominantemente repulsiva que contraria el movimiento del electrón hacia el núcleo puede ser por naturaleza sólo una resistencia de *contacto* entre las esferas de energía cinética magnética en oscilación esférica de las partículas implicadas y de su energía portadora, que *se entrechocan*, para decirlo así, dentro del espacio-Z magnetostático ([15], [8] Capítulo 6), lo que proporciona una superficie elástica de contacto que se opone por estructura al movimiento del electrón, sea el mismo tipo de resistencia a acercarse del centro de masa del núcleo que la superficie de la Tierra opone a los cuerpos que descansan en su superficie de acercarse del centro de masa de la Tierra.

Desde la perspectiva estricta del electromagnetismo, hay que siempre guardar a la mente que todo cuerpo macroscópico que yacen sobre el suelo, así como toda la materia de que el suelo es hecho en la superficie de la Tierra, son últimamente hechas de átomos, cuyos últimos componentes son únicamente unos electrones, quarks arriba y quarks abajo, que son las únicas partículas elementales electromagnéticas estables, colisionables, al comportamiento casi-puntual, cargadas eléctricamente y masivas que jamás han sido detectadas dentro de las estructuras atómicas y nucleares por medio de colisiones no destructivas, y que son los solos componentes de la materia en los cuales la fuerza de Coulomb puede inducir energía cinética.

Las partículas cargadas que constituyen los cuerpos que yacen sobre la superficie de la Tierra están por consiguiente en interacción constante función de lo inverso del cuadrado de la distancia con las partículas cargadas que constituyen la masa de la Tierra vía la fuerza de Coulomb, lo que aparentemente las hacen encontrarse en la misma situación que un electrón atraído hacia un protón por la fuerza de Coulomb en un átomo de hidrógeno, incluso mientras que es cautivo del uno o del otro de los estados electromagnéticos de equilibrio de mínima acción diversos que los permiten formar estas masas macroscópicas ([43], [8] Capítulo 2).

En otras palabras, esta *presión*, que reemplaza ahora la velocidad inhibida del electrón en la dirección de la aplicación de la energía unidireccional de su fotón-portador hacia el protón, equivale a una *fuerza gravitacional* en newton (N) que el electrón aplica hacia el núcleo mientras que es cautivo a distancia orbital del átomo de hidrógeno.

Para este respecto, la Referencia ([44], [8] Capítulo 7) establece claramente la identidad mutua de todas las ecuaciones clásicas de fuerza demostrando matemáticamente que todas pueden ser convertidas en la forma $F=ma$, lo que incluye el establecimiento de la identidad entre la fuerza gravitacional macroscópica y la fuerza de Coulomb, después de haber clarificado que la constante gravitacional que debe ser utilizada en toda estructura axial natural que implica varios cuerpos, debe tomar en consideración los parámetros orbitales específicos al orden de magnitud relativo de este sistema, para permanecer coherente con la realidad observada, de donde el establecimiento de una constante gravitacional específica al átomo de hidrógeno ([44], [8] Capítulo 7, Ecuación (13)) reproducida aquí para comodidad:

$$G_p = \frac{4\pi^2 r_o^{\,3}}{M_p T^2} = 1.51417298\,3\text{E29 N} \bullet \text{m}^2/\text{kg}^2 \tag{3.26}$$

donde M_p=1.67262158E-27 kg está la masa del protón, r_o=5.291772083E-11 m es el radio promedio del orbital en reposo del átomo de hidrógeno, y T=1.519829851E-16 s es el tiempo que sería requerido para que el electrón órbita el protón una vez a la distancia (r_o) si esto era posible para él; en sustitución de (M), la masa del Sol, (r) la distancia promedia de la órbita terrestre hasta el Sol, y (T) el tiempo tomado por la Tierra para recorrer una vez su órbita alrededor del Sol, que son los valores que son integrados en la definición estándar de la constante astronómica G ([44], [8] Capítulo 7).

Esto permite utilizar el tiempo potencial que el electrón tomaría para recorrer una vez una órbita situada en la distancia (r_o) del protón, tal como puesto teóricamente con el átomo de Bohr, es el hecho de que la cantidad correcta de energía que sería necesaria para que el electrón puede desplazarse a la velocidad correspondiente es permanentemente inducida por la fuerza de Coulomb a esta distancia del núcleo del átomo de hidrógeno. Este elemento de tiempo es pues coherente con la cantidad de movimiento plenamente exprimida por el mismo momento correspondiente con su definición actual, y puede ser calculado a partir de la frecuencia de la energía portadora adiabáticamente inducida a la órbita de Bohr (4.359743808E-18 j), valor que corresponde al número de veces que el electrón orbitaría el núcleo a la distancia (r_o) en 1 segundo a la velocidad correspondiente:

$$T = 1 \text{ sec} / 6.57968391\text{E}15 \text{ Hz} = 1.519829851\text{E-}16 \text{ sec.} \tag{3.27}$$

Esta *presión* que reemplaza la velocidad y que ahora es orientada hacia el núcleo corresponde a la *fuerza* bien conocida de 8.238721759E-8 newton aplicable a la distancia promedia del orbital en reposo del átomo de hidrógeno, y es puesta en perspectiva correcta tal como calculada en la Referencia ([44], [8] Capítulo 7, Ecuación (14)), reproducida aquí para comodidad:

$$F_g = \frac{e^2}{4\pi\varepsilon_o r_o^2} = G_p \frac{M_p m_e}{r_o^2} = 8.238721759\text{E} - 8\,\text{N} \tag{3.28}$$

3.27. Conclusión

Observando que exploramos por necesidad la realidad física a partir de nuestras percepciones macroscópicas para cavar luego hacia el nivel submicroscópico a medida que nuestra comprensión aumentaba a propósito de la naturaleza de la materia, de la masa y de la energía, lo que condujo eventualmente a que importantes cuestiones queden sin respuesta, a pesar de nuestra base de conocimientos actuales relativamente profundos, pareció interesante intentar abordar estas cuestiones a partir de lo que ahora es conocido del nivel submicroscópico, reconstruyendo hacia nuestro nivel macroscópico.

El análisis de esta base de conocimiento permitió entonces identificar las propiedades electromagnéticas de la energía como que gobernaban este nivel submicroscópico de la realidad física, donde una sola fuerza inductiva de energía puede ser identificada, sea la fuerza de Coulomb, tal que puesto anteriormente en perspectiva.

Esta perspectiva pone en evidencia también dos aspectos mayores de las partículas electromagnéticas elementales que todavía no han sido tomadas en consideración por las teorías útiles que fueron desarrolladas en el curso del tiempo. Sea el hecho de que las teorías actuales de mecánica no toman en consideración la presencia física de las partículas elementales cargadas y masivas cuyos cuerpos macroscópicos son hechos y de las consecuencias de sus movimientos individuales sobre los estados de movimiento de los cuerpos macroscópicos a los cuales pertenecen, tal como ilustrado por el problema que esto levanta en relación a la rotación de los cuerpos macroscópicos por ejemplo, y el hecho de que ni la Mecánica Cuántica ni el electromagnetismo todavía integran la inducción mutua obligatoria de los aspectos eléctrico y magnético de las cantidades de energía electromagnética de una manera que se explicaría por qué estos cuantos se auto-mantienen de manera localizada y se comportan de manera casi-puntual durante sus colisiones mutuas.

Hecho interesante, el fundamento alternativo de la realidad física propuesto aquí parece unirse al punto de cero energía del concepto del vacío cuántico solicitado como nivel hipotético de cero excitación uniforme del vacío cuántico al principio del universo, que es el fundamento de la teoría cuántica de campos (QFT). La diferencia principal es que este fundamento alternativo propone un nivel hipotético de cero energía uniforme en el espacio al principio del universo, que prevé luego un proceso continúa infinitesimalmente progresiva de interacción entre las partículas cargadas que ofrece soluciones mecánicas coherentes que la QFT no proporciona, que son entre otras cosas, una descripción mecánica conforme a las ecuaciones de Maxwell de la inducción mutua de los campos eléctrico y magnético auto-sostenidos que constituyen la cantidad de energía localizada constituyendo cada fotón electromagnético ([31], [8] Capítulo 11) ([32], [8] Capítulo 14), y el de la masa en reposo invariante de cada partícula elemental cargada y masiva ([42], [8] Capítulo 5) ([30], [8] Capítulo 4), una separación clara entre la energía portadora electromagnéticas de las partículas elementales y la que constituye sus masas en reposo invariante ([42], [8] Capítulo 5) ([30], [8] Capítulo 4), lo que permite darse cuenta de la naturaleza adiabática de esta energía portadora inducida en todas las partículas elementales cargadas con arreglo a las distancias que les separan ([43], [8] Capítulo 2), y una mecánica de estabilidad de los estados de resonancia de los orbitales electrónicas y nucleónicas fundada sobre el electromagnetismo ([43], [8] Capítulos 2 et 3) ([49], [8] Capítulo 9). Ver también el Capítulo 2.

Considerando que al principio del universo, la idea de que el nivel inferior absoluto del nivel submicroscópico habría podido ser un vacío estático sin energía que no contendría ningunas partículas cargadas entre las cuales la fuerza de Coulomb podría estar en acción, en lugar del punto de cero excitación del vacío cuántico propuesto por la QFT, que cree pares partícula-antipartícula por medio de fluctuaciones presuntas naturales y espontáneas del vacío cuántico, se plantea la cuestión a saber cómo los primeros fotones electromagnéticos habrían podido aparecer ya que ninguna partícula cargada habrían existido para ser aceleradas para eventualmente liberar los primeros fotones de bremsstrahlung requeridos según esta perspectiva, para desestabilizarse mutuamente luego en un proceso cuya existencia fue confirmada por K. McDonald y al. En 1997 al acelerador SLAC [24], produciendo los primeros pares electrón-positrón que habría podido luego ser acelerados por esta fuerza inductiva por inducción de las primeras cantidades de energía portadora, finalmente acabando en los primeros nucleones y los primeros átomos de hidrógeno.

Esta cuestión, que se quedaría a resolver por supuesto, es analizada en la Referencia ([56], [8] Capítulo 17) donde pone tentativamente a contribución la idea de que la constancia del paso del tiempo podría ser sostenido por unas energía cinética y que un acontecimiento puntual en el pasado remoto momentáneamente habría podido frenar este movimiento, poniendo en marcha así la emisión en el espacio de las cantidades iniciales de energía electromagnética en forma de fotones de bremsstrahlung, iniciando así el proceso de generación de partículas cargadas que siempre estaría en proceso ([45], [8] Capítulo 16) ([61], [8] Capítulo 15).

El concepto de la auto-energía de las partículas electromagnéticas elementales de la QFT es reemplazado por un concepto mecánicamente definido de inducción mutua auto-mantenido de los aspectos eléctrico y magnético de las cantidades de energía que constituyen las masas localizadas de las partículas elementales cargadas ([15], [8] Capítulo 6) ([32], [8] Capítulo 14) ([31], [8] Capítulo 11).

Esta fuerza siendo estacionariamente presente y en acción permanente entre cada par de partículas cargadas, cada caso de tal interacción entre un par de cargas puede entonces ser vista como un caso individual mientras una multitud de tales casos que constituyen un gradiente universal estrictamente constituido por la adición de los casos activos entre cada par de partículas cargadas del universo. Contrariamente a la QFT, donde la presencia de estados excitados individuales afecta la intensidad local del gradiente de energía, la presencia de dos partículas electromagnéticas es requerida para que cada caso de interacción de la fuerza de Coulomb exista en el gradiente universal, lo que hace que este gradiente es uno de intensidad de estos casos de interacción y no uno de intensidad o densidad de energía como en la QFT.

Aunque el gradiente implica la fuerza de Coulomb, no implica el campo eléctrico tradicional continuo asociado con esta fuerza, sino únicamente el conjunto limitado de todos los casos discretos de interacción que realmente existen entre las cargas que realmente existen en el universo en un conjunto discontinuo de casos individuales.

Se vuelve posible ahora separar este gradiente en cuatro capas de intensidades, cuyos límites corresponden a las capas diversas de intensidades de resonancia que pueden ser identificadas en la naturaleza. Tal como puesto en perspectiva en la Referencia ([45], [8] Capítulo 16), el nivel más intenso es determinado por los estados de resonancia que caracterizan las partículas elementales cargadas en interacción dentro de los nucleones. El segundo nivel se aplica a los estados de estabilización de los nucleones dentro de los núcleos de los átomos. El tercer nivel se aplica a los estados electrónicos de resonancia dentro de los átomos y las moléculas, así como entre los átomos y las moléculas en contacto directo unos con otros en toda acumulación de materia. Y finalmente, un nivel cuarto y último de intensidad se aplica a todo átomo, molécula y masa más grande en estado de caída libre, sea una categoría que comprende las órbitas macroscópicas de los cuerpos al nivel astronómico.

Estos niveles diversos de intensidad de inducción de energía portadora adiabática por la fuerza de Coulomb, de la que uno de los componentes mayores es el incremento de masa adiabática continuamente inducida que proporciona para cada partícula cargada que existe, puede entonces ser asociada directamente con las 4 fuerzas del Modelo Estándar tal que puesto en perspectiva en la Referencia ([45], [8] Capítulo 16), cuatro fuerzas que finalmente se revelan representaciones alternativas de los diversos niveles de intensidad de aplicación de la misma fuerza subyacente de Coulomb de inducción adiabática de energía.

Es por consiguiente a ese punto que una relación clara puede estar establecida entre la Mecánica Cuántica y el gradiente gravitacional global, ya que la función de onda establece con precisión la localización y la forma de los volúmenes dentro de los cuales cada electrón se estabiliza en su estado de equilibrio orbital de resonancia electromagnética de mínima acción por medio de un caso de interacción del gradiente, tal como clarificado en la Referencia ([43], [8] Capítulos 2 et 3) y es vinculado por consiguiente al tercer nivel de intensidad del gradiente universal de intensidades de interacciones. Este caso de interacción puede entonces ser reconocido como que es un caso local de la *fuerza de gravedad* clásica en acción con arreglo a lo inverso del cuadrado de la distancia que separa el electrón de cada uno de los subcomponentes elementales cargados del núcleo, cada uno de ellos que corresponde a un caso de la categoría de los atractores terciarios, tal como descrito en la Referencia ([45], [8] Capítulo 16).

Cada elemento del gradiente global contribuye a las variaciones adiabáticas de inducción, función de la distancia, impuestas a las partículas cargadas por las circunstancias locales dinámicas que definen sus masas locales efectivas. Sea circunstancias dinámicas que evolucionan en el curso del tiempo al ritmo de la acumulación de la materia en los cuerpos estelares, del que uno de los procesos más notables es el que asocia mecánicamente el umbral de ignición estelar con la compresión adiabática progresiva de los orbitales en reposo de los átomos de hidrógeno, a medida que la profundidad aumenta hacia el centro de las masas proto-estelares, debido a la acumulación progresiva de los átomos de hidrógeno primordial, hasta el punto donde los orbitales en reposo de los electrones de los átomos de hidrógeno alcanzan la distancia axial en el centro de tales masas, que les proporciona el nivel de energía requerido para poner en marcha la nucleogenesis de los neutrones que inicia el proceso de fusión, tal como analizado también en la Referencia ([45], [8] Capítulo 16).

Punto de interés, ya que los estados de resonancia de los quarks arriba y abajo dentro de los nucleones están por estructura sometidos a la misma mecánica de resonancia que los electrones en sus orbitales atómicos, puede ser concluido que las representaciones diversas de la función de onda de la Mecánica Cuántica podrían ser adaptadas para ser directamente aplicadas sobre ellos dentro de los nucleones de manera más satisfactoria que la chromodinámica cuántica (QCD por sus siglos en inglés) lo permite, lo que asociaría la Mecánica Cuántica al nivel más intenso del gradiente gravitacional.

Finalmente, dada la variabilidad función de la distancia del tamaño del incremento de masa adiabática que forma parte de toda cantidad de energía portadora inducida en cada partícula cargada por la fuerza de Coulomb, representado en las Ecuaciones (3.10) y (3.14), tal como determinado en las Referencias ([42], [8] Capítulo 5) ([30], [8] Capítulo 4), puede ser observado que la suma máxima de las masas en reposo invariantes experimentalmente confirmadas por los tres quarks arriba y abajo en interacción constituyendo la estructura interna de los protones y de los neutrones, está del orden del 2 % hasta 2.4 % de la masa medida de cada nucleón, sucede por consiguiente que más de 97 % de las masas de todos los cuerpos masivos que existen pueden ser sólo de origen adiabática y pues forman parte de los fotones-portadores de las partículas elementales electromagnéticas cargadas y masivas ([43], [8] Capítulo 2) ([32], [8] Capítulo 14).

Esto significa que la masa de los nucleones puede variar con arreglo a la intensidad local del gradiente gravitacional y que más de 97 % de la masa medible en el universo es inducida adiabáticamente de esa manera por la fuerza de Coulomb, lo que revela que la masa de los cuerpos astronómicos es también variable con arreglo a las distancias que los separan ([45], [8] Capítulo 16).

Apéndice A

A.1. Derivación de la ecuación relativista de energía-momento

La Referencia [17] menciona en la página 835 que la combinación de las ecuaciones $E=\gamma m_o c^2$ y $p=\gamma m_o v$ se utiliza para generar la ecuación relativista de energía-momento $E^2=(pc)^2+(mc^2)^2$ (2,41), pero no ofrece la derivación detallada de esta ecuación.

Así que aquí está, para su conveniencia, la derivación completa, paso a paso, de esta famosa ecuación:

$$E = \gamma m_0 c^2 \qquad\qquad p = \gamma m_0 v \qquad (A.0)$$

$$\frac{E}{m_0 c^2} = \frac{1}{\sqrt{1-v^2/c^2}} \qquad\qquad \frac{p}{m_0 v} = \frac{1}{\sqrt{1-v^2/c^2}}$$

$$\left(\frac{E}{m_0 c^2}\right)^2 = \frac{1}{\sqrt{1-v^2/c^2}} \qquad\qquad \left(\frac{p}{m_0 v}\right)^2 \frac{v^2}{c^2} = \frac{v^2/c^2}{\sqrt{1-v^2/c^2}}$$

$$\frac{E^2}{m_0^{\,2} c^4} = \frac{1}{\sqrt{1-v^2/c^2}} \quad (A.1) \qquad\qquad \frac{p^2}{m_0^{\,2} c^2} = \frac{v^2/c^2}{\sqrt{1-v^2/c^2}} \quad (A.2)$$

Sustrayendo término por término la ecuación de momento (A.2) de la ecuación de masa (A.1), obtenemos:

$$\frac{E^2}{m_0^{\,2} c^4} - \frac{p^2}{m_0^{\,2} c^2}\frac{c^2}{c^2} = \frac{1}{\sqrt{1-v^2/c^2}} - \frac{v^2/c^2}{\sqrt{1-v^2/c^2}} \qquad (A.3)$$

$$\frac{E^2}{m_0^{\,2} c^4} - \frac{p^2 c^2}{m_0^{\,2} c^4} = \frac{1}{\sqrt{1-v^2/c^2}} \quad \frac{v^2/c^2}{\sqrt{1-v^2/c^2}}$$

$$\frac{E^2 - p^2 c^2}{m_0^{\,2} c^4} = \frac{1\text{-}v^2/c^2}{1\text{-}v^2/c^2} = \frac{\gamma}{\gamma} \qquad (A.4)$$

$$\frac{E^2 - p^2 c^2}{m_0^{\,2} c^4} = \frac{\gamma^2}{\gamma^2}$$

$$\gamma^2\left(E^2 - p^2 c^2\right) = \gamma^2 m_0^{\,2} c^4$$

$$\gamma^2 E^2 - \gamma^2 p^2 c^2 = \left(mc^2\right)^2 \quad \text{où } \gamma m_o = m$$

$$\gamma^2 E^2 = (pc)^2 + \left(mc^2\right)^2 \quad \text{où } p = \gamma m_o v = mv \qquad (A.5)$$

Y finalmente $E=\gamma E$ y obtenemos la Ecuación (2.41):

$$E^2 = (pc)^2 + \left(mc^2\right)^2 \tag{2.41}$$

Considerando el paso (A.4) durante la secuencia de derivación, la tentación es fuerte de simplificar ambas ocurrencias del factor de Lorentz γ a 1 antes de continuar, pero esto lleva a la versión no relativista, frecuentemente encontrada y errónea $E^2=(pc)^2+(m_oc^2)^2$, que frecuentemente se da como la última representación de la teoría de la Relatividad Especial, pero que en realidad es simplemente newtoniana, ya que tal simplificación a 1 tiene como consecuencia que todas las ocurrencias del factor γ desaparezcan de la ecuación. En consecuencia, sólo el valor clásico de la energía cinética del momento ΔK se suministra a la masa en reposo de la partícula en movimiento, dejando fuera el componente de energía magnética $\Delta m_m c^2$ de la energía portadora que oscila transversalmente de manera electromagnética y proporciona el incremento de masa relativista medible transversalmente en relación con la velocidad.

Por consiguiente, el procedimiento apropiado es cuadrar las ocurrencias del factor γ mutuamente reducible, de manera que puedan fusionarse con las dos ocurrencias de m_o a medida que avanza el desarrollo.

A primera vista, fusionar la última ocurrencia del factor γ al cuadrado con la energía al cuadrado ($\gamma^2 E^2$) puede parecer problemático, pero como este factor es una cantidad adimensional (Véase la Sección 3.5), puede multiplicarse con el componente *energía* sin ningún efecto negativo sobre la integridad de la ecuación y luego aumentar la cantidad total de energía en el lado izquierdo de la ecuación hasta el mismo valor relativista que tiene ahora en el lado derecho.

También hay que hacer una advertencia con respecto a la leyenda urbana matemáticamente errónea, profundamente arraigada en la comunidad física, de que poner m a cero en el término $(mc^2)^2$ de la Ecuación (2.41) es suficiente para reducir la ecuación a $E=pc$, que entonces supuestamente daría la energía de un fotón en movimiento libre.

Esto ignora la regla matemática básica de que si un elemento de una ecuación se pone a cero en uno de sus términos, también debe ponerse a cero en todos los demás términos, incluido $(pc)^2$ en este caso, ya que los pasos (A.0) y (A.4) revelan en contexto que el símbolo de momento p sólo puede definirse en contexto como igual a mv en la ecuación energía-momento, y que ninguna derivación lógica puede hacerlo igual a $\lambda v/c$.

Además, el análisis realizado en esta obra revela que proceder de esta manera es doblemente erróneo porque $p=mv$ proporciona sólo la mitad de la energía del fotón portador de la partícula masiva, es decir, sólo su medio-cuanto de energía de momento ΔK, mientras que $p=\lambda v/c$ proporciona la energía total de un fotón de movimiento libre, es decir, su medio-cuanto de energía de momento ΔK más la energía de su medio-cuanto de energía electromagnética oscilando transversalmente $\Delta m_m c^2$.

Por lo tanto, poner m a cero sólo en el término de masa $(mc^2)^2$ de la ecuación de energía-momento sin ponerlo también a cero en contexto en el término de momento $(pc)^2$ revela una inconsistencia lógica equivalente a un nivel de analfabetismo matemático que recuerda la inconsistencia lógica observada para la Ecuación (7.1.2) defectuosa que se encuentra en la Referencia [7], que aparentemente no ha atraído ninguna atención en la comunidad física formal, como se analiza en la Sección 1.7.2.

Las matemáticas son un lenguaje que debe ser aprendido al mismo nivel de competencia que por su aplicabilidad en la ingeniería antes de que se estudien en profundidad las cuestiones fundamentales de la física, de lo contrario los estragos como los causados por la interpretación de Copenhague pueden afectar a la comunidad de nuevo. En efecto, puede observarse que los científicos que más influyeron en la evolución de la física teórica, como Gauss, Maxwell, Minkowski y Poincaré, fueron en realidad matemáticos de alto nivel que sintetizaron coherentemente las ecuaciones que se establecieron a partir de datos experimentales confirmados obtenidos por experimentadores de terreno.

A.2. La ecuación tresespacial energía-momento

Cabe señalar que la tradicional ecuación relativista de energía-momento (2.41) no se utiliza en ninguna parte para hacer ningún cálculo debido a su complejidad de resolución. Sin embargo, la nueva Ecuación (1.50) de energía-momento tresespacial:

$$E_e = \Delta K + \Delta m_m c^2 + m_0 c^2 \tag{1.50}$$

es fácil de usar para cualquier cálculo de energía de movimiento, ya que sus dos componentes ΔK y $\Delta m_m c^2$ son siempre iguales por estructura, y no hay necesidad de usar el factor γ para resolverlo.

Contrariamente a la ecuación relativista (2.41), m_o aparece sólo en uno de sus términos. Por lo tanto, en el caso de la Ecuación (1.50) es efectivamente suficiente poner m_o a cero en el término $m_o c^2$ para reducir la ecuación a

$E=\Delta K+\Delta m_m c^2$, que entonces se convierte efectivamente en la Ecuación (2.13) del foton-portador de la partícula, que es también una de las ecuaciones estándar para calcular la energía de un fotón electromagnético.

$$E = \Delta K + \Delta m_m c^2 \tag{2.13}$$

Conociendo entonces la energía de todos los términos de la ecuación, ya sea para la Ecuación (1.50) o para la Ecuación (2.13), se hace fácil calcular la velocidad de la partícula, utilizando una de las dos Ecuaciones (1.33):

$$v = c\frac{\sqrt{\lambda_c\left(4\lambda + \lambda_c\right)}}{\left(2\lambda + \lambda_c\right)} \quad \text{o} \quad v = c\frac{\sqrt{4EK + K^2}}{2E + K} \tag{1.33}$$

Véase también la Sección 3.5.1.

Apéndice B

B.1. Las ecuaciones de Maxwell

Las ecuaciones de Maxwell

	Los órdenes de magnitud atómicos, macroscópicos y astronómicos		**Orden de magnitud subatómico**
	Forma integral	**Forma diferencial**	**Forma de primer nivel**
1	$\oint \mathbf{E} \cdot d\mathbf{S} = q/\varepsilon_0 = \Phi_E$	$\nabla \cdot \mathbf{E} = \rho/\varepsilon_0$	$\mathbf{E}_\lambda = \dfrac{\pi e}{\varepsilon_0 \alpha^3 \lambda^2}$
2	$\oint \mathbf{E} \cdot d\mathbf{l} = -d\left(\int \mathbf{B} \cdot \hat{n} d\mathbf{S}\right)/dt = -d\Phi_B/dt$	$\nabla \times \mathbf{E} = -\partial \mathbf{B}/\partial t$	$v = \dfrac{\mathbf{E}_{\lambda_c} \times \Delta\mathbf{E}_\lambda}{\mathbf{B}_{\lambda_c} + \Delta\mathbf{B}_\lambda}$
3	$\oint \mathbf{B} \cdot d\mathbf{S} = 0$	$\nabla \cdot \mathbf{B} = 0$	$\mathbf{B}_\lambda = \dfrac{\mu_0 \pi e c}{\alpha^3 \lambda^2}$
4	$\oint \mathbf{B} \cdot d\mathbf{l} = \mu_0\left(i + \varepsilon_0 d(\Phi_E)/dt\right)$	$\nabla \times \mathbf{B} = \mu_0\left(\mathbf{J} + \dfrac{\varepsilon_0 \partial \mathbf{E}}{\partial t}\right)$	$c = \dfrac{\mathbf{E}_\lambda}{\mathbf{B}_\lambda}$

B.2. Ecuaciones para los órdenes de magnitud atómicos, macroscópicos y astronómicos

El conjunto de las ecuaciones conocidas como las ecuaciones de Maxwell fueron en realidad desarrolladas por Gauss, Faraday y Ampere a partir de experimentos realizados físicamente. La principal contribución de Maxwell a la ciencia, después de analizar el hecho observado de que los cambios en los campos magnéticos inducen una corriente en los hilos conductores, y que recíprocamente, como ya lo descubrió Oersted, que la corriente eléctrica que fluye en un hilo induce un campo magnético alrededor del hilo, fue su intuición de que esta mutua inducción de campos eléctricos y magnéticos podría ocurrir en el espacio sin soportes materiales como los imanes y los hilos eléctricos.

Esto lo llevó a vincular esta hipótesis con el rompecabezas de la propagación de la luz después de que Faraday le informara, como se mencionó al principio de la Sección 1.1, que cuando colocaba una placa de vidrio entre los polos de un electroimán, el campo magnético giraría el plano de polarización de la luz que pasaba por la placa.

Concluyó entonces que la luz tenía que ser energía electromagnética real y que, dado que el rango de frecuencias de la luz visible era bastante limitado, es decir, de unos 405 THz para la luz roja a unos 790 THz para la luz violeta, este rango limitado iba a ser parte de un espectro potencialmente más completo, incluyendo otras frecuencias que serían invisibles para nosotros esta vez, y que se propagarían en ambas direcciones, es decir, en frecuencias superiores a los 790 THz de la luz violeta e inferiores a los 405 THz de la luz roja.

Su hipótesis a este respecto fue confirmada por primera vez 20 años más tarde cuando Hertz confirmó la existencia de las radiofrecuencias. El resto es historia, y su teoría de ondas continuas de energía electromagnética ha demostrado ser totalmente efectiva para tratar con la energía electromagnética desde el nivel atómico hasta el astronómico.

La primera ecuación de Maxwell es, de hecho, la ecuación de Gauss para el campo eléctrico, que es una generalización de la Ley de Coulomb, que establece un campo potencial de interacción eléctrica, eliminando una carga de la ecuación de Coulomb (véase la Subsección 1.71).

La segunda ecuación, derivada de la Ley de Inducción de Faraday, significa que se requiere una variación en un campo magnético para que se produzca un campo eléctrico. En el contexto de los campos puntuales localizados de este modelo, puede interpretarse sin modificaciones en el sentido de que cualquier variación del aspecto magnético de un evento electromagnético va necesariamente acompañada de la correspondiente variación inversa de su aspecto eléctrico.

La tercera ecuación corresponde a la ley de Gauss para el magnetismo, que define un campo potencial de interacción magnética como la contrapartida del campo eléctrico potencial definido con la primera ecuación, e implica que de un volumen dado que contiene la fuente un campo magnético sale tanta energía *magnética* como la que entra, de ahí el valor cero resultante.

La cuarta ecuación, derivada de la ley de Ampère y llamada la ecuación de Ampere-Maxwell, tuvo en cuenta inicialmente la observación de que un campo magnético es producido por una corriente eléctrica en un hilo, que Maxwell amplió hasta la conclusión de que un campo magnético puede ser producido por un campo eléctrico cambiante, y viceversa, incluso sin un soporte material, que es el mayor descubrimiento de Maxwell.

B.3. Ecuaciones para el orden de magnitud subatómico

Los cuatro ecuaciones electromagnéticas de primer nivel para el orden de magnitud subatómico se desarrollaron durante la primera ola de derivaciones tras el descubrimiento de Paul Marmet, y se publicaron en 2007 en la *"International IFNA-ANS Journal"* de la Universidad Estatal de Kazán ([30], [8] Capítulo 4).

El término *"primer nivel"* se refiere al hecho de que, a diferencia de las ecuaciones de Maxwell tradicionalmente mencionadas en todas las obras de referencia, y como se ha presentado anteriormente, las ecuaciones del nivel subatómico están a sólo un paso de mostrar el conjunto completo de constantes y variables que pueden utilizarse inmediatamente para calcular un valor físico, al igual que la ecuación de Coulomb (2.19). El análisis de por qué el desarrollo de tales ecuaciones de primer nivel es necesario para avanzar en la física fundamental se hizo en la Sección 27 de la Referencia [25].

La ecuación eléctrica de Gauss de primer nivel se ha desarrollada como la Ecuación (40) en la Referencia [30]. Véase en la sección 2.7 un ejemplo de utilización:

$$\mathbf{E}_\lambda = \frac{\pi e}{\varepsilon_0 \alpha^3 \lambda^2} \tag{B.1}$$

así como la ecuación magnética de Gauss de primer nivel desarrollada como la Ecuación (34) en la misma referencia:

$$\mathbf{B}_\lambda = \frac{\mu_0 \pi e c}{\alpha^3 \lambda^2} \tag{B.2}$$

La ecuación de campo eléctrico compuesto de primer nivel E necesaria para calcular la velocidad de una partícula masiva y cargada, que es de hecho el campo E totalmente resuelto de la ecuación de Lorentz F=q$(E + v$ x $B)$, fue entonces resuelta como la Ecuación (58) en la misma referencia, y está aquí totalmente desarrollada por conveniencia:

$$\mathbf{E} = \mathbf{E}_{\lambda_c} \times \Delta\mathbf{E}_\lambda = \frac{\pi e}{\varepsilon_0 \alpha^3} \frac{\left(\lambda^2 + \lambda_c^2\right)\sqrt{\lambda_c(4\lambda + \lambda_c)}}{\lambda^2\lambda_c^2 \quad (2\lambda + \lambda_c)} \tag{B.3}$$

La ecuación para el campo magnético compuesto de primer nivel B necesaria para calcular la velocidad de una partícula cargada masiva, que es el campo B totalmente resuelto de la ecuación de Lorentz, ha sido resuelta como la ecuación (49) en la misma referencia, y está totalmente desarrollada aquí por conveniencia:

$$B = B_{\lambda_C} + \Delta B_\lambda = \frac{\pi\,\mu_0 ec}{\alpha^3}\frac{\left(\lambda^2 + \lambda_C^{\,2}\right)}{\lambda^2\lambda_C^{\,2}} \tag{B.4}$$

Las ecuaciones (B.3) y (B.4) pueden entonces utilizarse directamente para calcular la velocidad de una partícula masiva y cargada con la ecuación tradicional $v=E/B$. De manera similar, las ecuaciones (B.1) y (B.2) pueden utilizarse directamente para calcular la velocidad de cualquier fotón de movimiento libre con la ecuación $c=E_\lambda/B_\lambda$.

Epílogo

El objetivo de este proyecto era explorar los procesos de conversión mecánica que implican la energía electromagnética y el muy limitado conjunto de partículas electromagnéticas elementales estables cuya existencia se ha confirmado mediante colisiones no destructivas en el nivel subatómico de la realidad física, y que son los componentes básicos de todos los átomos, así como los fotones electromagnéticos en movimiento libre que son emitidos por estas partículas elementales estables cuando se estabilizan dentro de las estructuras atómicas y cuya absorción hace que cambien temporalmente o permanentemente sus estados de equilibrio estacionario, así como los procesos mediante los cuales se estabilizan en la jerarquía observada de estos estados de equilibrio estable.

El siguiente paso será establecer las diversas funciones de ondas de resonancia complejas que implican la mezcla de frecuencias de batido fijas y variables que definen los volúmenes de resonancia de cada uno de estos estados estables de equilibrio electromagnético estacionario, de acuerdo con el método descrito en la Referencia ([25] Sección 27).

En la Referencia [98] se analiza y describe el método utilizado para definir la geometría tresespacial y explorar el nivel subatómico de la realidad física hasta el nivel alcanzado en este proyecto. Por sorprendente que le parezca a la mayoría de la gente, cualquiera podría haber escrito esta obra, porque la naturaleza nos ha dotado a cada uno de nosotros de una copia personal del correlator más poderoso que existe, nuestro neocortex. La Referencia [25] describe y explica por qué y cómo puede permitir a cada uno de nosotros derivar gradualmente nuestra comprensión personal de la realidad física hacia un estado lo más cercano posible a la comprensión objetiva de esa realidad física, por el medio muy simple de confirmar sistemáticamente la validez de todos los elementos elegidos como base para sacar cada una de nuestras conclusiones, porque una red neural multicapa como el neocortex es incapaz de proporcionar una conclusión inválida a partir de un conjunto en el que todos los elementos son válidos.

La Referencia [99] analiza y describe cómo cada niño puede ser guiado hacia el control más completo posible de su correlator personal. Lamentablemente, innumerables niños se ven privados de esta asistencia en mi propia comunidad y en muchas otras por parte de pedagogos formalmente cualificados que no están familiarizados sobre los conocimientos acumulados y la comprensión que se obtuvo por los descubridores de los diversos aspectos de nuestra capacidad de comprensión. El resultado es que muchos toleran, y en muchos casos incluso promueven, la prescripción de drogas que adormecen la mente para controlar el comportamiento indisciplinado de los niños, una causa importante de la cual es precisamente esta falta de supervisión formal apropiada, como se observó en un estudio de campo llevado a cabo en las escuelas primarias de una gran ciudad de mi comunidad, a la que se puede acceder a través de la Referencia [100].

Referencias

[1] Selleri, F. (1994) *Le grand débat de la théorie quantique.* Champs. Flammarion. France.

[2] Petkov, V. Editor. (2012) *Space and Time - Minkowski's Papers on Relativity.* Minkowski Institute Press. Montreal. Canada.
https://www.amazon.com/Space-Time-Minkowskis-papers-relativity/dp/0987987143.

[3] Planck, M. (1931) *Positivismus und reale Aussenwelt.* Akademische Verlagsgeselschaft M. B. H., Leipzig.
https://catalog.princeton.edu/catalog/2057791

[4] Einstein, A., Schrödinger, E., Pauli, W., Rosenfeld, L., Born, M., Joliot-Curie, I. & F., Heisenberg, W., Yukawa, H., et al. (1953) *Louis de Broglie, physicien et penseur.* 2e Éditions Albin Michel, Paris.

[5] Einstein A. (1910) *Le Principe de relativité et ses conséquences dans la physique moderne.* Traduit de l'allemand par E. Guillaume. Archives des sciences physiques et naturelle 29 (1910): 5-28; 125-144.
http://www.minkowskiinstitute.org/mip/books/einstein2.html

[6] Pais, A. (2005) *Subtle is the Lord: The Science and the Life of Albert Einstein.* Oxford University Press. New York.

[7] Ciufolini I & Wheeler JA (1995). *Gravitation and Inertia,* Princeton University Press.

[8] Michaud A (2017) *Mecánica electromagnética de las partículas elementales – 2a edición.* editorial académica española. Allemagne. ISBN-13: 978-3-330-09672-1
https://www.morebooks.de/es/search?utf8=%E2%9C%93&q=978-3-330-09672-1.

[9] Michaud, A. (2020) *Electromagnetism according to Maxwell's Initial Interpretation.* Journal of Modern Physics, 11, 16-80.
https://doi.org/10.4236/jmp.2020.111003.
https://www.scirp.org/pdf/jmp_2020010915471797.pdf.

[10] Michaud, A. (2018) *The Hydrogen Atom Fundamental Resonance States.* Journal of Modern Physics,9,1052-1110.doi:10.4236/jmp.2018.95067.

https://file.scirp.org/pdf/JMP_2018042716061246.pdf.

[11] Michaud, A. (2017) *Gravitation, Quantum Mechanics and the Least Action Electromagnetic Equilibrium States*. J Astrophys Aerospace Technol 5: 152. doi:10.4172/2329-6542.1000152.

https://www.omicsonline.org/open-access/gravitation-quantum-mechanics-and-the-least-action-electromagneticequilibrium-states-2329-6542-1000152.pdf.

[12] Michaud, A. (2020) *Gravitation, Quantum Mechanics and the Least Action Electromagnetic Equilibrium States*. In: Amenosis Lopez, editor. Prime Archives in Space Research. Hyderabad, India: Vide Leaf. 2020.

https://videleaf.com/gravitation-quantum-mechanics-and-the-least-action-electromagnetic-equilibrium-states/

[13] Rousseau, P. (1959) *La Lumière*. Presses Universitaires de France, Collection "Que sais-je?". France.

[14] Michaud, A. (2013) *Deriving Eps_0 and Mu_0 from First Principles and Defining the Fundamental Electromagnetic Equations Set*. International Journal of Engineering Research and Development e-ISSN: 278-067X, p-ISSN: 2278-800X, Volume 7, Issue 4 (May 2013), PP. 32-39.

http://ijerd.com/paper/vol7-issue4/G0704032039.pdf.

[15] Michaud, A. (2016) *On De Broglie's Double-particle Photon Hypothesis*. J Phys Math 7: 153. doi:10.4172/2090-0902.1000153,

https://www.omicsonline.org/open-access/on-de-broglies-doubleparticle-photon-hypothesis-2090-0902-1000153.pdf.

[16] Cornille, P. (2003) *Advanced Electromagnetism and Vacuum Physics*. World Scientific Publishing, Singapore.

[17] Sears F., Zemansky M., Young H. (1984) *University Physics*, 6th Edition, Addison Wesley.

[18] Eisberg, R., and Resnick, R. (1985) *Quantum Physics of Atoms, Molecules, Solids, Nuclei, and Particles*. 2nd Edition, John Wiley & Sons, New York.

[19] Griffiths, D.J. (1999) *Introduction to Electrodynamics*. Prentice Hall, USA.

[20] Jackson, J.D. (1999) *Classical Electrodynamics*. John Wiley & Sons. USA.

[21] Breidenbach M. et al. (1969) *Observed Behavior of Highly Inelastic Electron-Proton Scattering*, Phys.Rev.Let.,Vol.23,No.16,935-939.

https://journals.aps.org/prl/abstract/10.1103/PhysRevLett.23.935.

[22] Ohanian, H.C., Ruffini, R. (1994) *Gravitation and Spacetime*, Second Edition, W.W. Norton. P. 194.

[23] Anderson, C.D. (1933) *The Positive Electron*. Phys.Rev.43,491.

https://journals.aps.org/pr/pdf/10.1103/PhysRev.43.491.

[24] McDonald, K., et al. (1997) Positron Production in Multiphoton Light-by-Light Scattering, Phys.Rev.Lett.79,1626.

http://www.slac.stanford.edu/exp/e144/.
http://journals.aps.org/prl/abstract/10.1103/PhysRevLett.79.1626.

[25] Michaud, A. (2019) *The Mechanics of Conceptual Thinking*. Creative Education, 10, 353-406.

https://doi.org/10.4236/ce.2019.102028.
http://www.scirp.org/pdf/CE_2019022016190620.pdf.

[26] Feynman R.P., Leighton R.B and Sands M. (1964) *The Feynman Lectures on Physics*. Addison-Wesley, Vol. II, p. 28-1.

[27] De Broglie, L. (1993) *La physique nouvelle et les quanta*, Flammarion, France 1937, 2nd Edition 1993, with new 1973 Preface by Louis de Broglie. ISBN: 2-08-081170-3.

[28] Michaud, A. (2000) *On an Expanded Maxwellian Geometry of Space*. Proceeding of Congress-2000. "Fundamental Problems of Natural Sciences and Engineering". St Peterburg State University. Russia. Volume 1. pp. 291-310.

[29] Marmet, P. (2003) *Fundamental Nature of Relativistic Mass and Magnetic Fields*. International IFNA-ANS Journal, 9. 64-76. Kazan State University, Kazan, Russia. http://www.newtonphysics.on.ca/magnetic/index.html.

[30] Michaud, A. (2007) *Field Equations for Localized Individual Photons and Relativistic Field Equations for Localized Moving Massive Particles*, International IFNA-ANS Journal, No. 2 (28), Vol. 13, 2007, p. 123-140, Kazan State University, Kazan, Russia. https://www.gsjournal.net/Science-Journals/Research%20Papers-Relativity%20Theory/Download/2257.

[31] Michaud, A. (2013) *The Mechanics of Electron-Positron Pair Creation in the 3-Spaces Model*. International Journal of Engineering Research and

Development e-ISSN: 2278-067X, p-ISSN: 2278-800X, Volume 6, Issue 10 (April 2013), PP. 36-49. http://ijerd.com/paper/vol6-issue10/F06103649.pdf.

[32] Michaud, A. (2013) *The Mechanics of Neutron and Proton Creation in the 3-Spaces Model*. International Journal of Engineering Research and Development e-ISSN: 2278-067X, p-ISSN : 2278-800X, Volume 7, Issue 9 (July 2013), PP.29-53. http://www.ijerd.com/paper/vol7-issue9/E0709029053.pdf.

[33] Michaud, A. (2013) *The Mechanics of Neutrinos Creation in the 3-Spaces Model*. International Journal of Engineering Research and Development. e-ISSN: 2278-067X, p-ISSN: 2278-800X, Volume 7, Issue 7 (June 2013), PP. 01-08. http://www.ijerd.com/paper/vol7-issue7/A07070108.pdf.

[34] Michaud, A. (2017). *The Last Challenge of Modern Physics*. J Phys Math 8: 217. doi: 10.4172/2090-0902.1000217. https://www.omicsonline.org/open-access/the-last-challenge-of-modern-physics-2090-0902-1000217.pdf.

[35] Bartels, J., Haidt, D., Zichichi, A. Editors (2000) *The European Physical Journal C - Particles and fields*. Springer, Germany.

[36] Kaufmann, W. (1903) *Über die "Elektromagnetische Masse" der Elektronen*, Kgl. Gesellschaft der Wissenschaften Nachrichten, Mathem.-Phys. Klasse, pp. 91-103. http://gdz.sub.uni-goettingen.de/dms/load/img/?PPN=PPN252457811_1903&DMDID=DMDLOG_0025.

[37] Lorentz, H.A. (1904) *Electromagnetic phenomena in a system moving with any velocity smaller than that of light*, in: KNAW, Proceedings, 6, 1903-1904, Amsterdam, 1904, pp. 809-831. https://en.wikisource.org/wiki/Electromagnetic_phenomena.

[38] Einstein, A. (1934) *Comment je vois le monde*, Flammarion, France, 1958.

[39] Abraham, M. (1902) *Dynamik des Elektrons*, Nachrichten von der Gesellschaft der Wissenschaften zu Göttingen, Mathematisch-Physikalische Klasse,1902,S.20. http://gdz.sub.uni-goettingen.de/dms/load/img/?PPN=PPN252457811_1902&DMDID=DMDLOG_0009.

[40] Poincaré, H. (1902) *La science et l'hypothèse*, France, Flammarion 1902, 1995 Edition.

[41]   Planck, M. (1906) *Das Prinzip der Relativität und die Grundgleichungen der Mechanik.* Verhandlungen Deutsche Physikalische Gesellschaft. 8, pp. 136–141. (Vorgetragen in der Sitzung vom 23. März 1906.). https://archive.org/details/verhandlungende00goog/page/n179.

[42]   Michaud, A. (2013) *From Classical to Relativistic Mechanics via Maxwell,* International Journal of Engineering Research and Development, e-ISSN: 2278-067X, p-ISSN: 2278-800X. Volume 6, Issue 4. pp. 01-10. http://www.gsjournal.net/Science-Journals/Essays/View/3197.

[43]   Michaud, A. (2016) *On Adiabatic Processes at the Elementary Particle Level.* J Phys Math 7: 177. doi: 10.4172/2090-0902. 1000177. https://www.omicsonline.org/open-access/on-adiabatic-processes-at-the-elementary-particle-level-2090-0902-1000177.pdf.

[44]   Michaud, A. (2013) *Unifying All Classical Force Equations,* International Journal of Engineering Research and Development, e-ISSN: 2278-067X, p-ISSN: 2278-800X, Volume 6, Issue 6 (March 2013), PP. 27-34. http://www.ijerd.com/paper/vol6-issue6/F06062734.pdf.

[45]   Michaud, A. (2013) *Inside Planets and Stars Masses.* International Journal of Engineering Research and Development e-ISSN: 2278-067X, p-ISSN: 2278-800X, Volume 8, Issue 1 (July 2013), PP. 10-33. http://ijerd.com/paper/vol8-issue1/B08011033.pdf.

[46]   Anderson, J.D., Laing, A., Lau, E.L., Liu, A.S., Nieto, M.M. et al. (1998) Indications from Pioneer 10/11, Galileo, and Ulysses Data, of an Apparent Anomaleous, Weak, Long-Range Acceleration, gr-qc/9808081, v2, 1 Oct 1998. http://arxiv.org/pdf/gr-qc/9808081v2.pdf.

[47]   Nieto, M.M., Goldman, T., Anderson, J.D., Lau, E.L., Perez-Mercader, J. (1994) *Theoretical Motivation for Gravitation Experiments on Ultra low Energy Antiprotons and Antihydrogen,* hep-ph/9412234, 5 Dec 1994. http://arxiv.org/pdf/hep-ph/9412234.pdf.

[48]   Anderson, J.D., Campbell, J.K, Nieto, M.M. (2006) *The energy transfer process in planetary flybys,* astro-ph/0608087v2, 2 Nov 2006. http://arxiv.org/pdf/astro-ph/0608087.pdf.

[49]   Michaud, A. (2013) *On The Magnetostatic Inverse Cube Law and Magnetic Monopoles.* International Journal of Engineering Research and

Development e-ISSN: 2278-067X, p-ISSN: 2278-800X. Volume 7, Issue 5. pp. 50-66.

http://www.ijerd.com/paper/vol7-issue5/H0705050066.pdf.

[50] National Institute of Standards and Technology, (NIST).

https://www.physics.nist.gov/cgi-bin/cuu/Value?h|search_for=universal_in!.

[51] Lide, D.R., Editor-in-chief. (2003) *CRC Handbook of Chemistry and Physics*. 84thEdition 2003-2004, CRC Press, New York. 2003.

[52] Michaud, A. (2013) *On the Einstein-de Haas and Barnett Effects*, International Journal of Engineering Research and Development. e-ISSN: 2278-067X, p-ISSN: 2278-800X, Volume 6, Issue 12, pp. 07-11.

http://ijerd.com/paper/vol6-issue12/B06120711.pdf.

[53] Michaud, A. (2013) *The Expanded Maxwellian Space Geometry and the Photon Fundamental LC Equation*. International Journal of Engineering Research and Development, e-ISSN: 2278-067X, p-ISSN: 2278-800X. Volume 6, Issue 8, pp. 31-45.

http://ijerd.com/paper/vol6-issue8/G06083145.pdf.

[54] Kühne, R.W. (1998) Remark on "Indication, from Pioneer 10/11, Galileo, and Ulysses Data, of an Apparent Anomalous, Weak, Long-Range Acceleration". arXiv:gr-qc/9809075v1 28 Sep 1998.

https://arxiv.org/pdf/gr-qc/9809075.pdf.

[55] Hafele, J.C., and Keating, R.E. (1972) *Around-the-World Atomic Clocks: Predicted Relativistic Time Gains*. Science, New Series, Vol. 177, No. 4044, pp. 166-168. DOI: 10.1126/science.177.4044.166. http://www.personal.psu.edu/rq9/HOW/Atomic_Clocks_Experiment.pdf.

[56] Michaud, A. (2016) *On the Birth of the Universe and the Time Dimension in the 3-Spaces Model*. American Journal of Modern Physics. Special Issue: Insufficiency of Big Bang Cosmology. Vol. 5, No . 4-1, 2016, pp. 44-52. doi: 10.11648/j.ajmp.s.2016050401.17.

http://article.sciencepublishinggroup.com/pdf/10.11648.j.ajmp.s.201605040 1.17.pdf.

[57] Resnick, R., & Halliday, D. (1967) *Physics*. John Wyley & Sons, New York.

[58] De Broglie, L. (1923) *Ondes et Quanta*. Comptes rendus T.177 (1923) 507-510.

http://www.academie-sciences.fr/pdf/dossiers/Broglie/Broglie_pdf/CR1923_p507.pdf.

[59] Kaku, M. (1993) *Quantum Field Theory*. Oxford University Press. New York.

[60] Michaud, A. (2013) *On the Electron Magnetic Moment Anomaly*, International Journal of Engineering Research and Development. e-ISSN: 2278-067X, p-ISSN: 2278-800X. Volume 7, Issue 3, PP. 21-25.

http://ijerd.com/paper/vol7-issue3/E0703021025.pdf.

[61] Michaud, A. (2013) *The Corona Effect*. International Journal of Engineering Research and Development e-ISSN: 2278-067X, p-ISSN: 2278-800X, Volume 7, Issue 11(July2013), PP. 01-09.

http://www.ijerd.com/paper/vol7-issue11/A07110109.pdf.

[62] Lowrie, W. (2007) *Fundamentals of Geophysics*, Second Edition, Cambridge University Press.

[63] Auger, A., Ouellet, C. (1998) *Vibrations, ondes, optique et physique moderne*. 2e Édition. Le Griffon d'argile. Quebec. Canada.

http://collegialuniversitaire.groupemodulo.com/2252-vibrations-ondes-optique-et-physique-moderne-2e-edition-produit.html.

[64] Kotler S., Akerman N., Navon N., Glickman Y., Ozeri R. (2014) *Measurement of the magnetic interaction between two bound electrons of two separate ions*. Nature magazine. doi:10.1038/nature13403. Macmillan Publishers Ltd. Vol. 510, pp. 376-380. http://www.nature.com/articles/nature13403.epdf?referrer_access_token=yo C6RXrPyxwvQviChYrG0tRgN0jAjWel9jnR3ZoTv0PdPJ4geER1fKVR1Y XH8GThqECstdb6e48mZm0qQo2OMX_XYURkzBSUZCrxM8VipvnG8F ofxB39P4lc-1UIKEO1.

[65] De Broglie, L. (1924) *Sur la définition générale de la correspondance entre onde et mouvement*, Comptes rendus de l'Académie des Sciences. (Paris) 179, 39.

[66] De Broglie, L. (1924) *Sur un théorème de Bohr*, C. R. Acad. Sci. (Paris) 179, 676, Comptes rendus de l'Académie des Sciences. (Paris) 179, 39.

[67] Schrödinger, E. (1952) *Are there quantum jumps?* Brit. J. Philos. Sci. 3 109,233.

https://philpapers.org/rec/SCHATQ-3

[68] Golovko, V.A. (2008) Electromagnetic radiation and resonance phenomena in quantum mechanics. arXiv:0810.3773v2.

https://arxiv.org/abs/0810.3773

[69] Schrödinger, E. (1930) *Über die kräftefreie Bewegung in der relativistischen Quantenmechanik*, Sitzungsberichte Akad. Berlin 1930, 418-428.

[70] Schwinger, J. (1948) On Quantum-electrodynamics and the Magnetic Moment of the Electron. Phys. Rev. 73, 416-417.

[71] Haskell, R.E. (2003) *Special Relativity and Maxwell's Equations*, Computer Science3 and Engineering Department, Oakland University, Rochester, Mi 48309.

http://www.cse.secs.oakland.edu/haskell/Special%20Relativity%20and%20Maxwells%20Equations.pdf

[72] Ernst, A. and Hsu, J.P. (2001) *First Proposal of the Universal Speed of Light by Voigt in 1887*, Chinese Journal of Physics, Vol. 39, No. 3.

http://adsabs.harvard.edu/cgi-bin/nph-data_query?bibcode=2001ChJPh..39..211E&link_type=ARTICLE&db_key=PHY&high=

[73] Particle Data Group. The European Physical Journal - Review of Particle Physics, Volume 15 – Number 10-4.2000.

[74] Cauchois Y. (1952). *Atomes, Spectres, Matière*. Éditions Albin Michel, Paris, 1952.

[75] Poincaré H. (1905). *La valeur de la science*, France, Flammarion 1994 Edition.

[76] Poincaré, M.H. (1905) *Sur la dynamique de l'électron*. Comptes rendus de l'Académie française. 1905/01 (T140)-1905/06, pp 1504-1508.

[77] Poincaré, M.H. (1906) *Sur la dynamique de l'électron*. Rendiconti del circolo matematico di Palermo **21,** 129–175. https://doi.org/10.1007/BF03013466. https://fr.wikisource.org/wiki/Sur_la_dynamique_de_1%E2%80%99%C3%A9lectron

[78] Blackett P.M.S. & Occhialini G. (1933). *Some photographs of the tracks of penetrating radiation*, Proceedings of the Royal Society, 139, 699-724.

[79] Anderson J.D. et al. (2005). Study of the anomalous acceleration of Pioneer 10 and 11, gr-qc/0104064.

https://arxiv.org/abs/gr-qc/0104064

[80] Keith J.C. (1963). *Gravitational Radiation and Aberrated Cenripetal force Reactions in Relativity theory. Part 2.* Retarded cohesive Forces. Revista Mexicana de Fisica. Vol.XII,1: (7 Marzo de 1963).

[81] Fremerey J.K. (1973). Significant Deviation of Rotational Decay from Theory at a Reliability in the 10^{-12} sec^{-1} Range. Phys. Rev. Lett., v. 30, no. 16, pp. 753-757.

https://journals.aps.org/prl/abstract/10.1103/PhysRevLett.30.753

[82] Blewett J.P. (1946). Radiation Losses in the Induction Electron Accelerator, Phys. Rev. 69, 87.

https://journals.aps.org/pr/abstract/10.1103/PhysRev.69.87

[83] Turner, S. Editor. (1994) *CERN Accelerator School — Fifth General Accelerator Physics Course.* Proceedings. University of Jyväskylä. Finland.

https://cds.cern.ch/record/235242/files/CERN-94-01-V1.pdf.

[84] Storti, R. (2011) Quinta Essentia. *A Practical Guide to Space-Time Engineering.* Delta Group Engineering. Australia.

[85] Giancoli, D.C., (2008) *Physics for Scientists & Engineers.* Pearson Prentice Hall, USA.

[86] Çengel, Y.A., & Boles, M.A., (2002) *Thermodynamics - An Engineering Approach.* McGraw Hill, USA.

[87] Meriam, J.L., & Kraige, L.G., (2003) *Engineering Mechanics Dynamics.* John Wiley and Sons. USA.

[88] Rao, S.S., (2005) *Mechanical Vibrations.* Pearson Prentice Hall, Singapore.

[89] Rao, N.N. (2000) *Elements of Engineering Electromagnetics.* 5th Edition. Prentice Hall. Upper Saddle River, New Jersey.

[90] Hibbeler, R.C., (2005) *Mechanics of Materials.* Pearson Prentice Hall, USA.

[91] De Broglie L. (1934). *L'équation d'ondes du photon,* C. R. Acad. Sci., **199**, p. 445-448.

[92] De Broglie L. and Winter M.J. (1934). *Sur le spin du photon,* C. R. Acad. Sci., **199**, p. 813-816.

[93]   De Broglie L. (1936). La théorie du photon et la mécanique ondulatoire relativiste des systèmes, C. R. Acad. Sci., 203, p. 473-477.

[94] De Broglie L. (1937). *La quantification des champs en théorie du photon,* C. R. Acad. Sci., **205**, p. 345-349.

[95]   Markoulakis, E., Rigakis, I., Chatzakis, J., Konstantaras, A., Antonidakis, E. (2018) *Real time visualization of dynamic magnetic fields with a nanomagnetic ferrolens,* J. Magn. Magn. Mater. 451 (2018) 741-748. doi:10.1016/j.jmmm.2017.12.023.
https://www.sciencedirect.com/science/article/abs/pii/S0304885317319194?via%3Dihub.

[96] Soosaleon   A.   (2017).   *Gravity   Induced   Resonant   Emission.* arXiv:1704.07225v1 [physics.plasm-ph+2] 4 Apr 2017.
https://arxiv.org/pdf/1704.07225.pdf

[97] Born M. & Fock V. (1928). *Beweis des Adiabatensatzes.* In: Zeitschrift für Physik.   Band 51,   Nr. 3-4,   März   1928,   S. 165–180, doi:10.1007/BF01343193.
https://link.springer.com/article/10.1007%2FBF01343193

[98]   Michaud A (2017) On the Relation between the Comprehension Ability and the Neocortex Verbal Areas. J Biom Biostat 8: 331. doi:10.4172/2155-6180.1000331
https://www.hilarispublisher.com/open-access/on-the-relation-between-the-comprehension-ability-and-the-neocortexverbal-areas-2155-6180-1000331.pdf.

[99]   Michaud A (2016) *Intelligence and Early Mastery of the Reading Skill.* J Biom Biostat 7: 327. doi: 10.4172/2155-6180.10003.
https://www.hilarispublisher.com/open-access/intelligence-and-early-mastery-of-the-reading-skill-2155-6180-1000327.pdf.

[100] Michaud A (2016) *Critical Analysis of a Field Research Report on ADD and ADHD.* Int J Swarm Intel Evol Comput 5: 142. doi: 10.4172/2090-4908.1000142.
https://www.longdom.org/open-access/critical-analysis-of-a-field-research-report-on-add-and-adhd-2090-4908-1000142.pdf.